职业教育“十三五”系列教材

数控技术类专业融媒体教材系列

AUTOCAD JIXIE ZHITU

AutoCAD 机械制图

方意琦 编著

北京师范大学出版集团
BEIJING NORMAL UNIVERSITY PUBLISHING GROUP
北京师范大学出版社

图书在版编目(CIP)数据

AutoCAD机械制图/方意琦编著. —北京：北京师范大学出版社，2019.3

(职业教育"十三五"系列教材)

ISBN 978-7-303-23296-3

Ⅰ. ①A… Ⅱ. ①方… Ⅲ. ①机械制图－AutoCAD软件－中等专业学校－教材 Ⅳ. ①TH126

中国版本图书馆CIP数据核字(2018)第003018号

营销中心电话　010-58802181　58805532
北师大出版社职业教育分社网　http://zjfs.bnup.com
电子信箱　zhijiao@bnupg.com

出版发行：北京师范大学出版社　www.bnup.com
北京市海淀区新街口外大街19号
邮政编码：100875
印　　刷：三河市兴达印务有限公司
经　　销：全国新华书店
开　　本：787 mm×1092 mm　1/16
印　　张：16.75
字　　数：328千字
版　　次：2019年3月第1版
印　　次：2019年3月第1次印刷
定　　价：36.00元

策划编辑：庞海龙　　责任编辑：马力敏
美术编辑：高　霞　　装帧设计：高　霞
责任校对：李云虎　　责任印制：陈　涛

序一

当前，在工业4.0国家战略指导下，德国在工业制造上的全球领军地位进一步得到夯实，而“双元制”职业教育是造就德国战后经济腾飞的秘密武器。通过不断互相借鉴学习，中德两国在产业、教育等方面的合作已步入深水区，两国职业教育更需要不断积累素材、分享经验。本系列教材的出版基本实现了这一目标，它在保持原汁原味的德国教学特色上，结合中国实际情况进行了创新，层次清晰、中心突出、案例丰富、内容实用、方便教学，有力展示了德国职业教育的精华。

本书编者辗转于德累斯顿工业大学、德累斯顿职业技术学校和德累斯顿 HWK 培训中心、IHK 培训中心，系统地接受了我方教师和专业培训师的指导，并亲身实践了整个学习领域的教学过程，对我们的教学模式有了深入的了解，积累了丰富的实际教学经验。

因此，本系列教材将满足中国读者对德国“双元制”教学模式实际操作过程的好奇心，对有志了解德国职业教育教学模式的工科类学生、教师和探索多工种联合作业的人士最为适用。

法兰克·苏塔纳

2017年8月7日

序二

课程始终是人才培养的核心，是学校的核心竞争力。而课程开发则是教师的基本功。课程开发的关键，并非内容，而是结构。从存储知识的结构——学科知识系统化，走向应用知识的结构——工作过程系统化，是近几年来课程开发的一个重大突破。

当前，应用型、职业型院校，对工作过程系统化的课程开发给予了高度重视。

伊水涌老师长期从事数控技术应用课程及教学改革研究，对基于知识应用型的课程不仅充分关注，而且付诸实践。伊老师多次赴德学习“双元制”职业教育的教育思想和教学方法，并负责中德合作办学项目，教学经验丰富，教学效果显著。近年来，由他领衔的团队在课程改革中，立足于应用型知识结构的搭建，并在此基础上开发了本套系列教材。

这套系列教材关于课程体系的构建所遵循的基本思路是，先确定职场或应用领域里的典型工作任务(整体内容)，再对典型工作任务归纳出行动领域(工作领域)，最后将行动领域转换为由多个学习领域建立课程体系。

针对每门课程所开发的相应的教材，也遵循了工作过程系统化课程开发的三个步骤：第一，确定该课程所对应的典型工作过程，梳理并列出这一工作过程的具体步骤；第二，选择一个参照系对这一客观存在的典型工作过程进行教学化处理；第三，根据参照系确定三个以上的具体工作过程并进行比较，并按照平行、递进和包容的原则设计学习单元(学习情境)。

还需要指出，在系统化搭建应用型知识结构的同时，编辑团队还非常注意对抽象教学内容进行具象化处理，精心设计了大量内容载体，使其隐含解构后的学科知识。结合数控技术的应用，这些具体化的“载体”贯穿内容始终，由单一零件加工到整体装配全过程，培养了学生“制造产品”的理念，达到了职业教育课程内容追求工作过程完整性的这一要求。

本系列教材的出版，是德国学习领域课程中国化的有效实践。相信通过实际应用，本教材会进一步完善，并会对其他专业的课程开发产生一定的影响，从而带领国内更多同人相互交流和认真切磋，以达到学以致用的目的。

王晖

2017年8月5日

前言

为服务“中国制造2025”战略，适应我国社会经济发展对高素质、高技能劳动者的需求，强化职业教育特色，引进吸收德国“双元制”先进教学理念和优质教育资源，经过几年的中德职业教育实践，结合国内职业教育实际情况，我们依据德国IHK、HWK鉴定标准和数控技术应用专业的岗位职业要求，组织编写了本系列教材。

本系列教材具有三点创新之处：第一，从单一工种入门到综合技能实训，从传统加工入手到数控技术应用，教材中呈现了由单一零件加工到完成整体装配，实现功能运动的生产全过程，瞄准了职业教育强化工作过程的系统性改革方向；第二，系列教材之间既相互联系又相对独立，可与国内现有课程体系有效衔接，体现了实际应用的教学目标导向；第三，每本教材都引入“学习情境”并贯穿全书，力求突出实用性和可操作性，使抽象的教学内容具象化，满足了实际教学的要求。具体课时安排见下表。

序号	教材名称	建议课时	安排学期	备注
1	数控应用数学	60	第1学期	
2	钳工技术与技能	80	第1学期	建议搭班进行小班化教学
3	焊工技术与技能	80	第1学期	
4	车削加工技术与技能	240	第2学期	建议搭班进行小班化教学
5	铣削加工技术与技能	240	第2学期	
6	AutoCAD机械制图	80	第3学期	
7	机械加工综合实训	240	第3学期	车铣钳复合实训
8	数控车床加工技术与技能	120	第4学期	建议搭班进行小班化教学
9	数控铣床加工技术与技能	120	第4学期	
10	数控综合加工技术	240	第5学期	含有自动编程内容
合计		1500		

《AutoCAD机械制图》一书，围绕偏心气缸这一具体化的“载体”展开，共分为七个项目：AutoCAD概述及基础操作、基础绘图环境设置、绘制与编辑简单平面图形、绘制零件图、绘制装配图、三维造型、图形打印。全书理论联系实际，实训步骤过程详细，图文并茂、浅显易懂、可读性强，对其他专业技能教学也具有借鉴作用。本书既可用作为中职、高职、技工院校CAD技能教学

用书，也可作为 CAD 岗位培训教材。

本书还具有如下特点。

1. 坚持理论知识“必需、够用”。技能实训内容紧紧以“载体”为主线的原则，注重前、后课程的有效衔接。

2. 注重建构学习者未来职业岗位所需的能力。包括专业能力、方法能力和社会能力。

3. 以信息化教学促进学习效率的提高。可通过扫描二维码查看相关教学资源，在线自主学习相关技能操作，以突破教学难点。

本书由方意琦编著，林吉波、何涨斌、虞春杰、殷丽娟、路平、伊水涌参与编写工作。全书由方意琦统稿，应龙泉主审。

本书在编写过程中，得到了同行及有关专家的热情帮助、指导和鼓励，在此一并表示由衷的感谢。

由于编者水平有限，书中难免有疏漏之处，望广大读者不吝赐教，以利提高。

编　者

目录

绪 论

一、 计算机辅助设计

图形一直是人类传递信息的重要方式，在工程界图形是表达设计思想、指导生产、进行技术交流的工程语言。过去，人们一直用尺规手工绘制图形，效率低、精度差、劳动量大。随着计算机的发展，出现了计算机辅助设计(英文缩写 CAD)。

CAD 的英文全称是 Computer Aided Design，译为计算机辅助设计。它是电子计算机技术应用于工程领域产品设计的新型交叉技术，是计算机系统在工程和产品设计的整个过程中，为设计人员提供各种有效工具和手段，加速设计过程，优化设计结果，从而达到最佳设计效果的一种技术。

二、 AutoCAD 的特点

计算机绘图是利用计算机硬件和软件生成、显示、储存及输出图形的一种方法和技术。计算机绘图速度快、精度高，因此已取代了繁重的手工绘图。

计算机绘图系统的应用软件种类很多，国内自主开发的计算机绘图应用软件主要有 CAXA 电子图板、中望 CAD 及 InteCAD 等。国际上较流行的是美国 Autodesk 公司开发的绘图程序软件 AutoCAD。

AutoCAD 是目前最受广大用户欢迎的 CAD 软件之一，广泛应用于机械、建筑、电子、园林等行业中。该软件具有如下特点。

(1)具有完善的图形绘制功能。

(2)具有强大的图形编辑功能。

(3)可以采用多种方式进行二次开发或用户定制。

(4)可以进行多种图形格式的转换，具有较强的数据交换能力。

(5)支持多种硬件设备。

(6)支持多种操作平台。

(7)具有通用性和易用性，适用于各类用户。

三、 AutoCAD 的基本功能

与以往版本相比，AutoCAD 2018 增添了许多强大的功能，从而使 AutoCAD 的系统功能更加完善，拥有更加强大的人机交互能力和简便的操作方法。其主要功能如下。

1. 绘图功能

AutoCAD 的绘图菜单和绘图工具栏中包含了丰富的绘图命令，使用这些命令既可以绘制直线、圆、椭圆、圆弧、曲线、矩形、正多边形等基本的二维图形，还可以通过拉伸、旋转、放样、扫掠等操作，使二维图形生成三维实体等，如图 0-0-1 和图 0-0-2 所示。

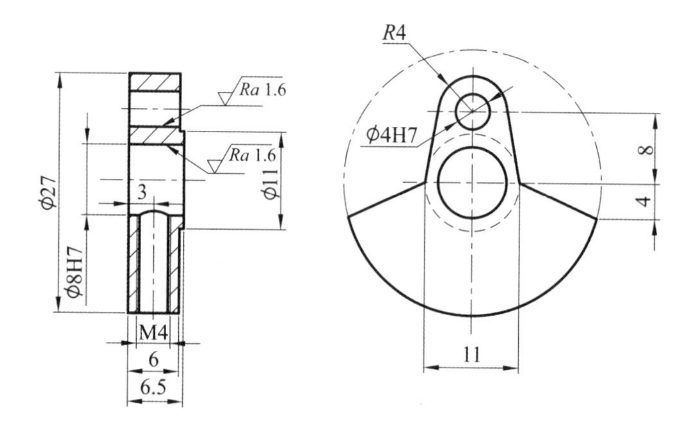

图 **0-0-1** 二维图形

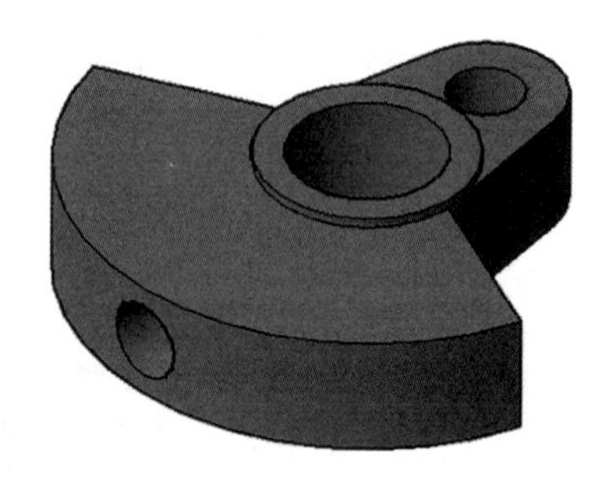

图 **0-0-2** 三维实体

2. 精确定位功能

AutoCAD 提供了坐标输入、对象捕捉、极轴追踪、栅格等功能，能够精确地捕捉点的位置，创建出具有精确坐标与精确形状的图形对象。AutoCAD 的这一功能是 Windows 画图程序、Photoshop、CorelDRAW 等平面绘图软件无法比拟的。

3. 编辑和修改功能

AutoCAD 提供了平移、复制、旋转、阵列、修剪等修改命令，使用这些命令可以修改和编辑绘制的图形。

4. 图形导入和输出功能

AutoCAD 支持多种类型文件的导入和输出，这使得其灵活性大大增强。

5. 三维造型功能

AutoCAD 提供的高级建模扩展模块(Advanced Modeling Extension，AME)可支持创建基本的三维模型、布尔运算和三维编辑功能，并根据不同的需要提供多种显示设备以及完整的材质贴图和灯光设备，进而渲染出逼真的产品效果。

6. 二次开发功能

AutoCAD 自带的 AutoLISP 语言可以让用户自行定义新命令和开发新功能。通过 DXF、IGES 等图形数据接口，可以实现 AutoCAD 和其他系统的集成。此外，AutoCAD 还提供了与其他高级编程语言的接口，具有很强的开放性。

四、 学习内容与方法

本课是一门实训课，应遵循理论与实践相结合的学习方法，突出技能训练的实用性、规范性与整体性。在每个任务中均安排了与“学习活动”紧密联系的“实践活动”，这种理论与实践完全同步紧密结合的教学方式，有利于学生用理论指导实践，并通过实践加深对理论的理解和掌握，对培养学生就业的岗位能力都有非常积极的作用。

本书围绕偏心气缸这一具体化的“载体”展开，内容包括 AutoCAD 概述及基础操作、基础绘图环境设置、绘制与编辑简单平面图形、绘制零件图、绘制装配图、三维造型、图形打印。偏心气缸的装配图如图 0-0-3 所示，3D 图如图 0-0-4 所示。本课程的学习采用由单一零件绘制到最后实现整体装配成形这一绘图全过程，培养学生工作过程的全局观念，同时达到以下具体要求。

(1)了解AutoCAD的启动、工作界面、文件操作、图形单位的意义、图形界限的设置、坐标输入方法、图层的作用、辅助绘图工具的使用方法。

(2)掌握AutoCAD的基本作图命令与基本编辑命令，如直线、矩形、多边形、圆、椭圆和删除、修剪、偏移、镜像、阵列、缩放等，并能够使用它们绘制与编辑简单的图形及常见的几何关系，加强作图技能，提高绘图效率。

(3)了解绘制零件图的过程，掌握正确快速的抄画零件图的方法，包括尺寸标注及编辑方法、文字标注样式的设置及技术要求的标注方法等内容。

(4)能用AutoCAD方便地进行装配设计，掌握绘制标准件的方法以及完成由零件图拼画偏心气缸的装配图。

(5)了解AutoCAD三维造型模块的基础知识，如三维坐标、视图、视口等，掌握简单三维实体的绘制方法。

(6)了解图形打印基础知识、掌握打印设置的方法、完成偏心气缸装配图的打印任务。

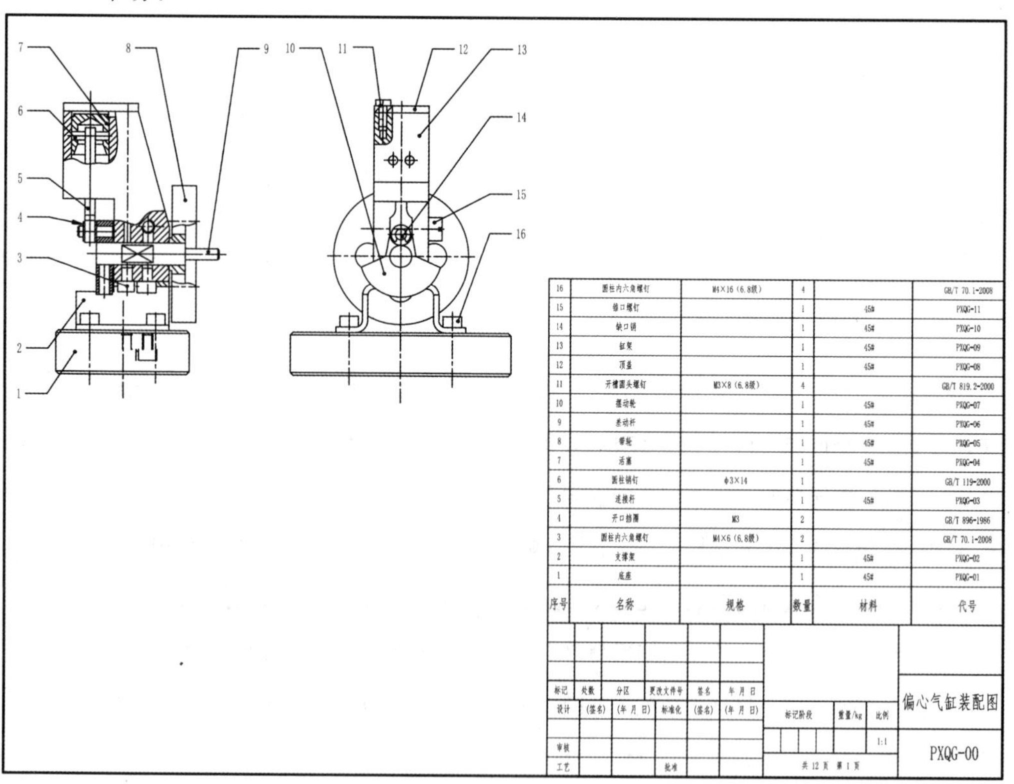

1
2
3
4
5
6
7
8
9
10
11
12
13
14
15
16
16 圆柱内六角螺钉 M4×16（6.8级） 4 GB/T 70.1-2008
15 锥口螺钉 1 45# PXQG-11
14 缺口销 1 45# PXQG-10
13 缸架 1 45# PXQG-09
12 顶盖 1 45# PXQG-08
11 开槽圆头螺钉 M3×8（6.8级） 4 GB/T 819.2-2000
10 摆动轮 1 45# PXQG-07
9 摇动杆 1 45# PXQG-06
8 带轮 1 45# PXQG-05
7 活塞 1 45# PXQG-04
6 圆柱销钉 φ3×14 1 GB/T 119-2000
5 连接杆 1 45# PXQG-03
4 开口挡圈 M3 2 GB/T 896-1986
3 圆柱内六角螺钉 M4×6（6.8级） 2 GB/T 70.1-2008
2 支撑架 1 45# PXQG-02
1 底座 1 45# PXQG-01
序号 名称 规格 数量 材料 代号
标记 处数 分区 更改文件号 签名 年 月 日
设计 (签名) (年 月 日) 标准化 (签名) (年 月 日)
审核
工艺 批准
标记阶段 重量/kg 比例
1:1
共 12 页 第 1 页
偏心气缸装配图
PXQG-00

图 0-0-3　偏心气缸装配图

图 **0-0-4** 偏心气缸 **3D** 图

项目一

AutoCAD 概述及基础操作

项目导航

AutoCAD是一款优秀的计算机辅助设计绘图软件，也是国内外最受欢迎的CAD软件之一。它以强大的平面绘图功能、直观的界面、简捷的操作，赢得了众多工程人员的青睐，尤其在机械设计领域的应用更为广泛。

通过本项目的学习，读者将对AutoCAD的发展史、AutoCAD 2018的启动、工作界面及文件操作等方面的内容有一个整体的认识。

学习要点

1. 了解AutoCAD发展史。
2. 掌握AutoCAD 2018工作界面。
3. 掌握AutoCAD文件操作。

任务一 认识AutoCAD

任务目标

1. 了解AutoCAD发展史。
2. 会用多种方法启动AutoCAD 2018。
3. 会用多种方法退出AutoCAD 2018。

学习活动

◇ AutoCAD 发展史

AutoCAD 2018 是美国 Autodesk 公司 2017 年 3 月推出的一个新版本，从 1982 年推出的第一个版本 1.0 至今已有 30 多年的历史，使 AutoCAD 的功能不断被强化，市场占有率位居世界前列。在机械、建筑、电子、汽车等工程设计领域得到了广泛的应用。

AutoCAD 的发展过程可分为初级阶段、发展阶段、高级发展阶段、完善阶段、进一步完善和成熟阶段五个阶段，见表 1-1-1。

表 1-1-1 AutoCAD 发展史

发展阶段	时间	版本号
初级阶段	1982 年 11 月	AutoCAD 1.0
	1983 年 4 月	AutoCAD 1.2
	1983 年 8 月	AutoCAD 1.3
	1983 年 10 月	AutoCAD 1.4
	1984 年 10 月	AutoCAD 2.0
发展阶段	1985 年 5 月	AutoCAD 2.17
	1986 年 6 月	AutoCAD 2.5
	1987 年 9 月	AutoCAD 9.0
高级发展阶段	1988 年 8 月	AutoCAD 10.0
	1990 年 8 月	AutoCAD 11.0
	1992 年 8 月	AutoCAD 12.0
完善阶段	1996 年 6 月	AutoCAD R13
	1998 年 1 月	AutoCAD R14
	1999 年 1 月	AutoCAD 2000
进一步完善阶段	2001 年 9 月	AutoCAD 2002
进一步完善阶段	2003 年 5 月	AutoCAD 2004
	2004 年 8 月	AutoCAD 2005
	2005 年 6 月	AutoCAD 2006
	2006 年 3 月	AutoCAD 2007
	2007 年 3 月	AutoCAD 2008
成熟阶段	2008 年 3 月	AutoCAD 2009
	2009 年 3 月	AutoCAD 2010
	2010 年 3 月	AutoCAD 2011
	2011 年 3 月	AutoCAD 2012
	2012 年 3 月	AutoCAD 2013
	2013 年 3 月	AutoCAD 2014
	2014 年 3 月	AutoCAD 2015
	2015 年 3 月	AutoCAD 2016
	2016 年 3 月	AutoCAD 2017
	2017 年 3 月	AutoCAD 2018

◇ 启动 AutoCAD 2018

启动 AutoCAD 2018 一般有以下三种方式。

(1)通过桌面快捷方式启动。在桌面找到 AutoCAD 的快捷方式图标，双击该图标，即可启动 AutoCAD 2018。

(2)从“开始”菜单启动。单击“开始→程序→Autodesk →AutoCAD 2018”命令启动。

(3)通过打开已有的 AutoCAD 文件启动。找到扩展名为“. dwg”的文件，双击该文件，即可启动 AutoCAD 2018。

扫一扫：观看启动 AutoCAD 2018 的学习视频。

◇ 退出 AutoCAD 2018

退出 AutoCAD 2018 一般有以下几种方式。

(1)单击工作界面右上角的关闭按钮。

(2)在标题栏上单击鼠标右键，在弹出的快捷菜单中选择“关闭”命令。

(3)在命令窗口的当前命令行中输入“QUIT”或“EXIT”命令，然后按【Enter】键。

(4)按快捷键【Ctrl+Q】。

(5)按快捷键【Alt+F4】。

退出时，若没有保存改动过的图形文件，系统会弹出“AutoCAD 对话框”，提示是否进行保存，如图 1-1-1 所示。

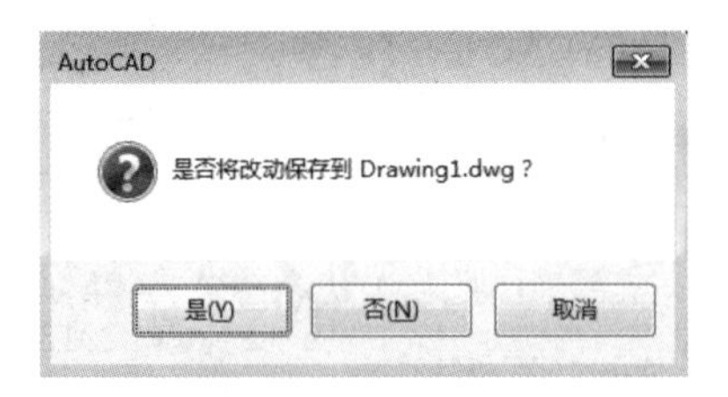

图 1-1-1　AutoCAD 提示对话框

扫一扫：观看退出 AutoCAD 2018 的学习视频。

实践活动

活动 1：从“开始”菜单启动 AutoCAD 2018。

步骤 1：用鼠标左键单击屏幕左下角【开始】按钮(Windows XP 或者以下版本)，Win7 版本则单击屏幕左下角的图标。

步骤 2：在弹出的菜单中点击底部的“所有程序”。

步骤 3：在程序列表中找到 Autodesk 文件夹并单击。

步骤 4：在下拉列表中找到“AutoCAD 2018—简体中文(Simplified Chinese)”文件夹并单击。

步骤 5：找到并单击“AutoCAD 2018—简体中文 (Simplified Chinese)”应用程序，即可启动 AutoCAD 2018，如图 1-1-2 所示。

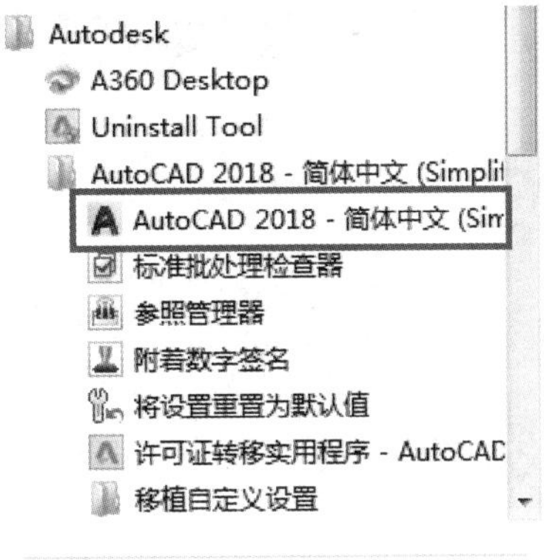

图 **1-1-2**　通过“开始”菜单启动

活动 2：关闭 AutoCAD 2018。

步骤：单击工作界面右上角的关闭按钮。

也可以用其他方法关闭。

专业对话

1. 谈谈 AutoCAD 的发展历程。
2. 谈谈 AutoCAD 2018 有几种启动方式。
3. 你认为 AutoCAD 2018 的哪种关闭方式更方便。

拓展活动

一、选择题

1. AutoCAD 2018 的推出时间是(　　)。

A. 2017 年 3 月　　B. 2017 年 9 月　　C. 2018 年 3 月　　D. 2018 年 9 月

2. AutoCAD 2018 的启动方式一般有几种？(　　)。

A. 1 种　　B. 3 种　　C. 5 种　　D. 7 种

3. AutoCAD 2018 的退出方式一般有几种？(　　)。

A. 4 种　　B. 5 种　　C. 8 种　　D. 10 种

二、操作题

1. 用桌面快捷图标启动 AutoCAD 2018。
2. 用三种以上方式退出 AutoCAD 2018。

任务二 熟悉 AutoCAD 2018 工作界面

任务目标

1. 熟悉 AutoCAD 2018 工作界面。

2. 掌握工作界面的相关操作。

学习活动

◇ **AutoCAD 2018** 工作界面

工作界面是 AutoCAD 软件和用户互动交流的平台。AutoCAD 2018 的工作界面由标题栏、菜单栏、工具栏、绘图区、命令提示窗口、状态栏等部分组成。AutoCAD 2018 在创建二维图形时的工作空间为“草图与注释”，如图 1-2-1 所示。

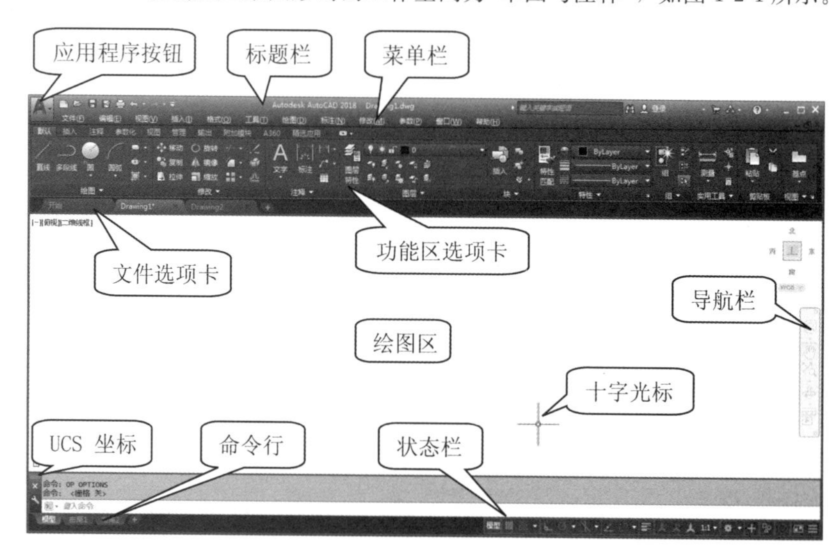

图 **1-2-1** **AutoCAD 2018** 的“草图与注释”工作界面

1. 标题栏

标题栏位于 AutoCAD 2018 工作界面的最上方，是用于控制整个软件的窗口。一些常用的命令按钮，如新建、打开、保存、打印等都放在标题栏左侧的“快速访问”工具栏中，也可以根据需求自定义“快速访问”工具栏。标题栏中间显示软件及版本名称和当前文件名称及保存路径。标题栏的最右侧有三个控制按钮，可以对窗口进行最小化、最大化和关闭等操作。

2. 菜单栏

菜单栏位于标题栏的下方。共有文件、编辑、视图、插入、格式、工具、绘图、标注、修改、参数、窗口、帮助等菜单。各菜单内包含了 AutoCAD 几乎全部的命令。

通过单击标题栏“自定义快速访问工具栏”按钮，在打开的下拉菜单中，选择“显示(或隐藏)菜单栏”来显示或隐藏菜单栏，如图 1-2-2 所示。

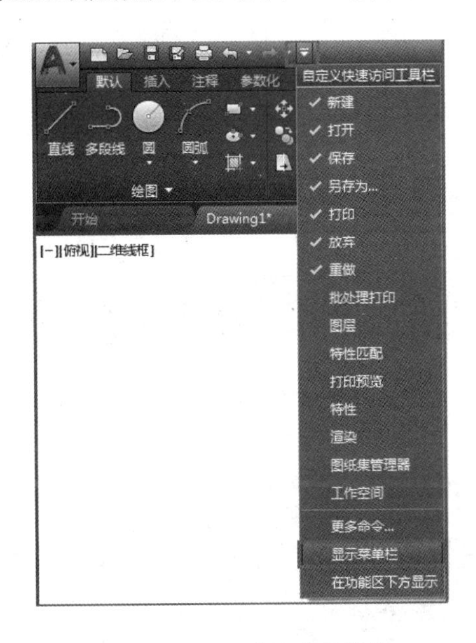

图 **1-2-2**　设置显示或隐藏菜单栏

允许自定义下拉菜单，方法是选择“工具→自定义→界面”命令，在弹出的对话框中定义。

3. 功能区和面板

功能区选项标签位于菜单栏下方，如图 1-2-3 所示。

默认　插入　注释　参数化　视图　管理　输出　附加模块　A360　精选应用

图 **1-2-3**　功能区选项标签

单击某个选项标签，会显示其下对应的面板工具栏，面板是一组图标型工具的集合。系统默认的是“默认”选项卡下的各种面板工具，如图 1-2-4 所示。

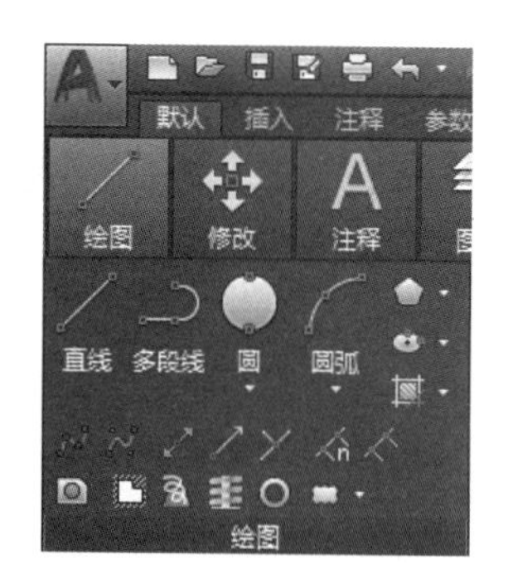

图 1-2-4 “默认”菜单选项下的“绘图”面板

双击选项标签，面板将在简化和展开之间切换，如图 1-2-5 和图 1-2-6 所示。

图 1-2-5 “默认”选项标签下的简化面板

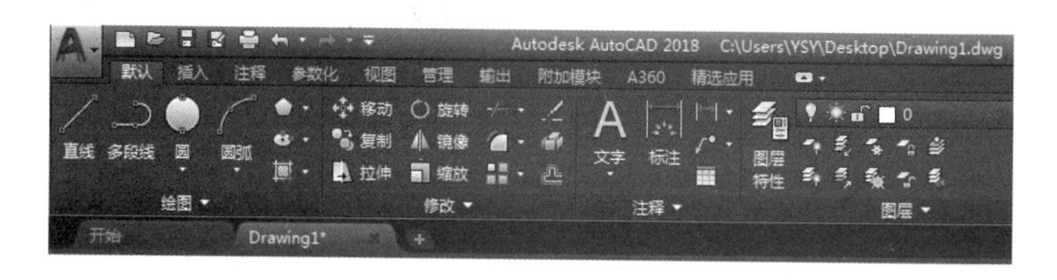

图 1-2-6 “默认”选项标签下的展开面板

单击并拖曳面板可将菜单面板拖出功能区，也可以单击面板右上角的按钮，将菜单面板返回到功能区，如图 1-2-7 所示。

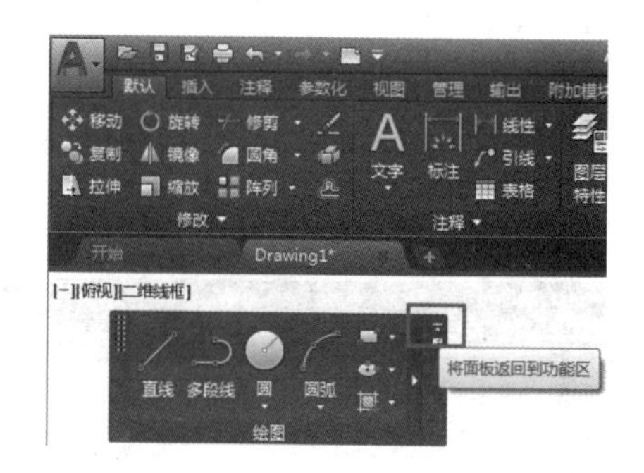

图 1-2-7 将“绘图”菜单面板拖出功能区

4. 绘图区

工作界面上最大的空白区，即绘图区，是显示和绘制图形的工作区域。绘图区没有边界，利用视窗缩放功能，可使绘图区增大或缩小。工作区域的实际大小，即长、高各有多少数量单位，可根据需要自行设定。绘图区中有十字光标、用户坐标系图标、滚动条等。绘图区的背景颜色默认为黑色，光标为白色，也可由“工具>选项>显示”选项卡下的“颜色”按钮设置不同的背景颜色。

绘图区左下角是模型空间与图纸空间的切换按钮 模型 布局1 布局2 ，可利用它方便地在模型空间与图纸空间之间切换。默认的绘图空间是模型空间。

扫一扫：观看设置绘图区背景颜色的学习视频。

扫一扫

5. 命令行

命令行也称为命令窗口或命令提示区，是用户与 AutoCAD 程序对话的地方。其显示的是用户从键盘上输入的命令信息，以及用户在操作过程中程序给出的提示信息。在绘图时，用户应密切注意命令行的各种提示，以便准确快捷地绘图。命令窗口的大小可以调整。

6. 状态行

状态行位于工作界面的底部，显示当前十字光标的三维坐标和 15 种辅助绘图工具的切换按钮。单击切换按钮，可在系统设置的 ON 和 OFF 状态之间切换。

实践活动

活动：设置背景颜色为白色。

步骤 1：单击“工具”菜单，选择“选项”菜单。

步骤 2：在打开的对话框中选择“显示”选项卡，如图 1-2-8 所示。

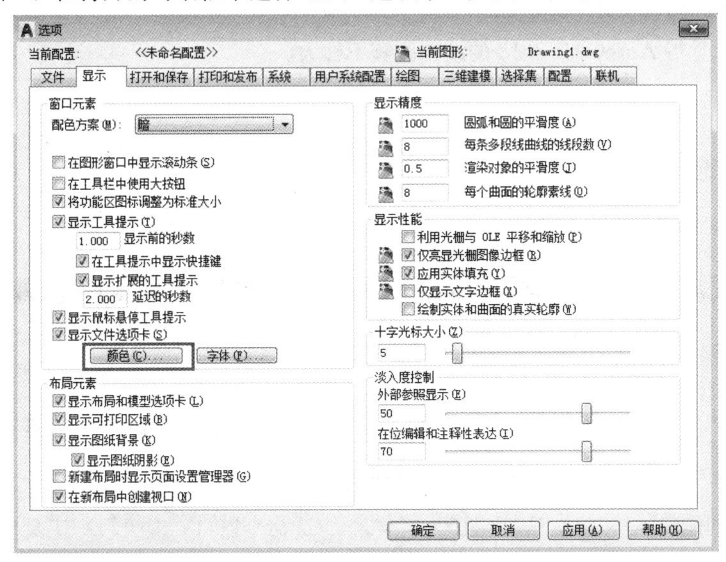

图 1-2-8 “选项”菜单中的“显示”选项卡

步骤 3：在“显示”选项卡中单击“颜色”按钮，弹出图形窗口颜色对话框，如图 1-2-9 所示。

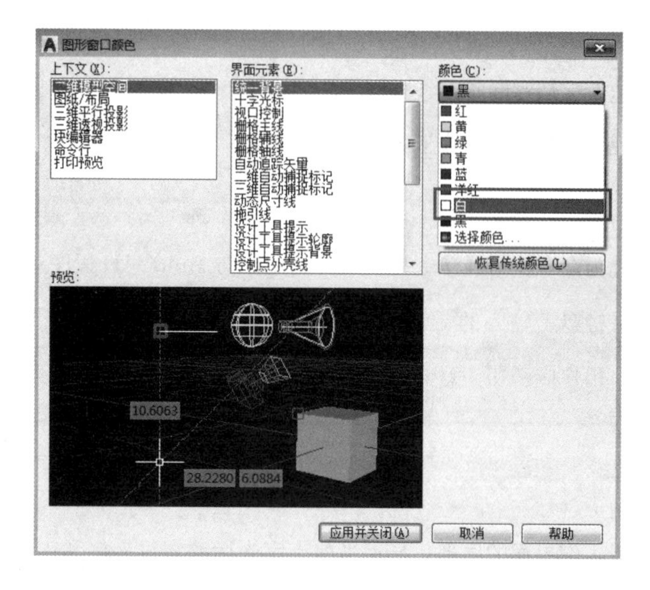

图 **1-2-9** 图形窗口颜色对话框

步骤 4：在默认的二维模型空间和统一背景下，单击“颜色”下拉菜单，选择需要的颜色“白色”后单击“应用并关闭”按钮即可。

专业对话

1. 谈谈你对 AutoCAD 2018 工作界面印象最深的功能是什么。
2. 你觉得 AutoCAD 2018 的绘图区够不够大。

拓展活动

一、选择题

1. 图 1-2-10 为(　　)。

文件(F)　编辑(E)　视图(V)　插入(I)　格式(O)　工具(T)　绘图(D)　标注(N)　修改(M)　参数(P)　窗口(W)　帮助(H)

图 **1-2-10**

A. 状态栏　　B. 菜单栏　　C. 工具栏　　D. 标题栏

2. 通常将绘图窗口上方的区域统一称为(　　)。

A. 功能区　　B. 绘图区　　C. 命令窗口　　D. 工具选项板

二、操作题

1. 在当前工作界面中，隐藏菜单栏(或显示菜单栏)。

2. 在当前工作界面中，将“修改”工具栏拖入到绘图区，并放置在左侧。

任务三　掌握图形文件的操作

任务目标

1. 会创建图形文件。

2. 会打开图形文件。

3. 会保存图形文件。

4. 会退出图形文件。

学习活动

◇ 创建图形文件

在 AutoCAD 2018 中，创建图形文件一般有以下几种方式。

(1)在菜单栏中选择“文件→新建”命令。

(2)单击标题栏的“新建”按钮。

(3)在命令行中用键盘输入 New。

(4)按快捷键【Ctrl+N】。

当系统变量 STARTUP 的值为 0，2，3 时，执行新建命令后将打开如图 1-3-1 所示的“选择样板”对话框，可以选择系统提供的样板文件新建，也可以按图 1-3-2 的路径打开无样板打开—公制文件。

在“文件类型”下拉列表框中有 3 种格式的图形样板，后缀分别是“. dwt”“. dwg”和“. dws”。在一般情况下，“. dwt”文件是标准的样板文件，通常将一些规定的标准样板文件设成“. dwt”文件；“. dwg”文件是普通的样板文件；“. dws”文件是包含标准图层、标注样式和文字样式的样板文件。

当系统变量 STARTUP 的值为 1 时，执行新建命令后将打开如图 1-3-3 所示的“创建新图形”对话框，可以选择“从草图开始”“使用样板”或“使用向导”进入新建文件。

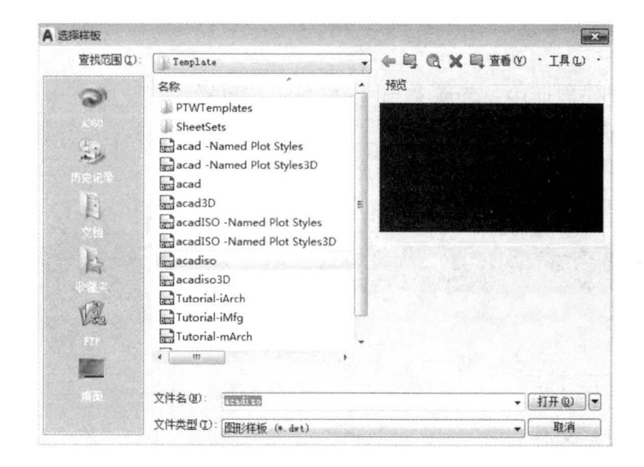

图 1-3-1 “选择样板”对话框

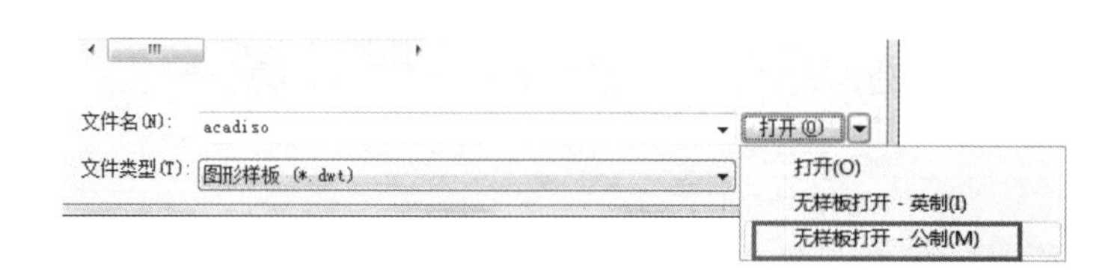

图 1-3-2 选择“无样板打开一公制”打开

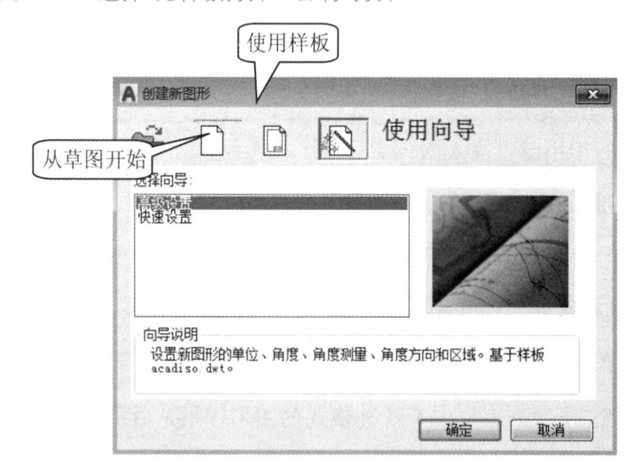

图 1-3-3 “创建新图形”对话框

系统变量 STARTUP 值的设定方法如下。

命令:STARTUP

输入 STARTUP 的新值<1>: //输入“0”或“1”“2”“3”

扫一扫：观看新建图形文件的学习视频。

◇ 打开文件

打开文件的方法一般有以下几种。

(1)在菜单栏中选择“文件→打开”命令。

(2)单击标题栏的“打开”按钮。

(3)在命令行中用键盘输入 Open。

(4)按快捷键【Ctrl+O】。

执行命令后，打开“选择文件”对话框，如图 1-3-4 所示。

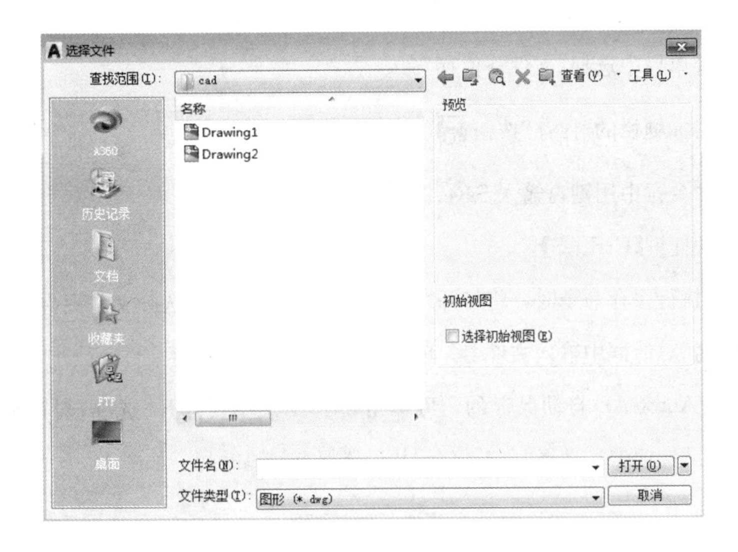

图 **1-3-4** “选择文件”对话框

有以下 4 种打开方式。

(1)打开。

(2)以只读方式打开。

(3)局部打开。

(4)以只读方式局部打开。

“打开”和“局部打开”可以对图形进行编辑，“以只读方式打开”和“以只读方式局部打开”无法对图形进行编辑。

在“文件类型”下拉列表框中可选“. dwg”文件、“. dws”文件、“. dxf”文件和“. dwt”文件。“. dxf”文件是用文本形式存储的图形文件，该类型文件能够被其他程序读取，许多第三方应用软件都支持“.dxf”格式。

可以同时打开多个文件：在“选择文件”对话框中，按下 Ctrl 键的同时选中几个要打开的文件，单击“打开”按钮即可。

文件间的切换：【Ctrl+F6】或【Ctrl+Tab】。

扫一扫：观看打开文件的学习视频。

◇ 保存文件

“保存文件”命令用于将绘制的图形以文件的形式进行存盘，方便以后对图形进行查看、使用或修改、编辑等。执行此命令有以下 4 种方式。

(1)在菜单栏中选择“文件→保存”命令。

(2)单击标题栏的“保存”按钮 。

(3)在命令行中用键盘输入 Save。

(4)按快捷键【Ctrl+S】。

第一次执行保存命令时，将打开“图形另存为”对话框，选择文件要保存的路径，并在“文件名”对话框中输入文件名，单击“保存”按钮即可保存文件。

当需要 AutoCAD 自动保存的，可单击“工具”菜单，打开“选项”对话框，选择“打开和保存”选项卡，选择“自动保存”并设置保存间隔时间，如图 1-3-5 所示。

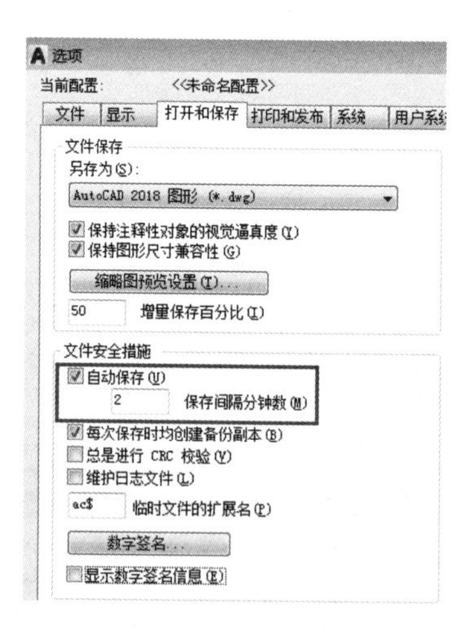

图 **1-3-5** “选项”对话框的“打开和保存”选项卡

当用户在已存盘的图形基础上进行了其他修改工作，又不想覆盖原来的图形时也可以使用“另存为”命令，将修改后的图形以不同的路径或不同的文件名进行存盘。执行“另存为”命令主要有以下几种方式。

(1)在菜单栏中选择“文件→另存为”命令。

(2)单击标题栏的“另存为”按钮。

(3)在命令行中用键盘输入 Saveas。

(4)按快捷键【Ctrl+Shift+S】。

扫一扫：观看保存文件的学习视频。

◇ 退出文件

执行“退出文件”操作，AutoCAD 一般有以下几种方式。

(1)在菜单栏中选择“文件→关闭”命令。

(2)单击菜单栏右上角的“关闭”按钮。

(3)在命令行中用键盘输入 Close。

(4)按快捷键【Ctrl+F4】。

图形文件经过修改后没有保存的，在关闭前将同样出现与图 1-1-1 所示一致的提示框，提示是否进行保存。

扫一扫：观看关门(退出)文件的学习视频。

实践活动

活动：新建一个 CAD 文件，并将它保存在“我的电脑\E 盘”下，文件名默认。

步骤 1：双击桌面快捷图标，打开 AutoCAD 2018。

步骤 2：单击标题栏的“新建”按钮。

步骤 3：在弹出的“选择样板”对话框中，选择“无样板打开—公制”。

步骤 4：单击标题栏的“保存”按钮。

步骤 5：在弹出的“图形另存为”对话框中，选择路径：我的电脑\E 盘。

步骤 6：单击“保存”按钮，完成任务。

专业对话

1. 请你说一说关闭软件和关闭文件之间的区别是什么。

2. AutoCAD 2018 文件的扩展名是什么？

拓展活动

一、选择题

1. 新建 AutoCAD 文件有(　　)种方式。

A. 2　　B. 3　　C. 4　　D. 5

2. 以下(　　)按钮是保存命令。

A.　　B.　　C.　　D.

3. 保存文件的快捷键是(　　)。

A. Ctrl+S　　B. Ctrl+V　　C. Shift+S　　D. Shift+V

二、操作题

1. 打开 AutoCAD 2018 软件，新建一个 CAD 文件，并将其保存到指定目录“我的电脑\D 盘”下，文件名为“CAD-1. dwg”，保存完后退出文件。

2. 重新打开上一题的 CAD 文件，将其另存到桌面，重新命名为“CAD-2. dwg”。

项目二

基础绘图环境设置

项目导航

在使用 AutoCAD 绘制图形时，如果对系统默认的绘图环境或是当前的绘图环境不满意，可以将其设置成自己所需要的环境。

学习要点

1. 了解图形单位的意义。
2. 学会图形界限的设置。
3. 掌握坐标输入方法。
4. 了解图层的作用。
5. 学会辅助绘图工具的使用。

任务一　设置图形单位和图形界限

任务目标

1. 了解图形单位的意义。
2. 会设置图形单位。
3. 了解图形界限的作用。
4. 会设置图形界限。

学习活动

◇ 图形单位

1. 功能

图形单位用来设置长度和角度的显示精度、计算方式及一个单位所表示的距离。

2. 命令的调用

命令行：UNITS(缩写：UN)；

菜　单：格式→单位。

执行命令后，打开图 2-1-1 所示的“图形单位”对话框，可根据自己的需要进行设置。

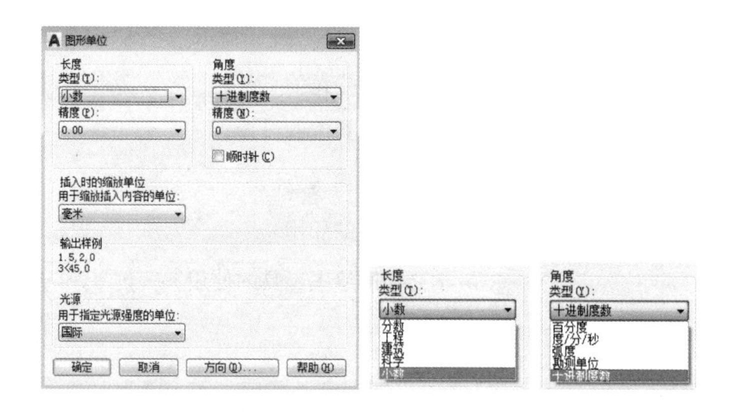

图 2-1-1 “图形单位”对话框及长度、角度类型下拉菜单

[方向(D)...]按钮：单击它将打开“方向控制”对话框，可设置基准角度 0°的方向(系统默认东(x 轴正向)为 0°方向)。

一般情况下，在应用 AutoCAD 进行机械绘图时，利用系统默认的就可以，不需要进行重新设置。

◇ 图形界限

1. 功能

AutoCAD 的绘图区是无限大的，为了规划绘图区域，可设置图形界限。

2. 命令的调用

命令行：LIMITS；

菜　单：格式→图形界限。

执行命令后，命令提示行提示如下。

指定左下角点或[开(ON)/关(OFF)]<0.0000,0.0000>　　//设置左下角点

指定右上角点或<420.0000,297.0000>　　//设置右上角点

左下角点和右上角点围成的矩形就是图形界限的范围。

图形界限设置好后，在绘图区看不到变化，只有在检查功能打开的情况下(命令提示中的“[开(ON)/关(OFF)]”设置为“ON”)，当图形画出界限时，AutoCAD 才会给出提示。

设置图形界限检查功能如下。

命令:limits

指定左下角点或[开(ON)/关(OFF)]<0.0000,0.0000>ON //打开检查功能

指定左下角点或[开(ON)/关(OFF)]<0.0000,0.0000>　　//继续设置操作

扫一扫：观看图形单位和图形界限的设置的学习视频。

实践活动

活动：设置图形界限为 594，420。

步骤 1：单击“格式”菜单下的“图形界限”命令。

步骤 2：执行图形界限设置命令，输入“ON”，将检查功能打开。

步骤 3：指定左下角坐标为：0，0。

步骤 4：指定右上角坐标为：594，420。

完成图形界限的设置。

专业对话

1. 设置图形单位的意义是什么？

2. 你认为设置图形界限有什么好处。

拓展活动

一、选择题

1.“图形单位”命令在下列(　　)菜单项中。

A. 文件　　B. 插入　　C. 格式　　D. 工具

2. “图形界限”的命令是(　　)。

A. units　　B. limits　　C. thickness　　D. style

二、操作题

1. 将图形单位的长度精度设置为小数点后保留两位数。

2. 设置图形界限为：297，210，并将检查功能打开。

任务二 了解绘图坐标系

任务目标

1. 了解世界坐标系。

2. 了解用户坐标系。

3. 掌握坐标点的不同输入方式。

学习活动

坐标系是绘图的一个参照基准。绘图时，点的精确定位是通过坐标系来实现的。

AutoCAD的坐标系统采用三维笛卡儿直角坐标系(CCS)。默认状态时，在屏幕左下角显示坐标系的图标，也称世界坐标系(WCS)。在多数情况下，世界坐标系就能满足作图需要。但用户也可以建立新的坐标系，新建立的坐标系称为用户坐标系(UCS)。

◇ 世界坐标系（WCS）

图 2-2-1 是世界坐标系。此坐标系的 x 轴是水平轴，向右为正；y 轴是垂直轴，向上为正；z 轴正方向垂直屏幕向外，指向操作者。

图 **2-2-1**　世界坐标系　　　图 **2-2-2**　用户坐标系

(世界坐标系的原点有符号“□”，而用户坐标系没有)

在二维空间作图时，用户只需要输入点的 x、y 坐标值，其 z 坐标值将由系统自动分配为 0。

◇ 用户坐标系（UCS）

图 2-2-2 是用户坐标系。当世界坐标系不能满足用户的需要时，用户可以根据实际需要，在任意位置建立坐标系。在一定情况下，用户坐标系可以给绘图带来方便。可以单击“工具→新建 UCS”命令设置坐标系。

◇ 坐标输入

绘制机械图形时，通常采用以下 4 种点坐标的方法：绝对坐标、相对坐标、相对极坐标、绝对极坐标(用得较少)。

1. 绝对坐标

绝对坐标是相对于坐标原点的坐标。从原点开始，x 坐标向右为正，向左为负；y 坐标向上为正，向下为负。如图 2-2-3 所示，A 点的绝对坐标为(20，20)，B 点的绝对坐标为(40，50)。

输入格式：x，y。

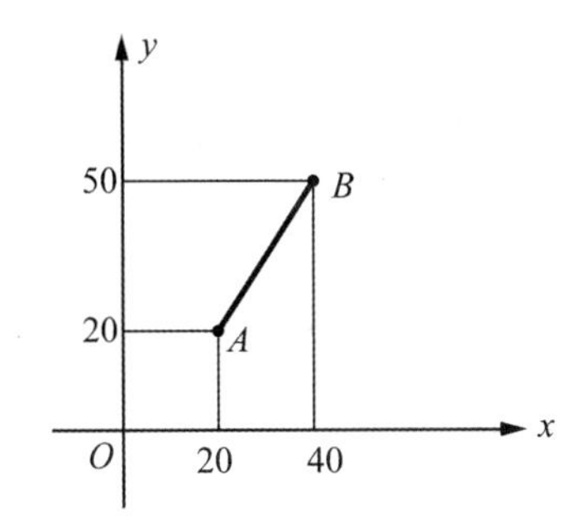

图 2-2-3 直线段 ***AB***

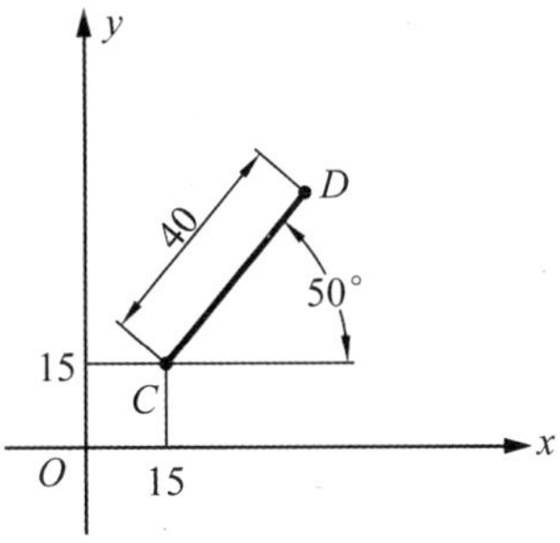

图 2-2-4 直线段 ***CD***

用绝对坐标绘制如图 2-2-3 所示的直线段 AB。

```
命令:l
LINE 指定第一点:20,20                     //输入 A 点绝对坐标
指定下一点或[放弃(U)]:40,50               //输入 B 点绝对坐标
指定下一点或[放弃(U)]:                    //按回车键结束命令
```

2. 相对坐标

相对坐标是相对于前一点的坐标。相对于前一点，x 坐标向右为正，向左为负；

y 坐标向上为正，向下为负。如图 2-2-3 所示，B 点相对于 A 点的坐标增量为 20，30。

输入格式：@ΔX，ΔY。

用相对坐标绘制如图 2-2-3 所示的直线段 AB。

```
命令:l
LINE 指定第一点:20,20                        //输入 A 点绝对坐标
指定下一点或[放弃(U)]:@20,30                 //输入 B 点相对坐标
指定下一点或[放弃(U)]:                       //按回车键结束命令
```

3. 相对极坐标

相对极坐标也是相对于前一点的坐标，指当前点到前一点的距离和当前点与前一点的连线与 x 轴正方向的夹角(逆正顺负)。

输入格式：@长度<角度。

利用相对极坐标可以方便地绘制已知长度和角度的斜线。

用相对极坐标绘制如图 2-2-4 所示的直线段 CD。

```
命令:l
LINE 指定第一点:15,15                        //输入 C 点绝对坐标
指定下一点或[放弃(U)]:@40<50                 //输入 D 点相对坐标
指定下一点或[放弃(U)]:                       //按回车键结束命令
```

4. 绝对极坐标

绝对极坐标是相对于坐标原点的坐标，指当前点到原点的距离和当前点与原点的连线与 x 轴正方向的夹角(逆正顺负)。

输入格式：长度<角度。

绝对极坐标在 AutoCAD 制图中极少使用。

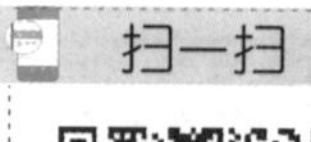

扫一扫：观看分别用绝对坐标和相对坐标绘制直线 AB，用相对极坐标绘制直线 CD 的学习视频。

实践活动

活动 1：用绝对坐标输入方式绘制如图 2-2-5 所示的直线段 AB。

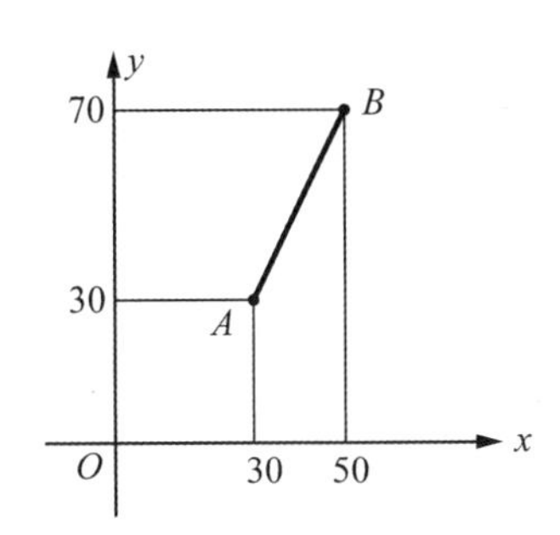

图 **2-2-5**　直线段 ***AB***

步骤 1：调用直线命令。

步骤 2：指定第一点：输入 A 点的绝对坐标：30，30。

步骤 3：指定下一点：输入 B 点的绝对坐标：50，70。

步骤 4：指定下一点：按回车键结束。

活动 2：用相对坐标输入方式绘制如图 2-2-5 所示的直线段 AB。

步骤 1：调用直线命令。

步骤 2：指定第一点：输入 A 点的绝对坐标：30，30。

步骤 3：指定下一点：输入 B 点的相对坐标：@20，40。

步骤 4：指定下一点：按回车键结束。

专业对话

1. 你觉得哪种坐标的输入方式应用最广。

2. 请你说一说相对坐标输入方式和相对极坐标输入方式之间的区别。

拓展活动

一、选择题

1. AutoCAD 采用的是（　　）坐标系。

A. 笛卡儿直角　　B. 笛卡儿柱面　　C. 笛卡儿球面　　D. 笛卡儿极

2. 下列（　　）不是坐标输入方式。

A. 绝对坐标　　B. 相对坐标　　C. 极坐标　　D. 球坐标

3. 距离当前点 20 长度，成 30°的点的输入方式为（　　）。

A. @20＜30　　B. 20＜30　　C. @20，30　　D. 30＜20

二、操作题

1. 绘制如图 2-2-6 所示的折线 $ABCD$。

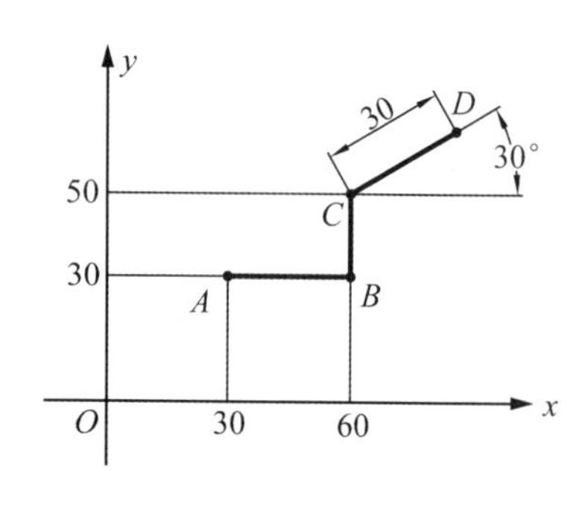

图 **2-2-6**

2. 绘制如图 2-2-7 所示的折线 $ABCD$，起点 A 的坐标为(50，50)。

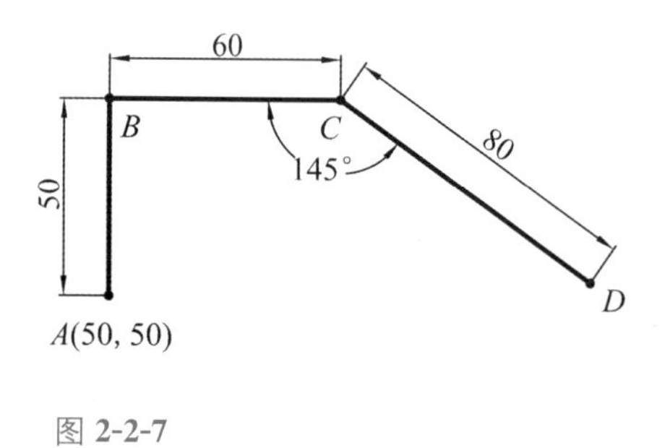

图 **2-2-7**

任务三 设置图层

任务目标

1. 了解图层的意义。

2. 会设置图层。

学习活动

图层类似透明的图纸，用来分类组织不同的图形信息。绘图前，按照绘图对象设定好图层，在绘制过程中，将各对象绘制到相对应的图层中，为修改对象及管理图形提供便利。

◇ 图层的特点

图层有以下特点。

(1)可以在 AutoCAD 中创建多个图层，数量不限。

(2)每一个图层都包含相同的特性，如“图层名”“线型”“线宽”等。

(3)当前正在使用的图层为当前层，当前层只有一个，但可以切换。

(4)可以在图层上控制对象是否可见、是否可编辑、是否可打印等。

◇ 图层特性管理器

1. 功能

图层特性管理器用于图层的控制与管理，并显示图形中的图层列表及其特性。

2. 命令的调用

命令行：LAYER；

菜 单：格式→图层；

图 标：。

执行命令后打开如图 2-3-1 所示的对话框。在此对话框中，可以进行新建图层、删除图层等操作。

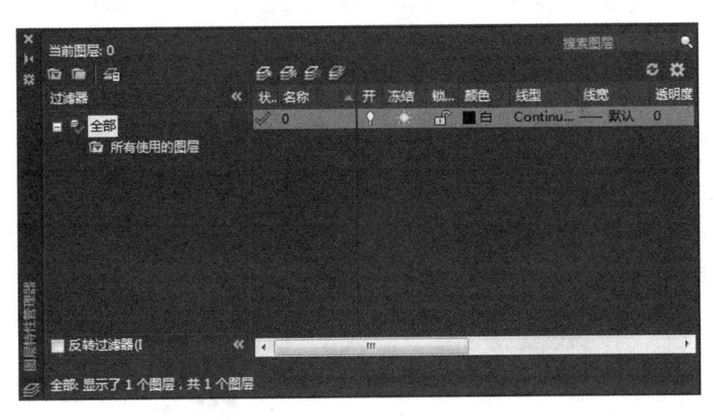

图 2-3-1 图层特性管理器

◇ 新建图层

单击图层特性管理器中的新建图层按钮后，系统创建一个名为“图层 1”的新图层，此时“图层 1”处于可编辑状态，输入图层的名称(如粗实线)后，在空白处点击鼠标左键即创建了一个新图层(粗实线层)，如图 2-3-2 所示。

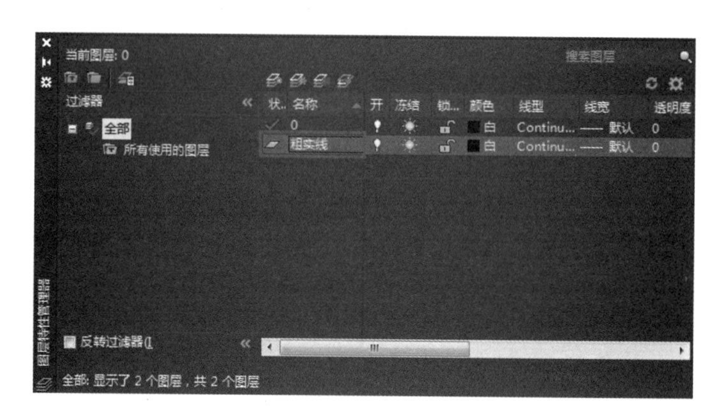

图 2-3-2　新建粗实线层

为了使图层具有一定的特性，可以根据需要对图层进行颜色、线型、线宽等设置。

1. 设置图层颜色

单击所在图层的颜色按钮 白 ，打开如图 2-3-3 所示的“选择颜色”对话框，选择需要的颜色即可。

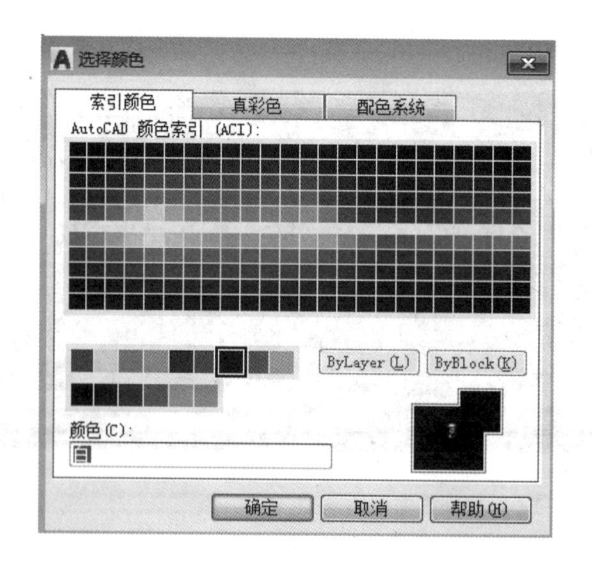

图 2-3-3　“选择颜色”对话框

2. 设置图层线型

单击所在图层的线型按钮 Continu...，打开如图 2-3-4 所示的“选择线型”对话框，选择需要的线型。如果在已加载的线型中没有需要的线型，则单击加载按钮 加载(L)...，打开如图 2-3-5 所示的“加载或重载线型”对话框，加载出需要的线型后，再选择即可。

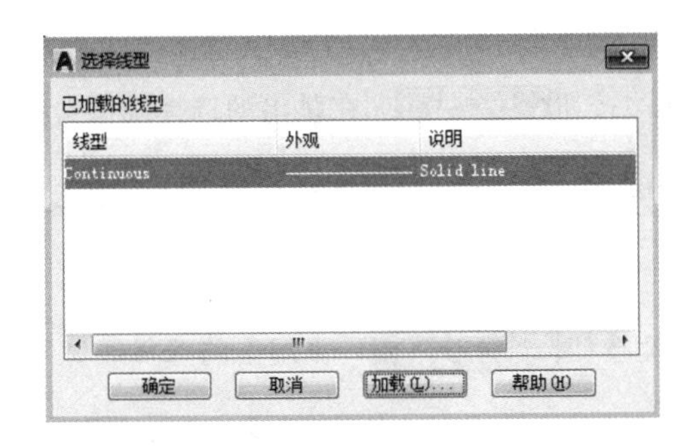

图 2-3-4　“选择线型”对话框

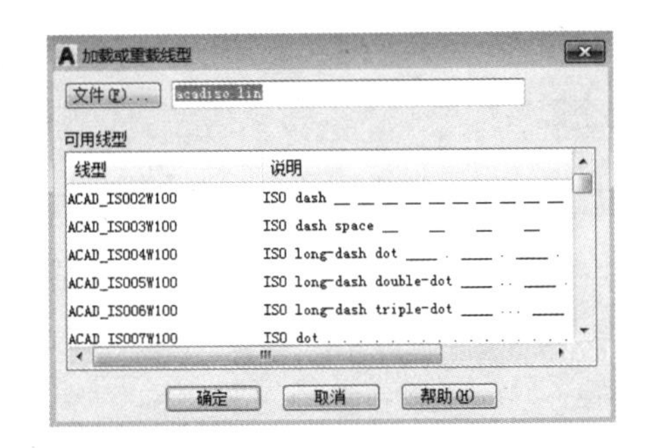

图 2-3-5　“加载线型”对话框

3. 设置图层线宽

单击所在图层的线宽按钮 —— 默认，打开如图 2-3-6 所示的“线宽”对话框，选择需要的线宽，单击“确定”按钮即可。

扫一扫：观看新建一个图层的学习视频。

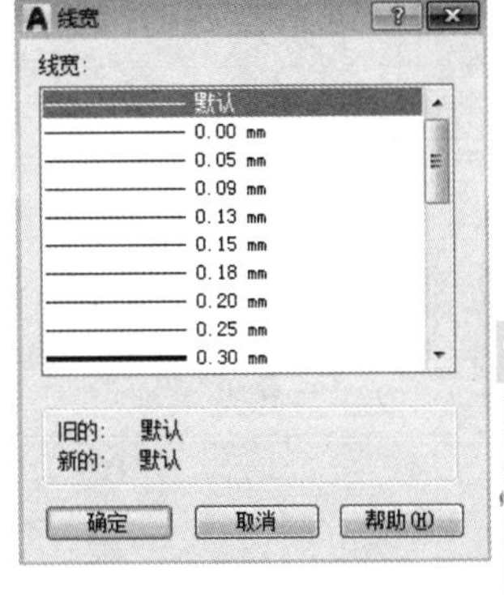

图 2-3-6　“线宽”对话框

实践活动

活动：创建一个图层，并设置图层的名称为“点画线”，颜色为“绿色”，线型为“center”，线宽为“0.25”。

步骤1：单击图层特性管理器图标，打开图层特性管理器对话框。

步骤2：单击新建图层按钮，在跳出的新图层中输入图层的名称“点画线”后单击回车键确定。

步骤3：单击颜色按钮 白 ，在跳出的选择颜色对话框中选择“绿色”后单击“确定”按钮确定。

步骤4：单击线型按钮 Continu... ，在跳出的选择线型对话框中单击加载按钮 加载(L)... ，加载出线型“center”，再在选择线型对话框中选择“center”后单击“确定”按钮确定。

步骤5：单击线宽按钮 —— 默认 ，在跳出的选择线宽对话框中选择线宽为“0.25”后单击“确定”按钮确定。

专业对话

1. 请你说一说分层绘图有什么好处。
2. 最多可以创建几个图层?

拓展活动

按要求创建表2-3-1图层。

表2-3-1 图层

名称	颜色	线型	线宽/mm
粗实线	白	Continuous	0.35
细实线	红	Continuous	0.18
中心线	青	Center	0.18
虚线	黄	Dashed	0.18
尺寸线	紫	Continuous	0.18
剖面线	绿	Continuous	0.18
文字与其他	蓝	Continuous	0.18

任务四 设置绘图辅助工具

任务目标

1. 了解极轴的功能。

2. 会设置极轴追踪角度。

3. 了解对象捕捉和对象追踪的功能。

4. 会设置对象捕捉和对象追踪模式。

学习活动

合理与有效地使用辅助绘图工具，可以帮助我们快速定位绘图。在本次学习中，先学习“极轴”“对象捕捉”“对象追踪”这三个辅助绘图工具，它们在基础绘图中经常被用到。

极轴、对象捕捉和对象追踪位于状态栏右下角，如图 2-4-1 所示。发亮时为打开状态，灰白时为关闭状态。

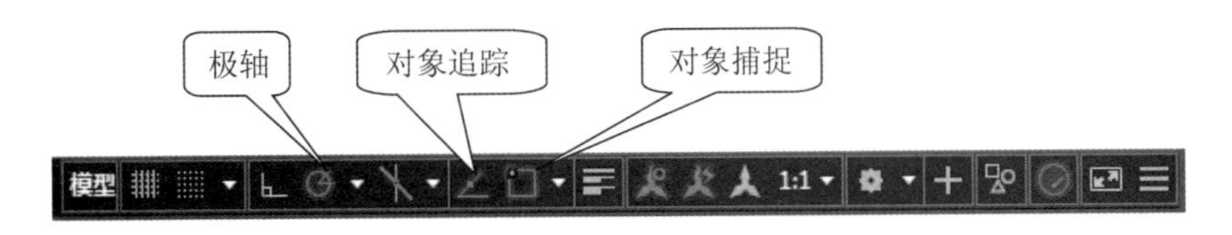

图 **2-4-1**　状态栏

◇ 极轴

1. 功能

利用极轴可以方便地进行按一定角度的定位绘图。“极轴追踪”选项卡位于草图设置对话框中。

2. 命令的调用

命令行：DSETTINGS(缩写：DS)；

菜　单：工具→绘图设置；

快捷方式：单击状态栏极轴按钮右边的白色小三角，跳出快捷菜单，单击“正在追踪设置”，如图 2-4-2 所示。

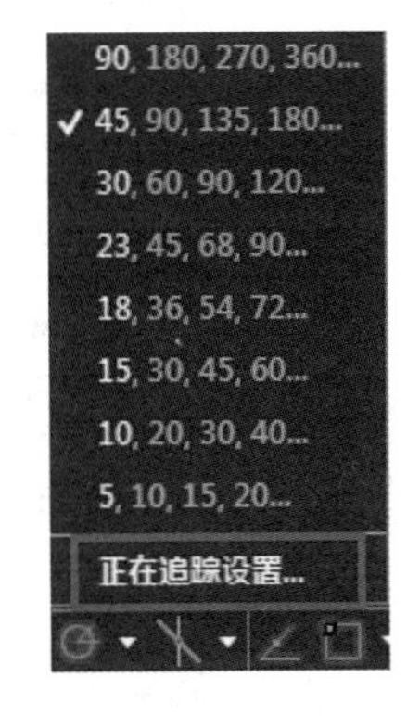

图 **2-4-2**　极轴追踪快捷菜单

如图 2-4-2 所示，系统设置了一些常用角度的追踪方式，可按需单击选择，也可单击“正在追踪设置”打开草图设置对话框进行个性设置。如图 2-4-3 所示，勾选“附加角”，在增量角为 30°的追踪基础上，按新建按钮 新建(N) ，输入角度 45°，135°，−45°(315°)和−135°(225°)，增加 4 个附加角的追踪。

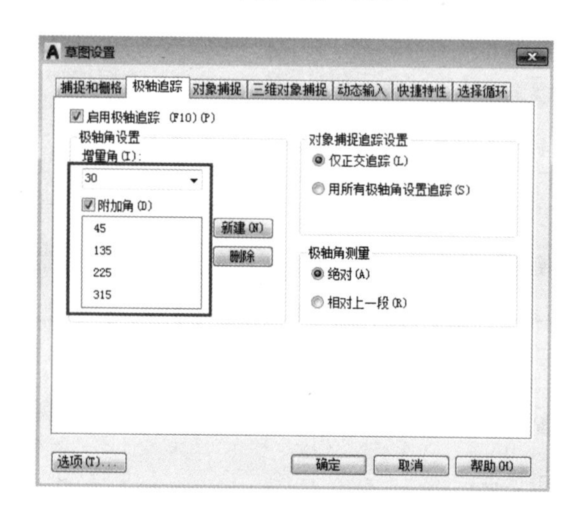

图 2-4-3　设置“极轴追踪”选项卡

◇ 对象捕捉、 对象追踪

使用对象捕捉和对象追踪功能可以利用已有的图形对象上的特殊点来定位绘图。在图 2-4-3 草图设置对话框中，单击“对象捕捉”选项卡，如图 2-4-4 所示。

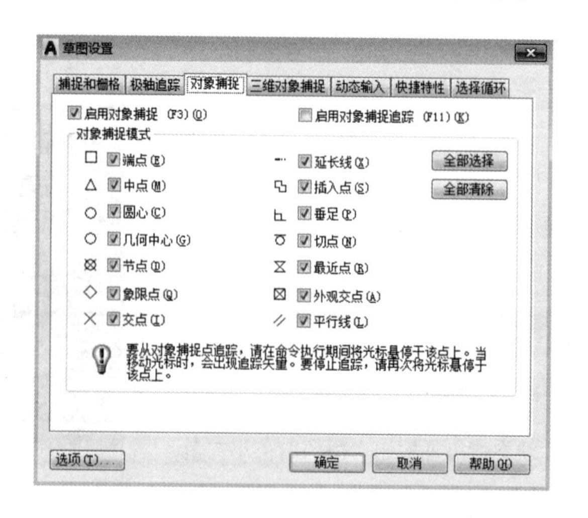

图 2-4-4　“对象捕捉”选项卡

在对话框中，可以通过勾选来启用或者关闭“对象捕捉模式”“对象捕捉”和“对象捕捉追踪”功能。

扫一扫：观看设置“极轴追踪”选项卡和“对象捕捉”选项卡的学习视频。

实践活动

活动 1：设置极轴追踪的增量角为 45°，附加角为 30°，−30°，120°和−120°。

步骤 1：在命令行输入命令“DS”打开草图设置对话框。

步骤 2：单击“极轴追踪”选项卡。

步骤 3：勾选“启用极轴追踪”。

步骤 4：选择增量角为“45°”。

步骤 5：新建附加角为 30°，−30°(330°)，120°和−120°(240°)。

步骤 6：单击“确定”按钮完成设置。

活动 2：打开对象捕捉功能，关闭对象捕捉追踪功能。

步骤 1：单击(或循环单击)状态栏的“对象捕捉”图标，使其处于发亮状态。

步骤 2：单击(或循环单击)状态栏的“对象捕捉追踪”图标，使其处于灰白状态。

专业对话

1. 打开软件，说一说极轴追踪功能的快捷键是什么。
2. 在状态栏“对象捕捉”图标上单击右键，你有什么发现。

拓展活动

1. 打开“草图设置”对话框，在“极轴追踪”选项卡中，设置增量角为 60°，设置附加角为：90°，−90°。
2. 在“对象捕捉”选项卡中，勾选“端点”“中点”“圆心”“切点”和“垂足”五个捕捉模式。

项目三

绘制与编辑简单平面图形

项目导航

在使用AutoCAD绘制简单平面图形时，可以首先掌握AutoCAD中的基本作图命令与基本编辑命令，如直线、矩形、多边形、圆、椭圆和删除、修剪、偏移、镜像、阵列、缩放等，并能够使用它们绘制与编辑简单的图形及常见的几何关系，加强作图技能，提高绘图效率。

学习要点

1. 了解一个简单图形的绘制过程。

2. 掌握绘制直线段、点、矩形、多边形的方法。

3. 掌握绘制圆、圆弧、圆环、椭圆和椭圆弧的方法。

4. 掌握选择、删除、恢复、修剪、延伸、打断、拉长和偏移等编辑操作。

5. 掌握修改工具栏中镜像、阵列、旋转、移动、复制、缩放、倒角、倒圆等编辑操作。

6. 掌握绘制样条曲线、图案填充的方法。

7. 掌握绘制偏心气缸的方法与操作。

任务一 绘制偏心气缸锥口螺钉

任务目标

1. 掌握绘制直线段的方法。

2. 掌握选择、删除、恢复、修剪编辑操作。

学习活动

◇ 直线

1. 功能

绘制直线段、折线段或闭合多边形，其中每一线段均是一个单独的对象。

2. 命令的调用

命令行：LINE(缩写：L)；

菜　单：绘图→直线；

图　标："绘图"面板 。

绘制如图 3-1-8 所示的直线，执行直线命令后，命令提示行提示如下。

```
命令:_line                                  //输入直线命令
LINE 指定第一点:0,0↙                        //输入点 A 的坐标
指定下一点或 [放弃(U)]:0,5↙                 //输入点 B 的坐标
指定下一点或 [放弃(U)]:19,5↙                //输入点 C 的坐标
指定下一点或 [放弃(U)]:19,0↙                //输入点 D 的坐标
指定下一点或 [闭合(C)/放弃(U)]:C↙          //使四边形封闭并结束 LINE 命令
```

绘制如图 3-1-9 所示的两条角度线，执行直线命令后，命令提示行提示如下。

```
命令:_line                                  //输入直线命令
LINE 指定第一点:                            //对象捕捉线段 CD 的中点
指定下一点或 [放弃(U)]:8 tab 155.5          //输入直线长度 8,按 tab 键输入角
                                              度 155.5°
LINE 指定第一点:                            //对象捕捉线段 CD 的中点
指定下一点或 [放弃(U)]:8 tab 155.5          //输入直线长度 8,按 tab 键输入角
                                              度 155.5°
```

扫一扫：观看绘制直线的学习视频。

◇ 选择对象

AutoCAD提供了多种构造选择集的方法。缺省情况下，用户能够用鼠标逐个地拾取对象，或是利用矩形、交叉窗口一次选取多个对象。

1. 矩形窗口选择对象

当AutoCAD提示选择要编辑的对象时，用户在图形元素左上角或左下角单击一点，然后向右拖动鼠标，AutoCAD显示一个实线矩形窗口，让此窗口完全包含要编辑的图形实体，再单击一点，矩形窗口内所有对象(不包括与矩形相交的对象)被选中，被选中的对象将以虚线形式表示出来。

【例3-1-1】打开附盘3-1-1. dwg，用矩形窗口选择对象，如图3-1-1所示。

下面通过ERASE(删除)命令演示这种选择方法。

```
命令:_erase
选择对象:                //在点1处单击一点,如图3-1-1 (a)所示
指定对角点:找到3个       //在点2处单击一点
选择对象:                //按Enter键或空格键结束,结果如图3-1-1(b)所示
```

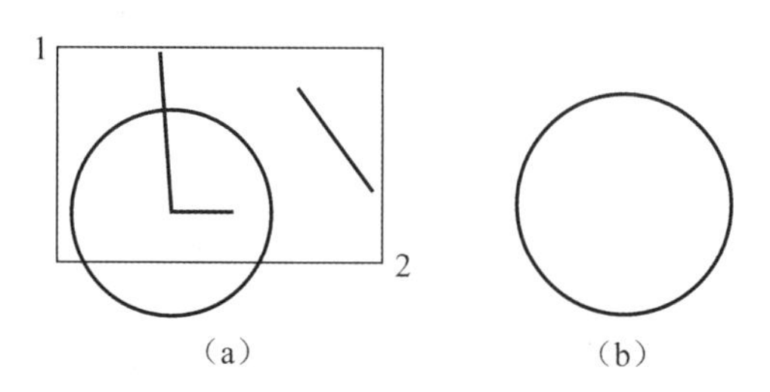

图**3-1-1** 矩形窗口选择对象

提示：当HIGHLIGHT系统变量处于打开状态时(等于1)，AutoCAD才以高亮度形式显示被选择的对象。

2. 交叉窗口选择对象

当AutoCAD提示“选择对象”时，在要编辑的图形元素右上角或右下角单击一点，然后向左拖动游标，此时出现后一个虚线矩形框，使该矩形框包含被编辑对象的一部分，而让其余部分与矩形框相交，再单击一点，则框内的对象及与框边相交的对象全部被选中。

【例 3-1-2】 打开附盘 3-1-2. dwg，用交叉窗口选择对象，如图 3-1-2(a)所示。

用 ERASE 命令将图 3-1-2(a)修改为图 3-1-2(b)。

```
命令:_erase
选择对象:              //在点 1 处单击一点,如图 3-1-2 (a)所示
指定对角点:找到 3 个    //在点 2 处单击一点
选择对象:              //按 Enter 键或空格键结束,结果如图 3-1-2(b)所示
```

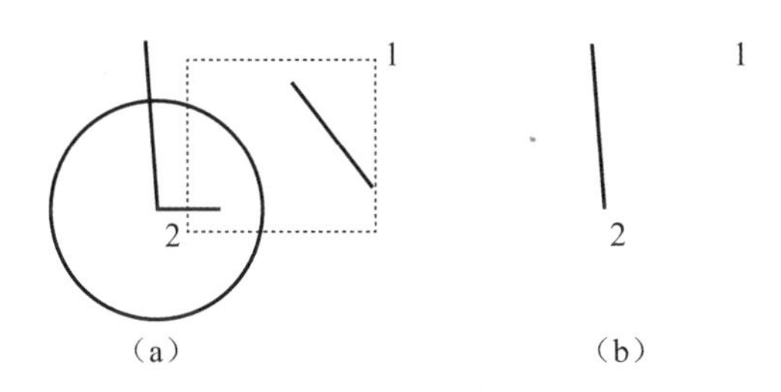

图 **3-1-2**　交叉窗口选择对象

3. 给选择集添加或去除对象

编辑过程中，用户构造选择集常常不能一次完成，需向选择集中加入或删除对象。在添加对象时，可直接选择或利用矩形窗口、交叉窗口选择要加入的图形元素；若要删除对象，可先按住 Shift 键，再从选择之中选择要清除的图形元素。

【例 3-1-3】 打开附盘 3-1-3. dwg 修改选择集，如图 3-1-3(a)所示。

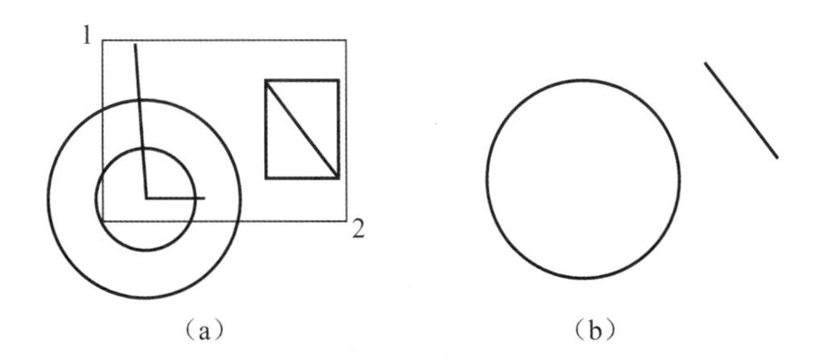

图 **3-1-3**　修改选择集

用 ERASE 命令将图 3-1-3(a)修改为图 3-1-3(b)。

```
命令:_erase
选择对象:              //在点 1 处单击一点,如图 3-1-3(a)所示
指定对角点:找到 4 个    //在点 2 处单击一点
```

```
选择对象:找到 1 个,删除 1 个,总计 3 个    //按住 Shift 键,从选择集中去除
选择对象:找到 1 个,总计 4 个              //选择图中小圆
选择对象:                                //按 Enter 键结束,结果如图 3-1-3(b)
                                           所示
```

扫一扫

扫一扫：观看选择对象的三种方法的学习视频。

◇ 删除

1. 功能

用于删除的选中单个或多个对象。所有的修改命令中，此命令可能是最频繁的命令之一。

2. 命令的调用

命令行：ERASE(缩写：E)；

菜　单：修改→删除；

图　标："修改"面板。

删除如图 3-1-11 所示的两条多余的小段直线，执行删除命令后，命令提示行提示如下。

```
命令:_erase
选择对象:    //依次选择两条多余的小段直线
选择对象:    //按 Enter 键或空格键确认
```

操作时，可以先输入"删除"命令，再选择要删除的对象，或者先在未激活任何命令的状态下选择对象使之亮显，然后可按下面任一方法完成。

(1)单击修改工具栏的"删除"按钮。

(2)按键盘上的 Delete 键。

(3)按鼠标右键，在弹出的快捷菜单中选择"删除"选项。

扫一扫

扫一扫：观看删除对象的学习视频。

◇ 恢复

1. 功能

恢复上一次用 ERASE 命令所删除的对象。

2. 命令的调用

命令行：OOPS。

说明：

(1)OOPS命令只对上一次ERASE命令有效，如使用EARSE>LINE>ARC>LAYER操作顺序后，用OOPS命令，则恢复ERASE命令删除的对象，而不影响LINE、ARC、LAYER命令操作的结果。

(2)本命令也常用于BLOCK(块)命令之后，用于恢复建块后所消失的图形。

扫一扫：观看恢复对象的学习视频。

◇ 修剪

1. 功能

可以沿指定边界修剪选定的对象。

2. 命令的调用

命令行：TRIM (缩写名：TR)；

菜 单：修改→修剪；

图 标：“修改”面板 。

3. 格式

命令：_trim

当前设置:投影=UCS,边=无

选择剪切边...

选择对象或 <全部选择>： //按空格键全部选择对象

选择要修剪的对象,或按住 Shift 键选择要延伸的对象,或

[栏选(F)/窗交(C)/投影(P)/边(E)/删除(R)/放弃(U)]://在多余直线要修剪处单击

选择要修剪的对象,或按住 Shift 键选择要延伸的对象,或

[栏选(F)/窗交(C)/投影(P)/边(E)/删除(R)/放弃(U)]://按 Enter 键确认并退出命令

(1)在进行修剪时，首先选择修剪边界，选择完修剪边界后按右键或Enter键，否则程序将不执行下一步，仍然等待输入修剪边界，直到按Enter键为止。

(2)同一对象既可以是剪切边，又可以是被剪切边。

(3)可用窗交方式选择修剪对象。

扫一扫：观看修剪对象的学习视频。

实践活动

活动：绘制如图 3-1-4 所示偏心气缸锥口螺钉，不要求标注尺寸。

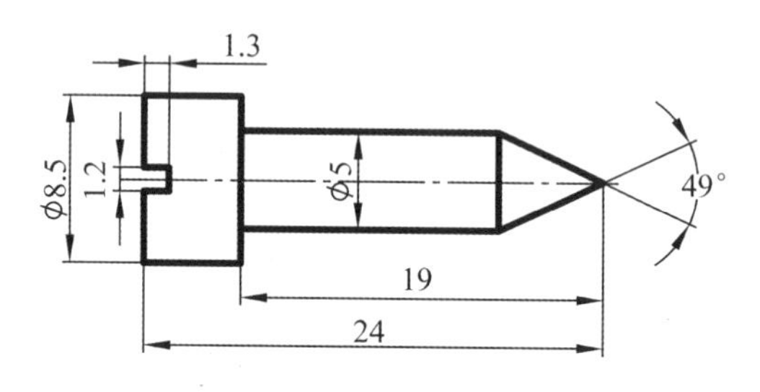

图 **3-1-4** 偏心气缸锥口螺钉

步骤 1：启动 AutoCAD 2018 中文版。在桌面上双击 AutoCAD 2018 中文版快捷方式，或“开始→程序→AutoCAD 2018”，启动 AutoCAD 2018 中文版软件。

步骤 2：新建文件。在下拉菜单中单击“→新建”命令，打开“选择样板”对话框。如图 3-1-5 所示。该对话框中列出了许多用于创建新图形的样板文件，缺省的样板文件是“acadiso. dwt”。单击“打开”按钮，系统将显示绘图界面，开始进行具体的绘图。

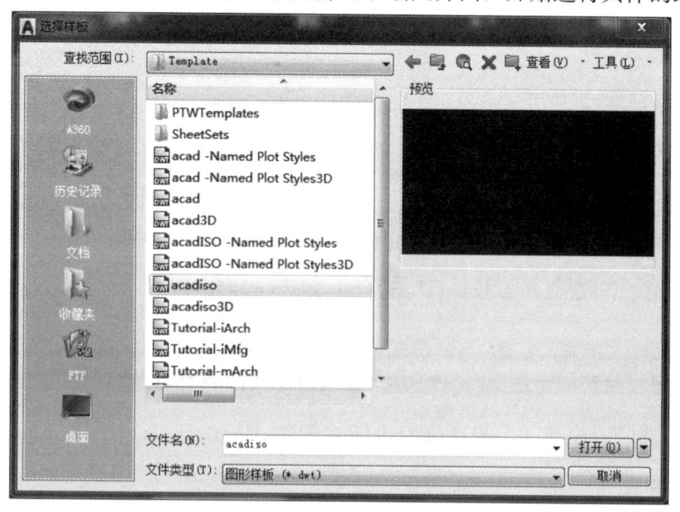

图 **3-1-5** “选择样板”对话框

步骤 3：设置绘图环境。在绘图界面“图层”处，单击，弹出“图层特性管理器”对话框，如图 3-1-6 所示。在“图层特性管理器”对话框中，单击“新建图层”按钮，按照表 3-1-1 所示完成图层名称、颜色、线型、线宽的创建，结果如图 3-1-7 所示。

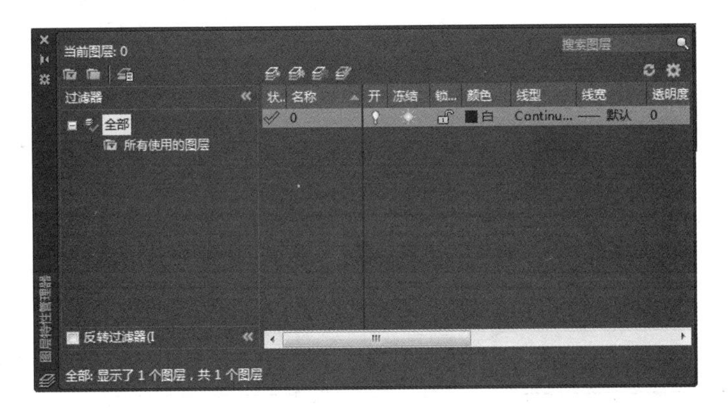

图 3-1-6　图层特性管理器

表 3-1-1　图层

名称	颜色	线型	线宽/mm
粗实线	白	Continuous	0.35
中心线	青	Center	默认

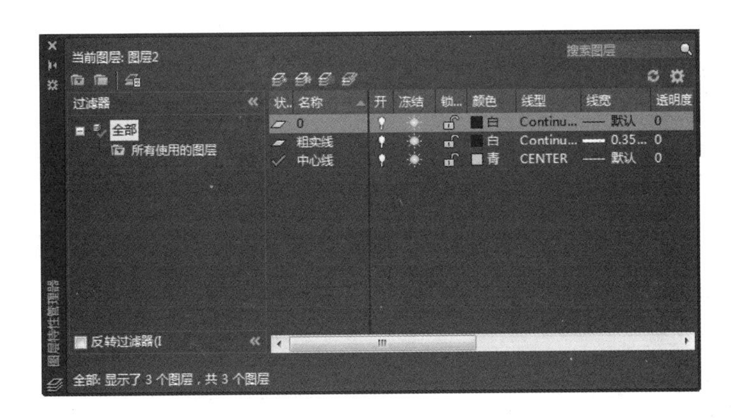

图 3-1-7　新建图层

步骤 4：打开“正交”和“对象捕捉”功能。

步骤 5：图层切换到粗实线层，使用直线命令，从 *A* 点开始，绘制 *A*、*B*、*C*、*D* 各点，绘制长为 19、宽为 5 的矩形，结果如图 3-1-8 所示。

步骤 6：取消“正交”功能，使用“直线”命令绘制两条角度线，结果如图 3-1-9 所示。

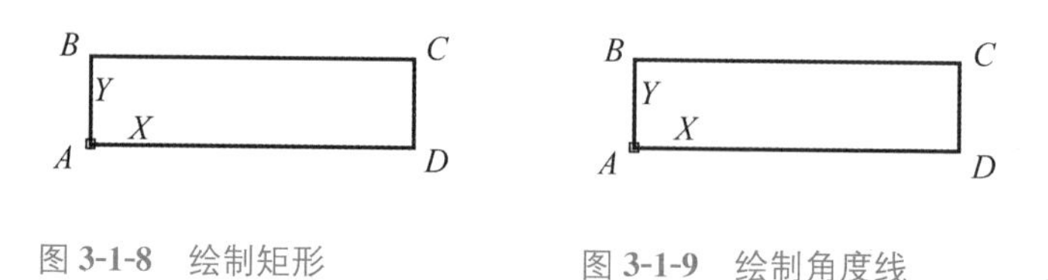

图 **3-1-8**　绘制矩形　　　图 **3-1-9**　绘制角度线

步骤 7：修剪多余线段，结果如图 3-1-10 所示。

步骤 8：框选要删除的线段，按 Delete 键进行删除，结果如图 3-1-11 所示。

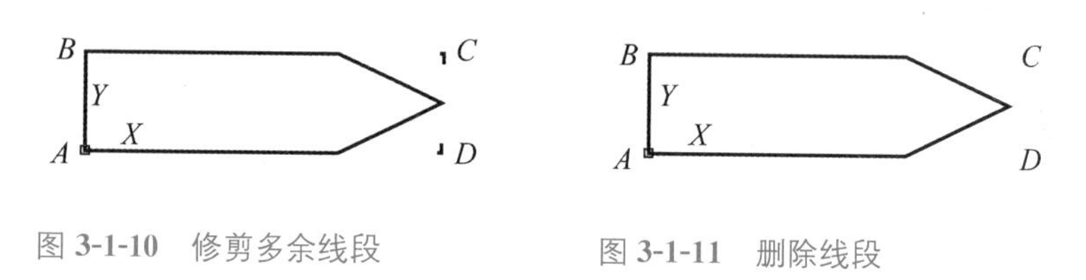

图 **3-1-10**　修剪多余线段　　　图 **3-1-11**　删除线段

步骤 9：打开“正交”功能，使用“直线”命令连接 *E*、*F*、*G*、*H*、*I*、*J*、*K*、*L* 各点，结果如图 3-1-12 所示。

步骤 10：图层切换到中心线层，使用“直线”命令绘制中心线，结果如图 3-1-13 所示。

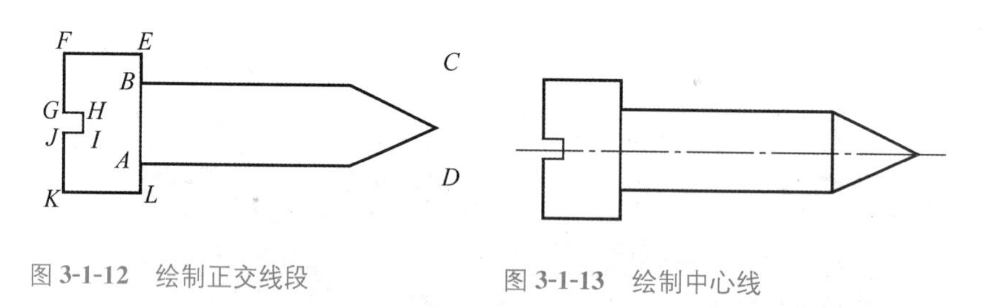

图 **3-1-12**　绘制正交线段　　　图 **3-1-13**　绘制中心线

步骤 11：将图形存盘保存。在下拉菜单中单击“A→图形保存”或“图形另存为”命令，将弹出“图形另存为”对话框。在“文件名”文本框中输入图形文件的名称“偏心气缸锥口螺钉”，选择所需的保存路径，然后单击“保存”按钮，则系统将所绘制的图形以“偏心气缸锥口螺钉. dwg”为文件名保存在图形文件中。

步骤 12：退出 AutoCAD 系统。在命令行输入 QUIT 后回车或单击关闭按钮，将退出 AutoCAD 系统，返回到 Windows 桌面。至此，就完成了用 AutoCAD 绘制一幅图形从启动软件到退出的整个过程。

扫一扫：观看绘制偏心气缸锥口螺钉的学习视频。

扫一扫

专业对话

1. 谈谈“直线”命令可以绘制哪几种直线。
2. 谈谈零件图绘制中有几种类型的线型。
3. 你认为 AutoCAD 中哪种删除方式最为快捷简单。

拓展活动

抄画图 3-1-14 至图 3-1-17 平面图形，不标注尺寸。

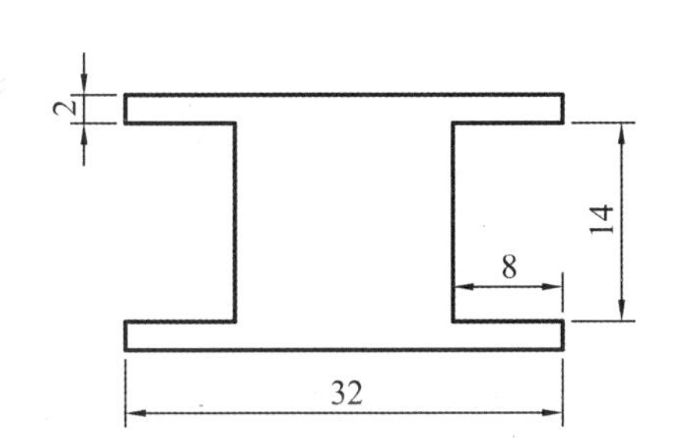

图 3-1-14　平面图形 1

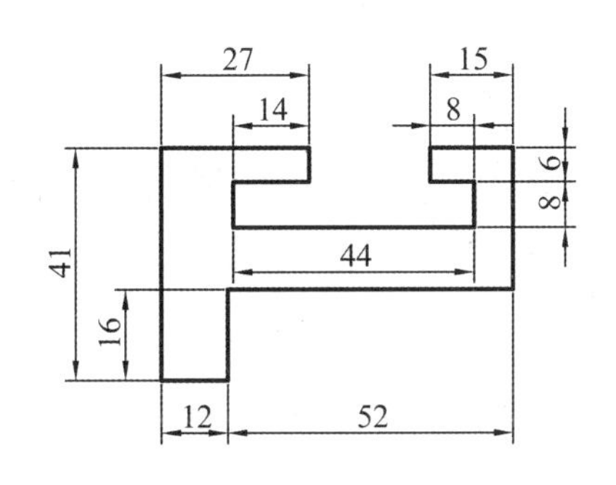

图 3-1-15　平面图形 2

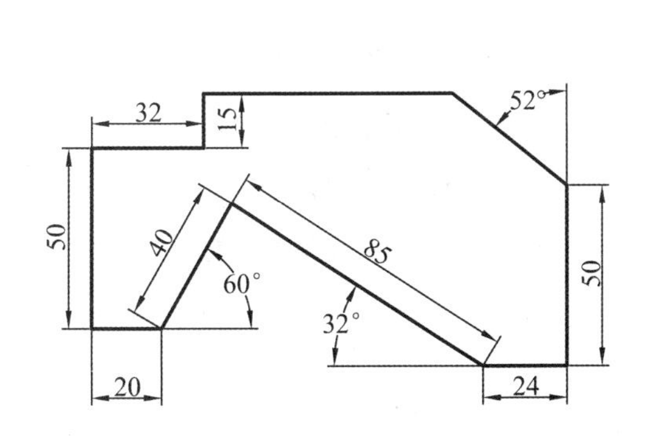

图 3-1-16　平面图形 3

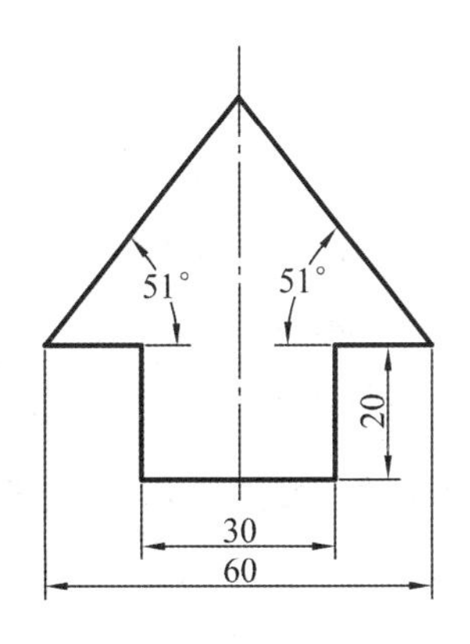

图 3-1-17　平面图形 4

任务二 绘制偏心气缸缺口销

任务目标

1. 掌握绘制矩形、多边形、倒角的方法。

2. 掌握移动功能，提高绘图效率。

学习活动

◇ 矩形

1. 功能

画矩形，底边与 x 轴平行，可带倒角、圆角等。

2. 命令的调用

命令行：RECTANG(缩写名：REC)；

菜　单：绘图→矩形；

图　标："绘图"面板▭。

绘制如图 3-2-5 所示矩形，执行矩形命令后，命令提示行提示如下。

```
命令:_rectang
指定第一个角点或[倒角(C)/标高(E)/圆角(F)/厚度(T)/宽度(W)]:
                                   //绘图界面任意一点
指定另一个角点或[尺寸(D)]:D        //通过尺寸绘制矩形
指定矩形的长度:6                   //输入矩形长度尺寸
指定矩形的长度:4                   //输入矩形宽度尺寸
指定另一个角点或:空格键            //按空格键确定矩形位置
```

(1)选项 C 用于指定倒角距离，绘制带倒角 3×45°的矩形，如图 3-2-1(b)所示。

(2)选项 F 用于指定圆角半径，绘制带圆角 $R3$ 的矩形，如图 3-2-1(c)所示。

(3)选项 W 用于指定线宽，线宽为 0.5，如图 3-2-1(d)所示。

(4)选项 E 用于指定矩形标高(z 坐标)，即把矩形画在标高为 z，和 xOy 坐标而平行的平面上，并作为后续矩形的标高值。

(5)选项 T 用于指定矩形的厚度。

(6)选项 D 用于指定矩形的长度和宽度数值。

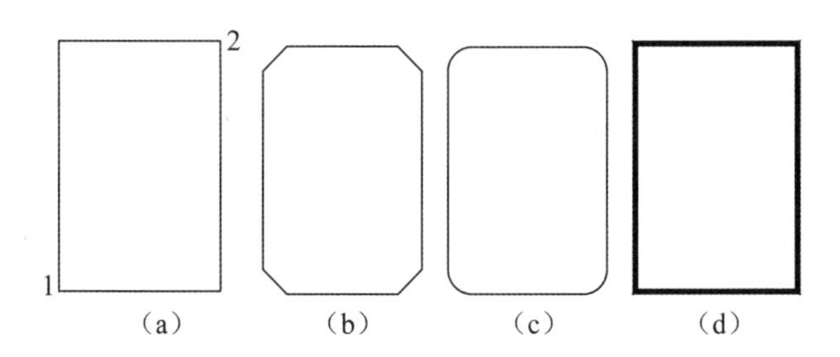

图 **3-2-1**　绘制矩形

扫一扫：观看绘制矩形的学习视频。

◇ 倒角

1. 功能

用于在两条直线间绘制一个倒角，倒角的大小由第一个和第二个倒角距离确定。

2. 命令的调用

命令行：CHAMFER(缩写名：CHA)；

菜　单：修改→倒角；

图　标："修改"工具栏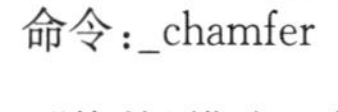。

绘制如图 3-2-9 所示的倒角，执行倒角命令后，命令提示行提示如下。

命令:_chamfer

("修剪"模式) 当前倒角距离=0.5,角度=45°

选择第一条直线或[放弃(U)/多段线(P)/距离(D)/角度(A)/修剪(T)/方式(E)/多个(M)]:a　　//输入所需选项,如输入角度(A)

指定第一条直线的倒角长度<0>:0.5　　//输入第一条直线的倒角长度

指定第一条直线的倒角角度<0>:45　　//输入第一条直线的倒角角度

选择第一条直线或[放弃(U)/多线段(P)/距离(D)/角度(A)/修剪(T)/方式(E)/多个(M)]:　　//选择矩形 5 上边的水平线

选择第二条直线,或按住 Shift 键选择直线以应用角点或[距离(D)/角度(A)/方法(M)]:　　//选择矩形 5 右侧竖线按空格键重复倒角命令：

选择第一条直线或[放弃(U)/多线段(P)/距离(D)/角度(A)/修剪(T)/方式(E)/多个(M)]： //选择矩形 5 下边的水平线

选择第二条直线，或按住 Shift 键选择直线以应用角点或[距离(D)/角度(A)/方法(M)]： //选择矩形 5 右侧竖线

(1)可以为两条直线创建距离为 0 的倒角。

(2)若要使用一个倒角距离和相对于第一条线的倒角角度，则使用[角度]选项。

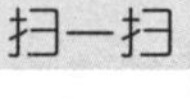

扫一扫

扫一扫：观看绘制倒角的学习视频。

◇ 移动

1. 功能

用于将一个或多个对象从原来位置移动到新的位置，其大小和方向保持不变。在绘图时，可以先绘制图形，然后再使用此命令调整图形在图纸中的位置。

2. 命令的调用

命令行：MOVE(缩写名：M)；

菜　单：修改→旋转；

图　标："修改"面板。

绘制如图 3-2-8 所示的图形，执行移动命令后平移矩形，命令提示行提示如下。

命令：_move

选择对象：找到 1 个 //选择对象，选择矩形 2

选择对象： //按 Enter 键或空格键结束选择

指定基点或[位移(D)] <位移>： //打开对象捕捉，拾取矩形 2 左侧竖线中点

指定第二个点或 <使用第一个点作为位移>：

//拾取矩形 1 右侧竖线中点

按空格键重复移动指令：

选择对象：找到 1 个 //选择对象，选择矩形 3

选择对象： //按 Enter 键或空格键结束选择

指定基点或[位移(D)] <位移>： //拾取矩形 3 左侧竖线中点

指定第二个点或 ＜使用第一个点作为位移＞：

//拾取矩形 2 右侧竖线中点

按空格键重复移动指令：

选择对象：找到 1 个　　//选择对象，选择矩形 4

选择对象：　　//按 Enter 键或空格键结束选择

指定基点或[位移(D)] ＜位移＞：　　//拾取矩形 4 左侧竖线中点

指定第二个点或 ＜使用第一个点作为位移＞：

//拾取矩形 3 右侧竖线中点

按空格键重复移动指令：

选择对象：找到 1 个　　//选择对象，选择矩形 5

选择对象：　　//按 Enter 键或空格键结束选择

指定基点或[位移(D)] ＜位移＞：　　//拾取矩形 5 左侧竖线中点

指定第二个点或 ＜使用第一个点作为位移＞ ：

//拾取矩形 4 右侧竖线中点

使用 MOVE 命令时，用户可以通过以下方式确定选择对象的移动距离和方向。

(1)在屏幕上指定两点，这两点的距离和方向代表了实体移动的距离和方向。

(2)输入“X，Y”或“距离＜角度”，直接指定对象的位置。

扫一扫：观看移动对象的学习视频。

◇ 多边形

1. 功能

用于绘制边数为 3～1024 的二维正多边形。

2. 命令的调用

命令行：POLYGON(缩写名：POL)；

菜　单：绘制→正多边形；

图　标：“绘制”工具栏⬠。

【例 3-2-1】 打开附盘 3-2-1. dwg，绘制如图 3-2-2(d)所示的正多边形。

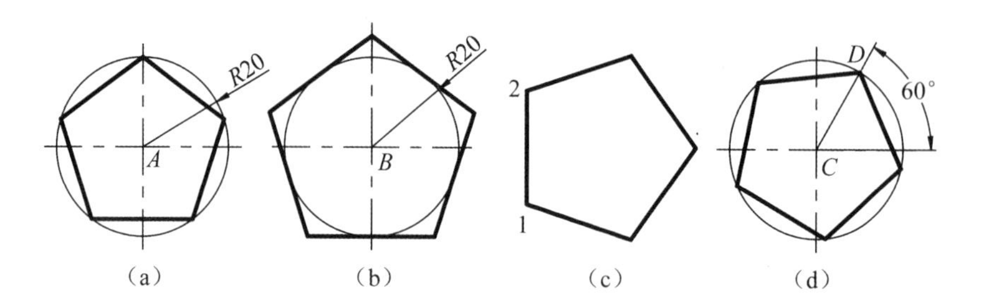

图 3-2-2 绘制正多边形

命令:_polygon	
输入边的数目 <4>:	//给出边数 5
指定多边形的中心点或[边(E)]:	//给出中心点 C
输入选项[内接于圆(I)/外切于圆(C)]<I>:	//按 Enter 键或空格键,选内接于圆
指定圆的半径:@20<60	//输入 C 点的相对坐标,并按 Enter 键确认,结果如图 3-2-2(d)所示

扫一扫:观看绘制多边形的学习视频。

实践活动

活动:绘制如图 3-2-3 所示的偏心气缸缺口销,不要求标注尺寸。

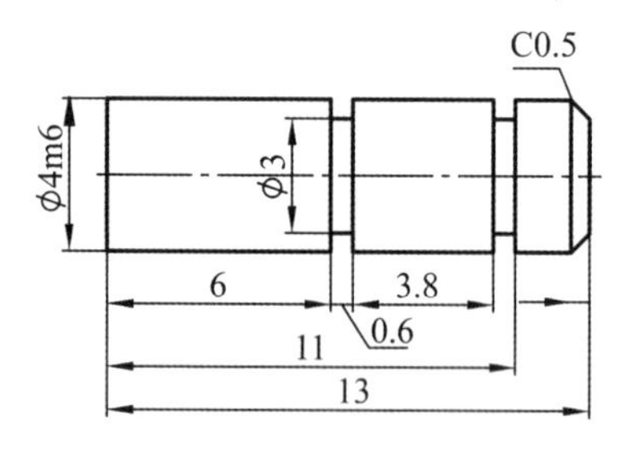

图 3-2-3 偏心气缸缺口销

步骤 1:启动 AutoCAD 2018 中文版。在桌面上双击 AutoCAD 2018 中文版快捷方式,或"开始→程序→AutoCAD 2018",启动 AutoCAD 2018 中文版软件。

步骤 2:新建文件。在下拉菜单中单击→"新建"命令,打开"选择样板"对话框,该对话框中列出了许多用于创建新图形的样板文件,缺省的样板文件是"acadiso.

dwt”。单击“打开”按钮，开始进行具体的绘图。

步骤 3：设置绘图环境。在绘图界面“图层”处，单击，弹出“图层特性管理器”对话框。在“图层特性管理器”对话框中，单击“新建图层”按钮，按照表 3-2-1 完成图层名称、颜色、线型、线宽的创建，结果如图 3-2-4 所示。

表 3-2-1　图层

名称	颜色	线型	线宽/mm
粗实线	白	Continuous	0.35
中心线	青	Center	默认

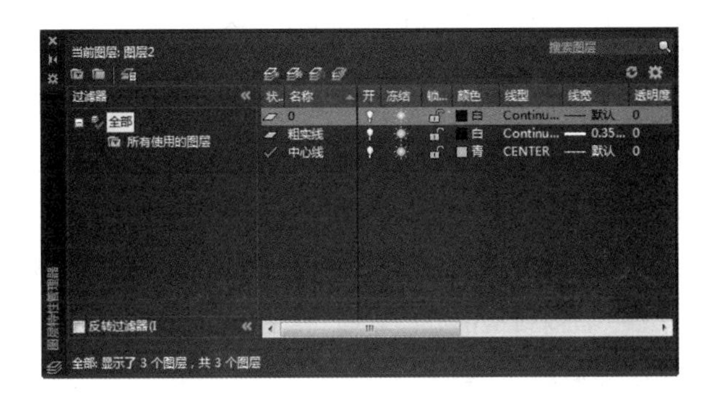

图 3-2-4　新建图层

步骤 4：打开“对象捕捉”功能(也可按快捷键 F11 打开对象捕捉功能)。

步骤 5：使用“矩形”命令，绘制矩形 1(长 6、宽 4)，结果如图 3-2-5 所示。

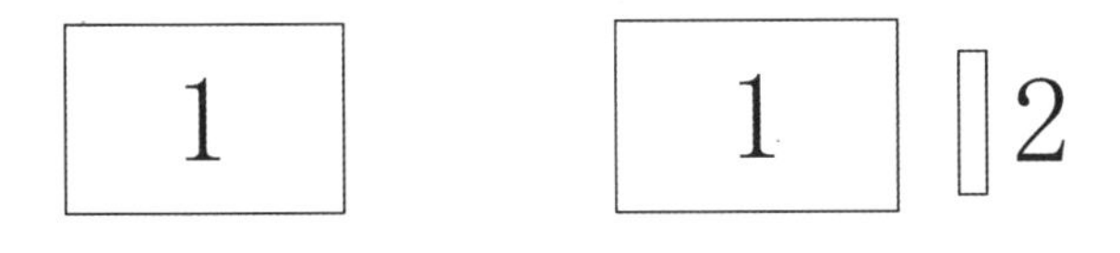

图 3-2-5　绘制矩形 1　　　图 3-2-6　绘制矩形 2

步骤 6：使用“矩形”命令，绘制矩形 2(长 0.6、宽 3)，结果如图 3-2-6 所示。

步骤 7：使用“矩形”命令，绘制矩形 3(长 3.8、宽 4)，绘制矩形 4(长 0.6、宽 3)，绘制矩形 5(长 2、宽 4)，结果如图 3-2-7 所示。

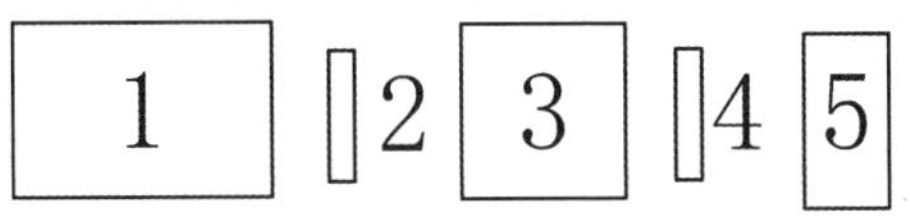

图 3-2-7　绘制矩形 3、4、5

步骤 8：使用“移动”命令，平移矩形 2、矩形 3、矩形 4 和矩形 5，结果如图 3-2-8 所示。

步骤 9：使用“倒角”命令，绘制偏心气缸缺口销的倒角，并使用直线命令绘制倒角直线，结果如图 3-2-9 所示。

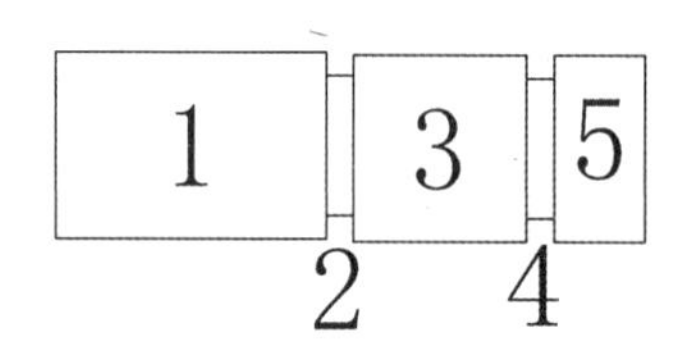

图 **3-2-8** 移动矩形

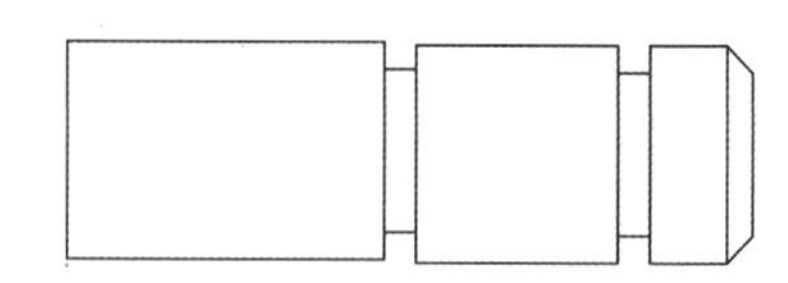

图 **3-2-9** 倒角

步骤 10：将图形存盘保存。在下拉菜单中单击→“图形保存”或“图形另存为”命令，将弹出“图形另存为”对话框。在“文件名”文本框中输入图形文件的名称“偏心气缸缺口销”，选择所需的保存路径，然后单击“保存”按钮，则系统将所绘制的图形以“偏心气缸缺口销. dwg”为文件名保存在图形文件中。

步骤 11：退出 AutoCAD 系统。在命令行输入 QUIT 后回车或单击关闭按钮，将退出 AutoCAD 系统，返回到 Windows 桌面。至此，就完成了用 AutoCAD 绘制一幅图形从启动软件到退出的整个过程。

扫一扫

扫一扫：观看绘制偏心气缸缺口销的学习视频。

专业对话

1. 谈谈 AutoCAD 的几种矩形的绘制方法。

2. 谈谈 AutoCAD 有几种类型的倒角。

拓展活动

抄画图 3-2-10 至图 3-2-13 平面图形，不标注尺寸。

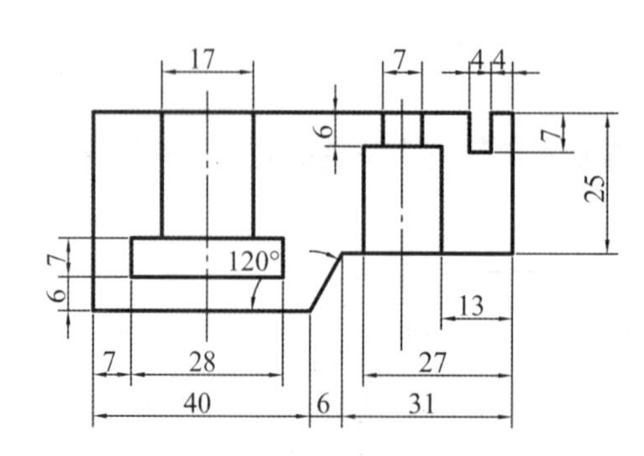

图 **3-2-10** 平面图形 **1**

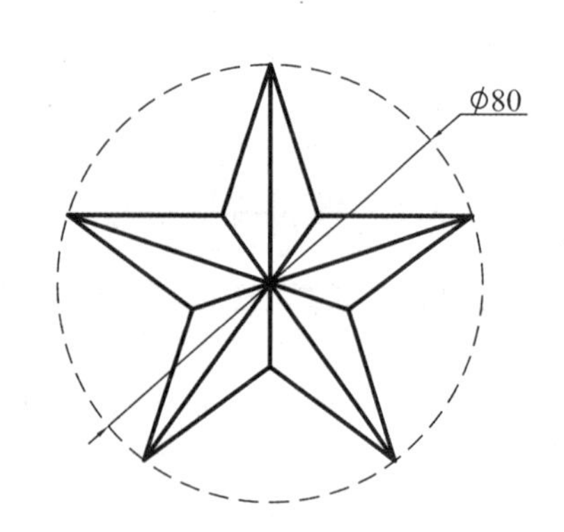

图 **3-2-11** 平面图形 **2**

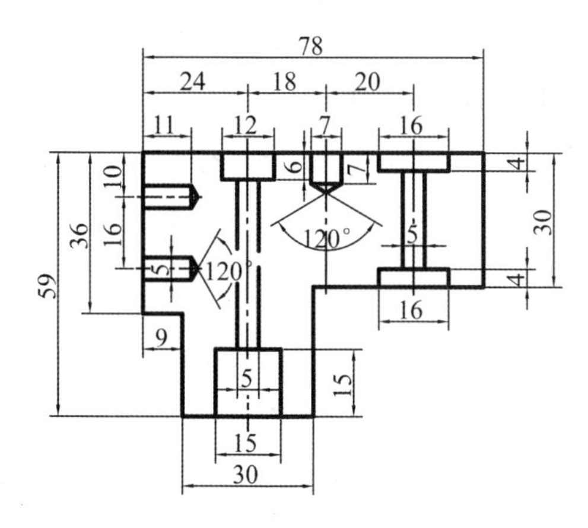

图 **3-2-12**　平面图形 **3**

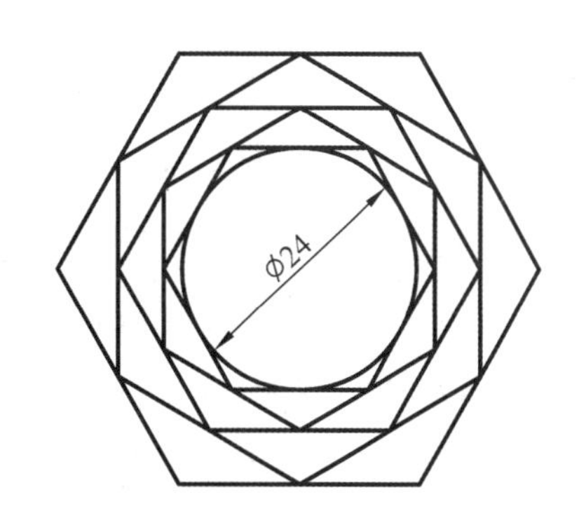

图 **3-2-13**　平面图形 **4**

任务三　绘制偏心气缸顶盖

任务目标

1. 掌握绘制圆、圆弧和圆环的方法。

2. 掌握编辑命令中的偏移、复制、分解、圆心标记、设定全局线型比例因子命令。

学习活动

◇ 圆

1. 功能

用于绘制圆，既可通过指定圆心、半径或圆周上的点创建圆，也可创建与对象的相切圆。

2. 命令的调用

命令行：CIRCLE(缩写名：C)；

菜　单：绘图→圆；

图　标："绘图"面板 。

绘制如图 3-3-6 所示的 1 点上的圆，半径 1.65，执行圆命令后，命令提示行提示如下。

```
命令:_circle
指定圆的圆心或[三点(3P)/两点(2P)/相切、相切、半径(T)]:
                                        //选择1点作为圆心
指定圆的半径或[直径(D)]:                 //给定半径1.65
```

在下拉菜单画圆的命令中列出了6种画圆的方法。

(1)圆心、半径(按指定圆心和半径画圆)。

(2)圆心、直径(按指定圆心和直径画圆)。

(3)两点(2P)(按指定直径的两端点画圆，如图3-3-1(a)所示选择直线的两端点A、B即可)。

(4)三点(3P)(指定圆上三点画圆，如图3-3-1(a)所示，选择点C、D、E即可)。

(5)相切、相切、半径(T)(指定两个相切对象和半径画圆)。

(6)相切、相切、相切(指定三个相切对象，如图3-3-1(c)所示，选择三条直线即可)。

【例3-3-1】打开附盘3-3-1.dwg，如图3-3-1所示。练习使用画圆命令。

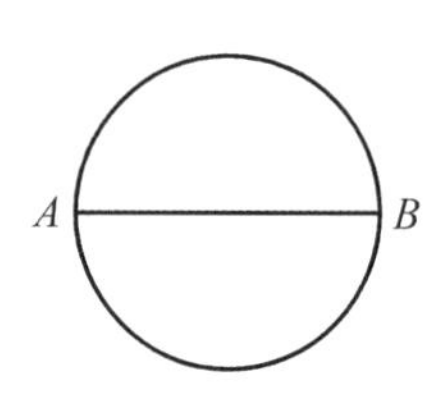

(a)“2P”

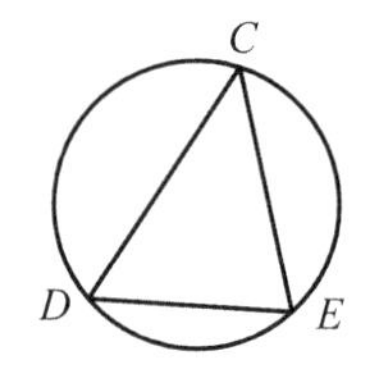

(b)“3P”

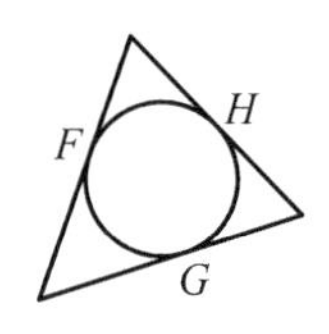

(c)“相切、相切、相切”

图 **3-3-1** 不同方式画圆

```
命令:_circle
指定圆的圆心或[三点(3P)/两点(2P)/相切、相切、半径(T)]:2P
                              //输入两点画圆选项2P
指定圆直径的第一个端点:<对象捕捉 开>
                              //打开对象捕捉,选择直线AB的点A
指定圆直径的第二个端点:          //捕捉直线AB的点B,即得图3-3-1(a)
命令:_circle                    //按Enter键或空格键重复圆命令
指定圆的圆心或[三点(3P)/两点(2P)/相切、相切、半径(T)]:3P
                              //输入三点画圆选项3P
```

指定圆上的第一个点：　　　　//捕捉点 C

指定圆上的第二个点：　　　　//捕捉点 D

指定圆上的第三个点：　　　　//捕捉点 E，即得图 3-3-1(b)

命令：_circle　　　　　　　//重复圆命令

指定圆的圆心或[三点(3P)/两点(2P)/相切、相切、半径(T)]：_3P

　　　　　　　　　　　　　//下拉菜单选择“绘图→圆→相切、相切、相切”选项

指定圆上的第一个点：_tan 到　　//在切点 F 处大致位置单击

指定圆上的第二个点：_tan 到　　//在切点 G 处大致位置单击

指定圆上的第三个点：_tan 到　　//在切点 H 处大致位置单击，即得图 3-3-1(c)

扫一扫：观看绘制圆的学习视频。

◇ 圆弧

1. 功能

绘制圆弧。

2. 命令的调用

命令行：ARC(缩写名：A)；

菜　单：绘图→圆弧；

图　标：“绘图”面板 。

在绘制圆弧时，一般还是先画圆，再修剪得所需圆弧应用较多。在下拉菜单圆弧项中，按给出圆弧的条件与顺序的不同，列出 11 种画圆弧的方法。

(1)三点。

(2)起点(S)、圆心(C)、端点(E)。

(3)起点(S)、圆心(C)、角度(A)。

(4)起点(S)、圆心(C)、长度(L)。

(5)起点(S)、端点(E)、角度(A)。

(6)起点(S)、端点(E)、方向(D)。

(7)起点(S)、端点(E)、半径(R)。

(8)圆心(C)、起点(S)、端点(E)。

(9)圆心(C)、起点(S)、角度(A)。

(10)圆心角(C)、起点(S)、长度(L)。

(11)继续：与上一线段相切，继续画圆弧段，仅提供端点即可。

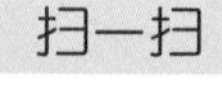

扫一扫：观看绘制圆弧的学习视频。

◇ 圆环

1. 功能

绘制圆环。

2. 命令的调用

命令行：DONUT(缩写名：DO)；

菜　单：绘图→圆环。

【例 3-3-2】 如图 3-3-2 所示，练习使用圆环命令。

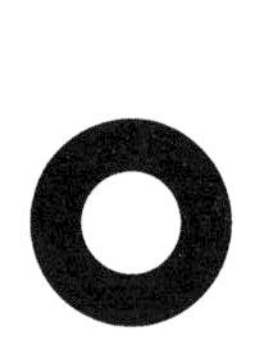

(a)

(b)

图 **3-3-2**　画圆环

```
命令:donut                              //输入 donut 或下拉菜单中绘图→圆环
指定圆环的内径 <0.5000>:5               //输入圆环的内径 5
指定圆环的外径 <1.0000>:10              //输入圆环的外径 10
指定圆环的中心点或 <退出>:              //在适当位置处单击
指定圆环的中心点或 <退出>:              //在已画圆环右上角处单击
指定圆环的中心点或 <退出>:              //按 Enter 键或空格键结束该命令,即得
                                          图 3-3-2(a)
命令:DONUT                              //按 Enter 键或空格键重复该命令
指定圆环的内径 <5.0000>:0               //输入圆环的内径 0
```

指定圆环的外径 ＜10.0000＞：　　　//输入圆环的外径 10

指定圆环的中心点或 ＜退出＞：　　　//在适当位置处单击

指定圆环的中心点或 ＜退出＞：　　　//按 Enter 键或空格键结束该命令，即得图 3-3-2(b)

扫一扫：观看绘制圆环的学习视频。

◇ 偏移

1. 功能

画出指定对象的偏移，即等距线。直线的等距线为平行等长线段，圆弧的等距线为同心圆，保持圆心角相同。

2. 命令的调用

命令行：OFFSET(缩写名：O)；

菜　单：修改→偏移；

图　标：“修改”面板 。

将如图 3-3-5 所示的矩形进行偏移，执行偏移命令，命令提示行提示如下。

命令:_offset

当前设置:删除源＝否　图层＝源　OFFSETGAPTYPE＝0

指定偏移距离或 [通过(T)/删除(E)/图层(L)] ＜3.0000＞：

//输入偏移的距离 3

选择要偏移的对象,或 [退出(E)/放弃(U)] ＜退出＞：

//选取矩形 1

指定要偏移的那一侧上的点,或 [退出(E)/多个(M)/放弃(U)] ＜退出＞：

//指定偏移的方向向里

选择要偏移的对象,或 [退出(E)/放弃(U)] ＜退出＞：

//按空格键退出指令

扫一扫：观看偏移对象的学习视频。

◇ 复制

1. 功能

复制选定对象，可做多重复制。

2. 命令的调用

命令行：COPY(缩写名：CO、CP)；

菜　单：修改→复制；

图　标："修改"面板 。

绘制如图 3-3-7 所示的图形，将圆进行复制，执行复制命令后，命令提示行提示如下。

```
命令:_copy
选择对象:找到 2 个                                   //选择圆
选择对象:                                            //按 Enter 键或空格键结束
                                                       选择
当前设置:复制模式=多个
指定基点或[位移(D)/模式(O)]<位移>:                   //捕捉基点为 1 点
指定第二个点或<阵列(A)>:                             //捕捉第二点为 2 点
指定第二个点或[阵列(A)退出(E)/放弃(U)]<退出>:
                                                     //捕捉第三点为 3 点
指定第二个点或[阵列(A)退出(E)/放弃(U)]<退出>:
                                                     //捕捉第四点为 4 点
按空格键结束复制命令:                                 //结果如图 3-3-7 所示
```

扫一扫

扫一扫：观看复制对象的学习视频。

◇ 分解

1. 功能

用于将组合对象如矩形、多边形、多段线、块以及图案填充等拆开为各个单一个体。

2. 命令的调用

命令行：EXPLODE(缩写名：X)；

菜　单：修改→分解；

图　标："修改"面板 。

绘制如图 3-3-10 所示的图形，将矩形进行分解，执行分解命令后，命令提示行提示如下。

```
命令：_explode
选择对象:找到 1 个              //在图 3-3-10 中单击矩形
选择对象:                      //按 Enter 或空格键确认并退出分解命令
```

对不同的对象，具有不同的分解后效果。

(1)多边形：分解为组成图形的一条条直线。

(2)块：对具有相同 X、Y、Z 比例插入的块，分解为其组成成员，对带属性的块分解后将丢失属性值，显示其相应的属性标记。

(3)二维多段线：带有宽度特性的多段线被分解后，将转换为宽度为 0 的直线和圆弧。

(4)尺寸：分解为段落文本(mtext)、直线、点等。

(5)图案填充：分解为组成图案的一条条直线。

扫一扫：观看分解对象的学习视频。

◇ 圆心标记

1. 功能

创建圆和圆弧的非关联中心标记或中心线。

2. 命令的调用

命令行：DIMCENTER(缩写名：DCE)；

菜　单：此功能在菜单栏中无菜单；

图　标：此功能在"修改"工具栏中无快捷图标。

绘制如图 3-3-9 所示的圆的中心线，执行圆心标记命令后，命令提示行提示如下。

```
命令：_dimcenter
选择圆弧或圆：                    //选择要标记的圆 1
按空格键重复圆心标记指令：
选择圆弧或圆：                    //选择要标记的圆 2
按空格键重复圆心标记指令：
选择圆弧或圆：                    //选择要标记的圆 3
按空格键重复圆心标记指令：
选择圆弧或圆：                    //选择要标记的圆 4，结果如图 3-3-11 所示
```

扫一扫

扫一扫：观看绘制圆心标记的学习视频。

◇ 设定全局线型比例因子

1. 功能

更改用于图形中所有对象线型比例因子。修改线型的比例因子将导致重生成图形。

2. 命令的调用

命令行：LTSCALE(缩写名：LTS)；

菜　单：此功能在菜单栏中无菜单；

图　标：此功能在“修改”工具栏中无快捷图标。

将图 3-3-10 所示的线型进行调整线型比例，执行设定全局线型比例因子命令后，命令提示行提示如下。

```
命令：_ltscale
输入新线型比例因子<1>：0.02        //输入比例因子 0.02
```

扫一扫

扫一扫：观看设定全局线型比例因子的学习视频。

实践活动

活动：绘制如图 3-3-3 所示的偏心气缸顶盖，不要求标注尺寸。

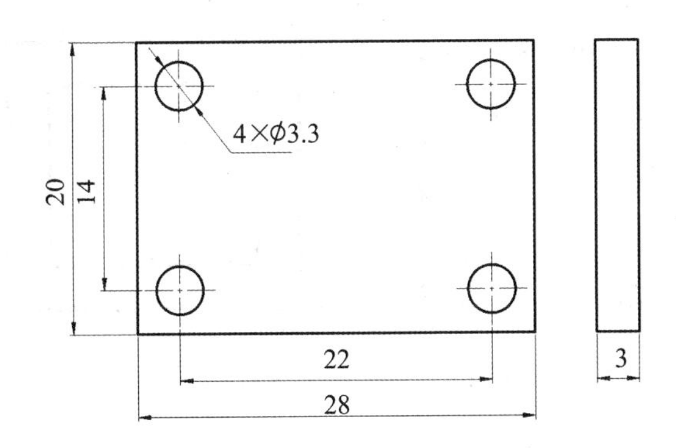

图 3-3-3　偏心气缸顶盖

步骤 1：启动 AutoCAD 2018 中文版。在桌面上双击 AutoCAD 2018 中文版快捷方式，或单击“开始→程序→AutoCAD 2018”，启动 AutoCAD 2018 中文版软件。

步骤 2：新建文件。在下拉菜单中单击“→新建”命令，打开“选择样板”对话框。该对话框中列出了许多用于创建新图形的样板文件，缺省的样板文件是“acadiso.dwt”。单击“打开”按钮，系统将显示绘图界面，开始进行具体的绘图。

步骤 3：设置绘图环境。在绘图界面“图层”处，单击，弹出“图层特性管理器”对话框。在“图层特性管理器”对话框中，单击“新建图层”按钮，按照表 3-3-1 所示完成图层名称、颜色、线型、线宽的创建。

表 3-3-1　图层

名称	颜色	线型	线宽/mm
粗实线	白	Continuous	0.35
中心线	青	Center	默认

步骤 4：图层切换到粗实线层，使用“矩形”命令，绘制长为 28、宽为 20 的矩形 1，结果如图 3-3-4 所示。

步骤 5：使用“偏移”命令，将矩形 1 的四条直线向里偏移距离 3，得到圆的四个定位点，结果如图 3-3-5 所示。

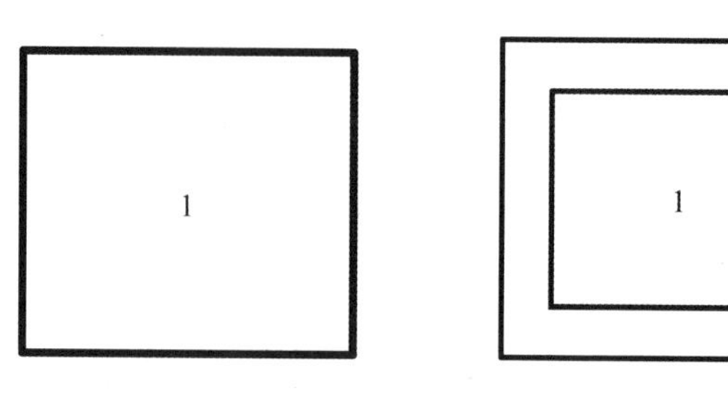

图 **3-3-4** 绘制矩形 **1**　　图 **3-3-5** 偏移矩形

步骤 6：使用绘图指令“圆”命令，绘制 1 点位置的圆，半径 1.65，结果如图 3-3-6 所示。

步骤 7：使用“复制”命令，将 1 点上的圆复制到 2，3，4 点，结果如图 3-3-7 所示。

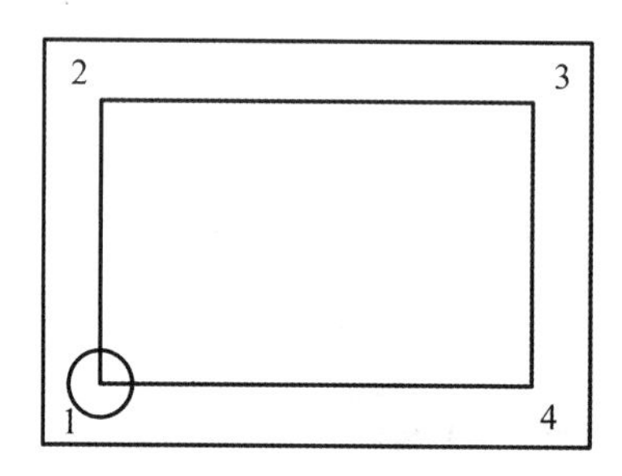

图 **3-3-6** 绘制圆 **1**

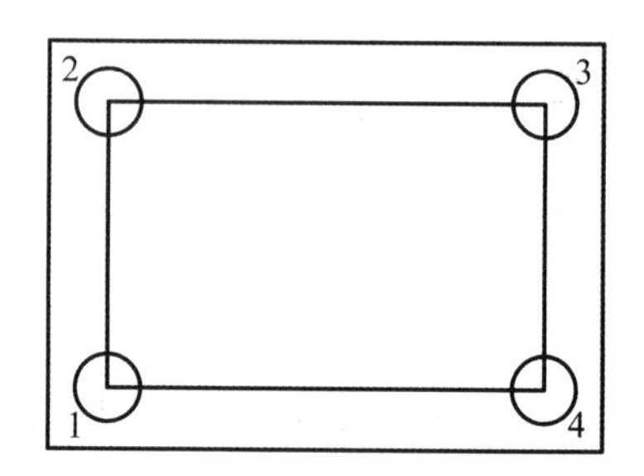

图 **3-3-7** 复制圆 **2**、**3**、**4**

步骤 8：使用“删除”命令，删除图 3-3-7 里面的矩形，结果如图 3-3-8 所示。

步骤 9：图层切换到中心线层，使用“圆心标记”命令，分别捕捉 4 个圆，标记四个圆的十字中心线，结果如图 3-3-9 所示。

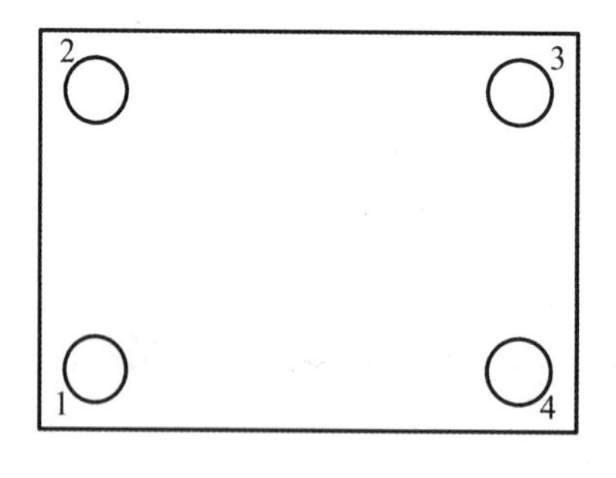

图 **3-3-8** 删除矩形

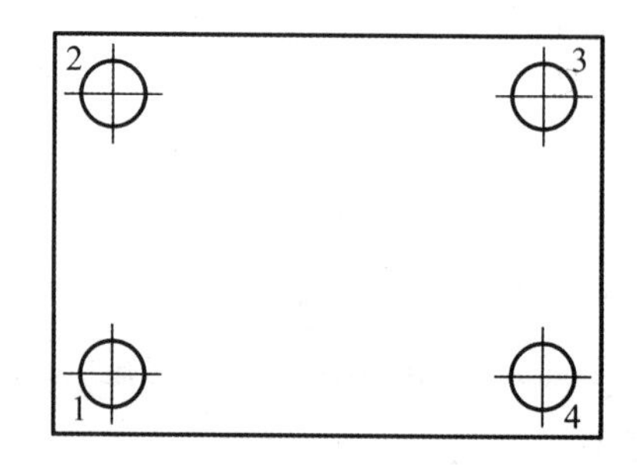

图 **3-3-9** 绘制圆中心线

步骤 10：使用“全局线型比例因子”命令，设定线型的比例因子为 0.02，结果如图 3-3-10所示。

步骤 11：使用“分解”命令，分解如图 3-3-10 所示矩形。

步骤 12：使用“偏移”命令，偏移如图 3-3-10 所示矩形右边的竖直线，偏移距离 5 和 11，得到两条竖直线，结果如图 3-3-11 所示。

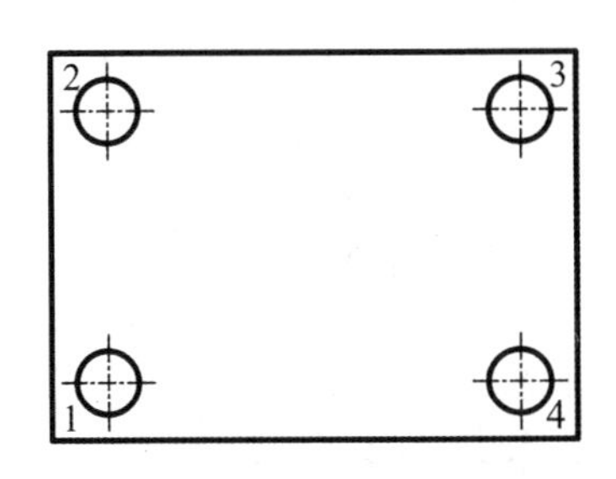

图 **3-3-10**　设置线型比例

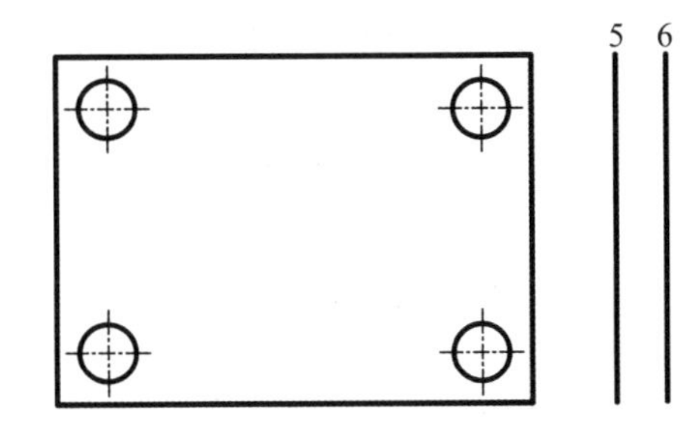

图 **3-3-11**　偏移直线

步骤 13：图层切换到粗实线层，使用直线命令连接步骤 12 中绘制的两条竖直线端点连接，使之变成矩形，结果如图 3-3-12 所示。

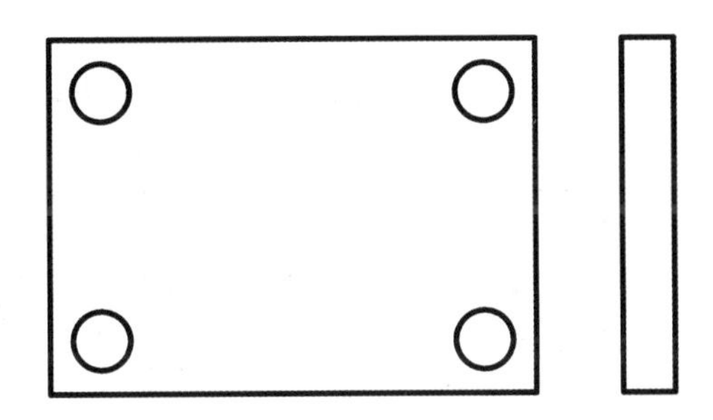

图 **3-3-12**　绘制矩形

步骤 14：将图形存盘保存。在下拉菜单中单击“A→图形保存”或“图形另存为”命令，将弹出“图形另存为”对话框。在“文件名”文本框中输入图形文件的名称“偏心气缸顶盖”，选择所需的保存路径，然后单击“保存”按钮，则系统将所绘制的图形以“偏心气缸顶盖.dwg”为文件名保存在图形文件中。

步骤 15：退出 AutoCAD 系统。在命令行输入 QUIT 后按 Enter 键或单击关闭按钮，将退出 AutoCAD 系统，返回到 Windows 桌面。至此，就完成了用 AutoCAD 绘制一幅图形从启动软件到退出的整个过程。

扫一扫：观看绘制偏心气缸顶盖的学习视频。

专业对话

1. 谈谈 AutoCAD 的复制命令在什么情况下可以用其他命令来实现。

2. 谈谈 AutoCAD 偏移完的定位直线为什么最后要删除。

3. 使用全局线型比例因子命令可以设置不同的直线不同的线型比例吗?

拓展活动

抄画图 3-3-13 至图 3-3-16 平面图形。

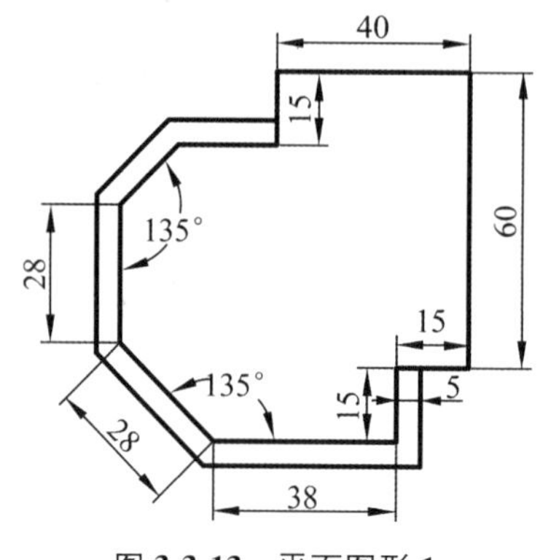

图 3-3-13 平面图形 1

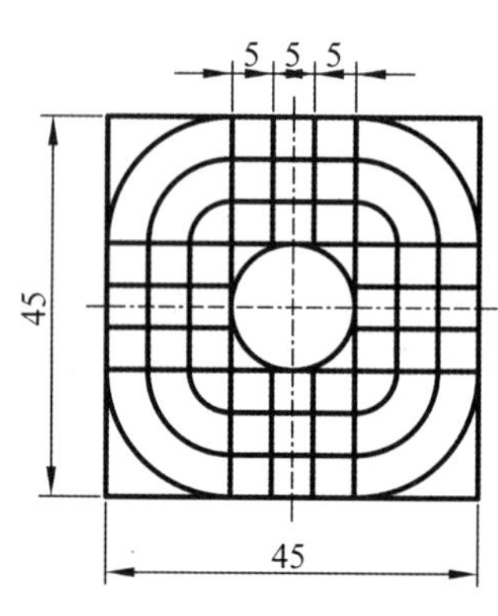

图 3-3-14 平面图形 2

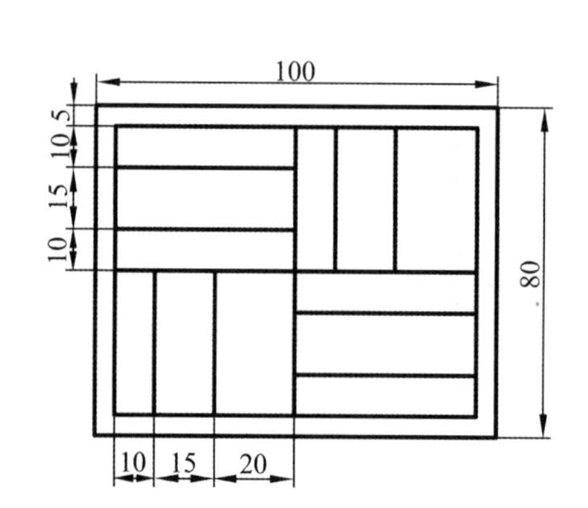

图 3-3-15 平面图形 3

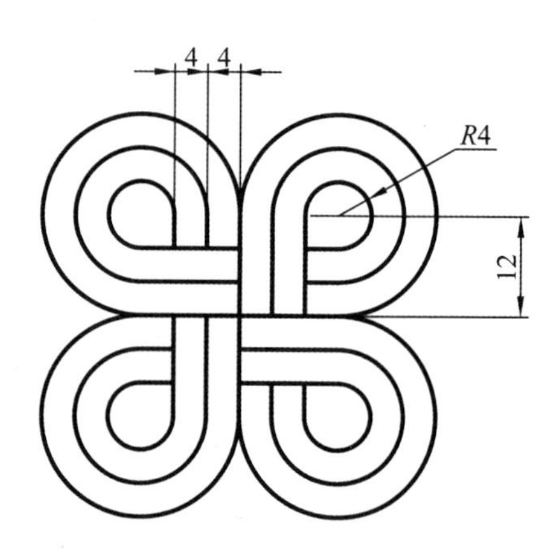

图 3-3-16 平面图形 4

任务四 绘制偏心气缸连接杆

任务目标

掌握编辑命令中的缩放、镜像、延伸、打断、拉长命令。

学习活动

◇ 缩放

1. 功能

用于修改选顶的对象或整个图形的大小。对象在放大或缩小时，其 X、Y、Z 三个方向保持相同的放大或缩小倍数。若要放大一个对象，比例缩放倍数应大于 1；若要缩小一个对象，比例缩放倍数应为 0～1。

2. 命令的调用

命令行：SCALE(缩写名：SC)；

菜　单：修改→缩放；

图　标："修改"面板。

绘制如图 3-4-5 所示的中心线，执行缩放命令后，命令提示行提示如下。

命令:_scale

选择对象:指定对焦点,找到 2 个　　//选择两条十字交叉的中心线

指定基点:　　//捕捉圆的中心点作为基点

指定比例因子或［复制(C)/参照(R)］<1.0000>:2

//输入比例因子 2 按 Enter 键或空格键结束命令

基点可以是图形中的任意点。如果基点位于对象上，则该点成为对象比例缩放的固定点。

扫一扫：观看对象缩放的学习视频。

◇ 镜像

1. 功能

用于创建轴对称的图形，并按需要保留或删除原来的图形实体。

2. 命令的调用

命令行:MIRROR(缩写:MI)；

菜　单:修改→镜像；

图　标:“修改”面板 。

绘制如图 3-4-13 所示的图形,执行镜像命令后,命令提示行提示如下。

```
命令:_mirror↙
选择对象:               //构造选择集(选择水平中心线以上曲线和直线)
选择对象:               //按 Enter 键或空格键结束选择
指定镜像线的第一点:     //指定水平中心线上的一点,如左边圆的圆心
指定镜像线的第二点:     //指定水平中心线上的一点,如右边圆的圆心
是否删除源对象?[是(Y)/否(N)]<N>:↙
                        //按 Enter 键或空格键,不删除原图形
```

在镜像时，镜像线是一条临时的参照线，镜像后并不保留。

扫一扫：观看镜像对象的学习视频。

◇ 延伸

1. 功能

用于将对象的一个端点或两个端点延伸到另一个对象上。

2. 命令的调用

命令行：EXTEND(缩写名：EX)；

菜　单：修改→延伸；

图　标：“修改”面板 。

【例 3-4-1】打开附盘 3-4-1. dwg，如图 3-4-1 所示。练习使用延伸命令。

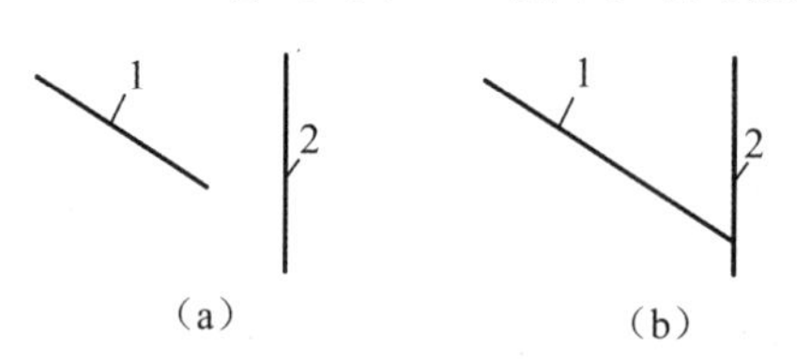

图 **3-4-1**　延伸

```
命令:_extend
当前设置:投影=UCS,边=无
选择边界的边...
```

```
选择对象或 <全部选择>：                //选定边界边,按 Enter 键确认,如
                                          图 3-4-1(a)所示。拾取直线 2
                                          为边界边
选择要延伸的对象,或按住 Shift 键
选择要修剪的对象,或[栏选(F)/
窗交(C)/投影(P)/边(E)/放弃(U)]：
                                        //选择延伸边直线 1,延伸后的结果如
                                          图 3-4-1(b)所示
```

扫一扫：观看延伸对象的学习视频。

◇ 打断

1. 功能

用于删除对象的一部分或将一个对象分成两部分。

2. 命令的调用

命令行：BREAK(缩写名：BR)；

菜　单：修改→打断；

图　标："修改"面板。

【例 3-4-2】打开附盘 3-4-2. dwg，如图 3-4-2 所示。练习使用打断命令。

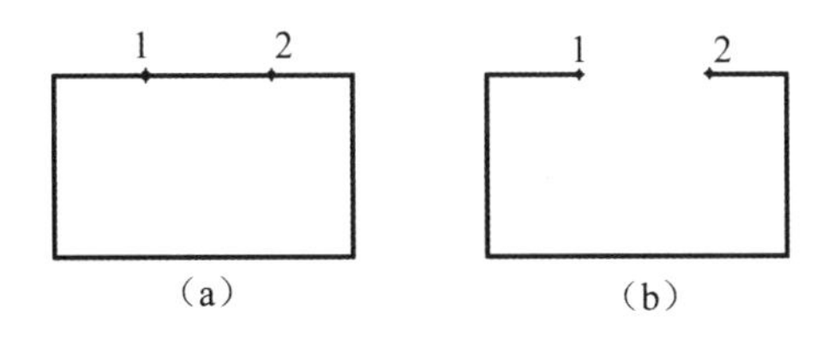

图 **3-4-2**　打断

```
命令：_break
选择对象：                            //在 1 点处拾取对象,并把 1 点看作第
                                        一断开点,如图 3-4-2(a)所示
指定第二个打断点或第一点(F)：         //指定 2 点为第二断开点,结果如图
                                        3-4-2(b)所示
```

(1)如果需要在一点上将对象打断，并使第一断开点和第二断开点重合，此时仅输入“@”即可。

(2)在封闭的对象上进行打断时，打断部分按逆时针方向从第一点到第二点断开。

(3)在拾取打断点时，可以将对象捕捉关闭，以免影响非捕捉点的拾取。

扫一扫：观看打断对象的学习视频。

◇ 拉长

1. 功能

用于增加或减少直线长度或圆弧的包含角。

2. 命令的调用

命令行：LENGTHEN(缩写名：LEN)；

菜　单：修改→拉长；

图　标：“修改”面板 。

绘制如图 3-4-6 所示的图形，执行拉长命令后，命令提示行提示如下。

```
命令:_lengthen
选择对象[增量(DE)/百分数(P)/全部(T)/动态(DY):DY
                                        //输入选项 DY
选择要修改的对象或[放弃(U)]：  //捕捉图 3-4-6 中的水平中心线
指点新端点：                    //鼠标控制超过竖直中心线
```

(1)增量(DE)：用指定的增量值改变线段或圆弧的长度。正值为拉长量，负值为缩短量。对于圆弧，还可以通过设定角度增量改变其长度。

(2)百分数(P)：以对象总长度的百分比形式改变对象长度。

(3)全部(T)：通过指定线段或圆弧的新长度来改变对象的总长。

(4)动态(DY)：拖动鼠标就可以动态地改变对象长度。

扫一扫：观看拉长对象的学习视频。

实践活动

活动：绘制如图 3-4-3 所示的偏心气缸连接杆，不要求标注尺寸。

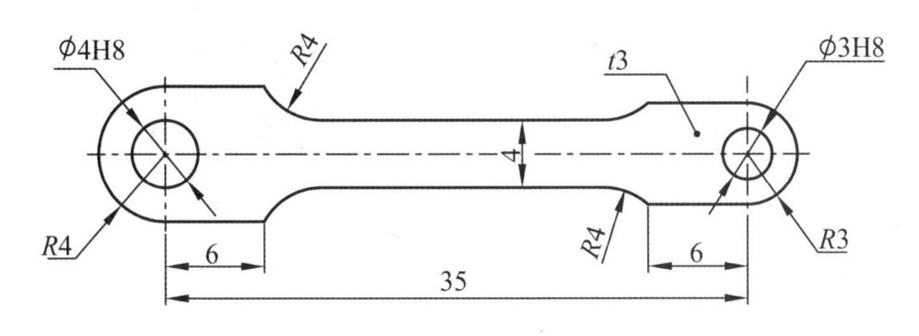

图 3-4-3　偏心气缸连接杆

步骤 1：启动 AutoCAD 2018 中文版。在桌面上双击 AutoCAD 2018 中文版快捷方式，或单击“开始→程序→AutoCAD 2018”，启动 AutoCAD 2018 中文版软件。

步骤 2：新建文件。在下拉菜单中单击“→新建”命令，打开“选择样板”对话框。该对话框中列出了许多用于创建新图形的样板文件，缺省的样板文件是“acadiso.dwt”。单击“打开”按钮，系统将显示绘图界面，开始进行具体的绘图。

步骤 3：设置绘图环境。在绘图界面“图层”处，单击，弹出“图层特性管理器”对话框。在“图层特性管理器”对话框中，单击“新建图层”按钮，按照表 3-4-1 所示完成图层名称、颜色、线型、线宽的创建。

表 3-4-1　图层

名称	颜色	线型	线宽/mm
粗实线	白	Continuous	0.35
中心线	青	Center	默认

步骤 4：图层切换到粗实线层，使用“圆”命令，绘制半径为 2、半径为 4 的 2 个圆。

步骤 5：图层切换到中心线层，使用“圆心标记”命令，捕捉步骤 4 中绘制的半径为 4 的圆，标记这个圆的十字中心线。

步骤 6：使用“全局线型比例因子”命令，设定线型的比例因子为 0.02，结果如图 3-4-4 所示。

步骤 7：使用“缩放”命令，以圆的中心点作为缩放的基点，输入比例因子 2，结果如图 3-4-5 所示。

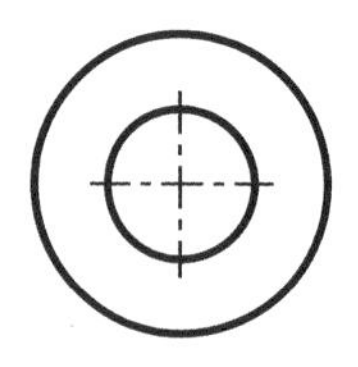

图 **3-4-4** 设置比例因子

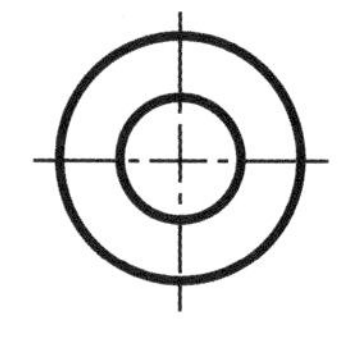

图 **3-4-5** 缩放

步骤 8：使用“偏移”命令，将图 3-4-5 中的竖直中心线向右偏移距离 35。

步骤 9：使用“拉长”命令，将图 3-4-5 中的水平中心线向右拉长与步骤 8 中偏移的竖直中心线相交，结果如图 3-4-6 所示。

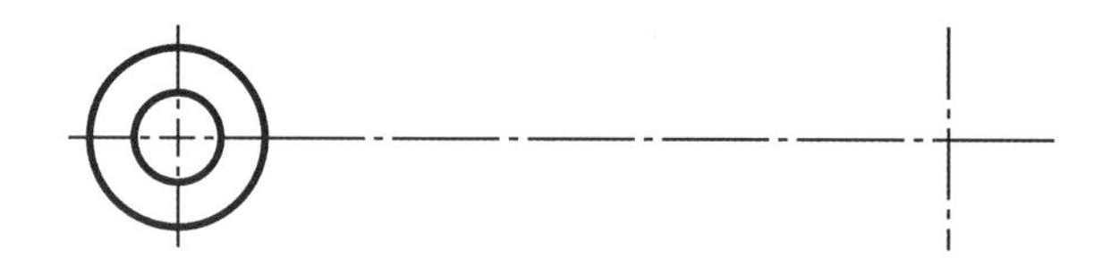

图 **3-4-6** 偏移

步骤 10：图层切换到粗实线层，使用“圆”命令分别绘制半径为 1.5、半径为 3 的 2 个圆。

步骤 11：使用“直线”命令，在左右两边各绘制长 6 水平线，结果如图 3-4-7 所示。

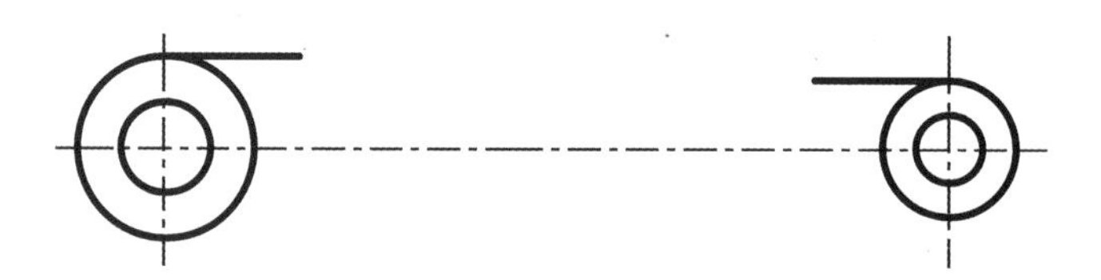

图 **3-4-7** 绘制水平线

步骤 12：使用“偏移”命令，将图 3-4-7 中的水平中心线向上偏移距离 2，得到直线 2，结果如图 3-4-8 所示。

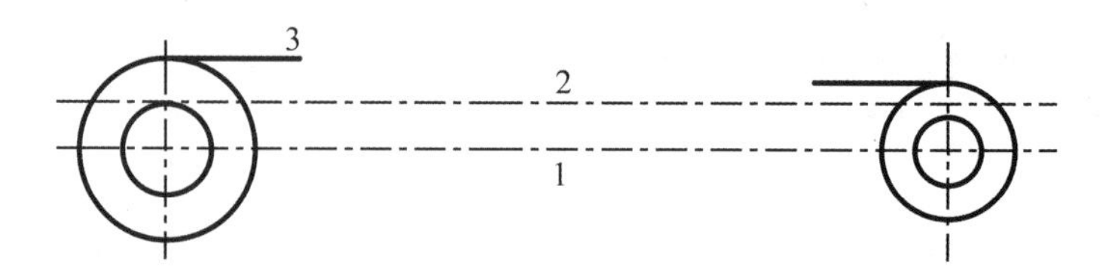

图 **3-4-8** 偏移直线

步骤 13：使用“偏移”命令，将直线 2 向上偏移距离 4，在点 3 位置绘制半径为 4 的圆，在点 4 位置绘制半径为 4 的圆，直线和圆相交得到点 5 和点 6，结果如图 3-4-9 所示。

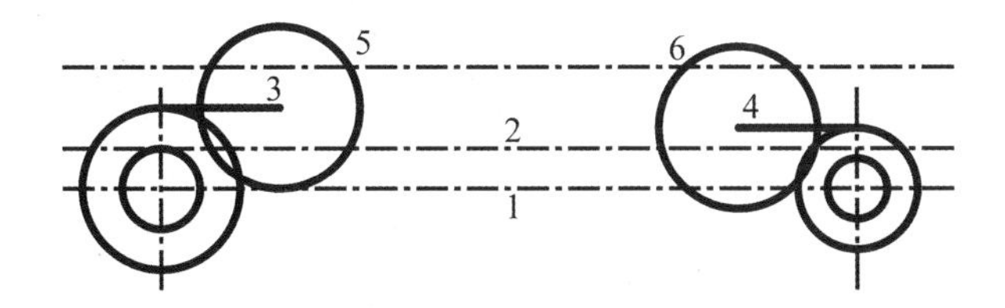

图 **3-4-9**　绘制交点 **5**、**6**

步骤 14：在点 5 和点 6 位置，使用“圆”命令绘制半径为 4 的圆，结果如图 3-4-10 所示。

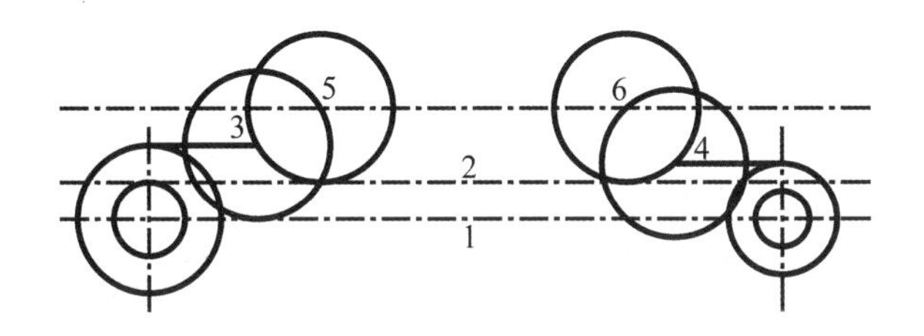

图 **3-4-10**　绘制圆

步骤 15：使用“删除和修剪”命令，删除和修剪多余的直线，结果如图 3-4-11 所示。

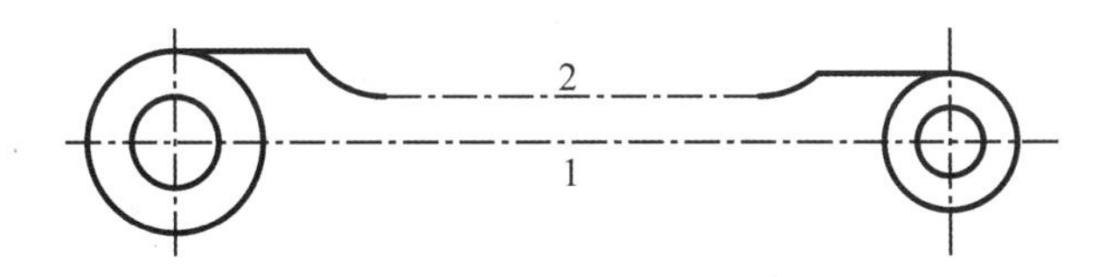

图 **3-4-11**　修剪

步骤 16：将中心线 2 放置到图层粗实线层中，结果如图 3-4-12 所示。

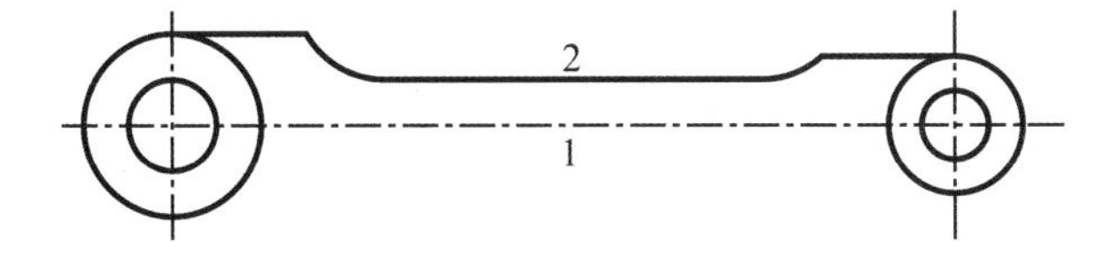

图 **3-4-12**　绘制粗实线

步骤 17：使用“镜像”命令，选择水平中心线以上曲线和直线作为镜像对象，以水平中心线 1 作为镜像中心线来进行镜像，结果如图 3-4-13 所示。

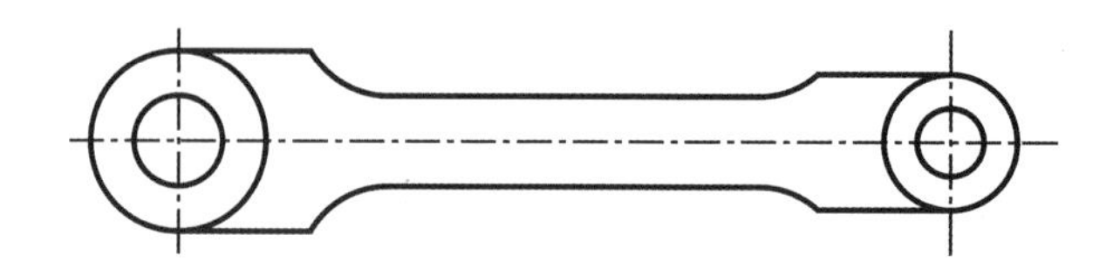

图 3-4-13　镜像

步骤 18：使用“修剪”命令，修剪多余的直线，结果如图 3-4-14 所示。

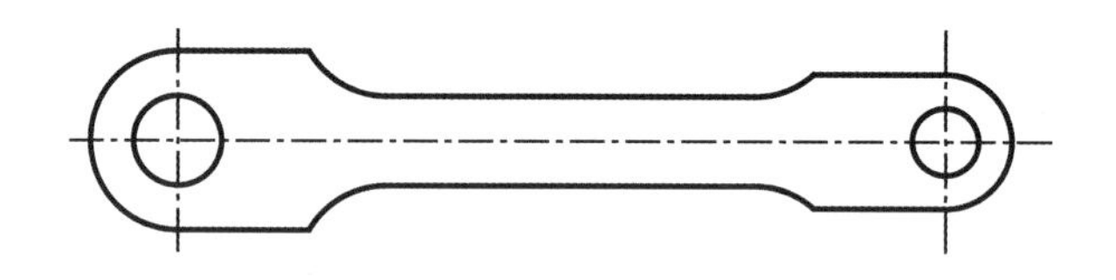

图 3-4-14　修剪

步骤 19：将图形存盘保存。在下拉菜单中单击“A→图形保存”或“图形另存为”命令，将弹出“图形另存为”对话框。在“文件名”文本框中输入图形文件的名称“偏心气缸连接杆”，选择所需的保存路径，然后单击“保存”按钮，则系统将所绘制的图形以“偏心气缸连接杆. dwg”为文件名保存在图形文件中。

步骤 20：退出 AutoCAD 系统。在命令行输入 QUIT 后按 Enter 键或单击关闭按钮，将退出 AutoCAD 系统，返回到 Windows 桌面。至此，就完成了用 AutoCAD 绘制一幅图形从启动软件到退出的整个过程。

扫一扫

扫一扫：观看绘制偏心气缸连接杆的学习视频。

专业对话

1. 谈谈 AutoCAD 使用镜像命令主要注意哪些要点。
2. 谈谈 AutoCAD 中修剪、打断、延伸、拉长的区别。

拓展活动

抄画图 3-4-15 至图 3-4-18 平面图形，不标注尺寸。

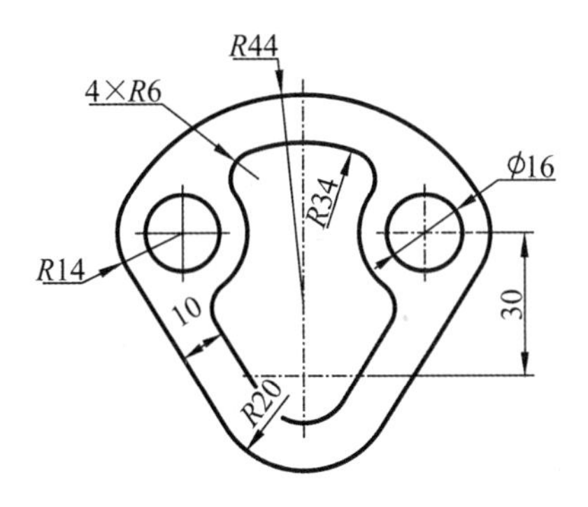

图 3-4-15　平面图形 1

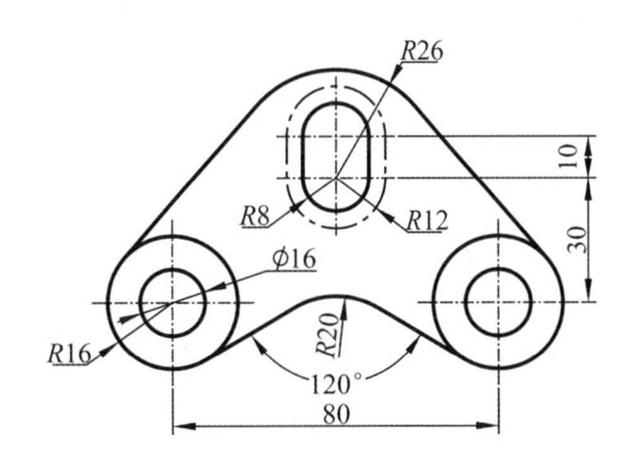

图 3-4-16　平面图形 2

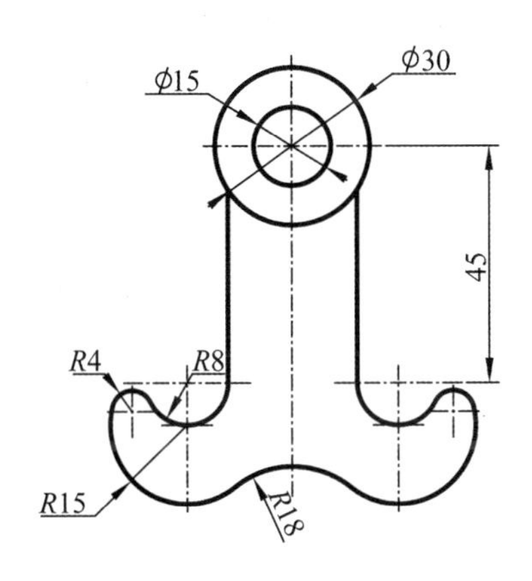

图 3-4-17　平面图形 3

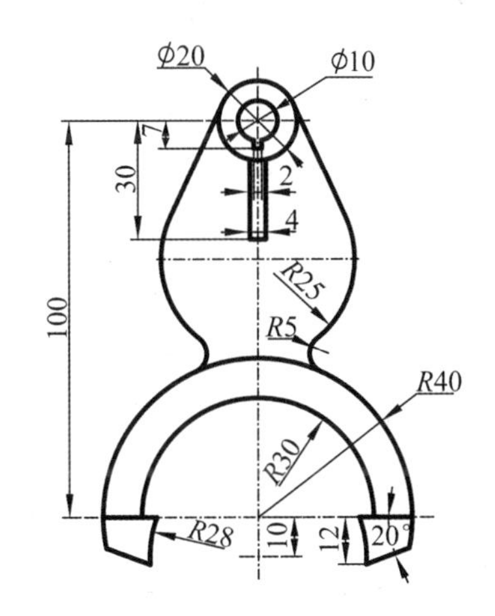

图 3-4-18　平面图形 4

任务五　绘制偏心气缸支撑架

任务目标

1. 掌握绘制圆角的方法。

2. 掌握绘制椭圆和椭圆弧的方法。

3. 掌握编辑命令中的矩形阵列命令。

学习活动

◇ 圆角

1. 功能

在直线、圆弧或圆间按指定半径作圆角。

2. 命令的调用

命令行：FILLET(缩写名：F)；

菜　单：修改→圆角；

图　标："修改"面板。

绘制如图 3-5-9 所示的圆角，执行圆角命令后，命令提示行提示如下。

```
命令:_fillet
当前设置:模式＝修剪,半径＝10.0000
选择第一个对象或[放弃(U)/多段线(P)/半径(R)/修剪(T)/多个(M)]:r
                                //输入选项半径(R)
指定圆角半径 <10.0000>:2.5      //输入半径 2.5
选择第一个对象或[放弃(U)/多段线(P)/半径(R)/修剪(T)/多个(M)]:
                                //选择直线 B
选择第二个对象,或按住 Shift 键选择要应用角点的对象或[半径(R)]:
                                //选择直线 C
按空格键重复圆角命令
选择第一个对象或[放弃(U)/多段线(P)/半径(R)/修剪(T)/多个(M)]:r
                                //输入选项半径(R)
指定圆角半径 <10.0000>:4.5      //输入半径 4.5
选择第一个对象或[放弃(U)/多段线(P)/半径(R)/修剪(T)/多个(M)]:
                                //选择直线 B
选择第二个对象,或按住 Shift 键选择要应用角点的对象或[半径(R)]:
                                //选择直线 A
```

(1)半径(R)：设置圆角半径，在圆角半径为零时，FILLET 命令将使两边相交。

(2)修剪(T)：控制修剪模式，后续提示如下。

输入修剪模式选项[修剪(T)/不修剪(N)]<修剪>：n

选择第一个对象或[放弃(U)/多段线(P)/半径(R)/修剪(T)/多个(M)]：

//选择对象

选择第二个对象，或按住 Shift 键选择要应用角点的对象或[半径(R)]：

//选择对象

如改为不修剪，则倒圆角时将保留原线段，既不修剪也不延伸。

扫一扫：观看绘制圆角的学习视频。

◇ 矩形阵列

1. 功能

对选定图形作矩形阵列复制。

2. 命令的调用

矩形阵列有两种阵列方式。

(1)方法 1。

命令行：ARRAYRECT；

菜　单：修改→阵列→矩形阵列；

图　标："修改"面板 。

绘制图 3-5-23 所示的矩形阵列的四个圆，执行矩形阵列命令后，命令提示行提示如下。

命令：ARRAYRECT

选择对象：指定对角点：找到 3 个

选择对象：

类型＝矩形　关联＝是

选择夹点以编辑阵列或[关联(AS)/基点(B)/计数(COU)/间距(S)/列数(COL)/行数(R)/层数(L)/退出(X)]<退出>：r

//选择行数

输入行数数或[表达式(E)]<3>：2　//输入行数 2

```
指定行数之间的距离或［总计(T)/表达式(E)］＜9＞：38
                                        //输入行距 38
指定行数之间的标高增量或［表达式(E)］＜0＞：
                                        //标高增量 0
选择夹点以编辑阵列或［关联(AS)/基点(B)/计数(COU)/间距(S)/
列数(COL)/行数(R)/层数(L)/退出(X)］＜退出＞：col
                                        //输入列数
入列数数或［表达式(E)］＜4＞：2          //输入列数 2
指定 列数 之间的距离或［总计(T)/表达式(E)］＜9＞：25
                                        //输入列距 25
选择夹点以编辑阵列或［关联(AS)/基点(B)/计数(COU)/间距(S)/
列数(COL)/行数(R)/层数(L)/退出(X)］＜退出＞:空格键
                                        //按空格键结束命令
```

ARRAYRECT 命令中的选项可以选择阵列默认为关联还是非关联。关联阵列的优点是，以后可轻松进行修改。阵列项目包含在单个阵列对象中，类似于块。可以在关联阵列中更改这些项目的数量及其间距。可以使用阵列中的夹点或“特性”选项板来编辑阵列特性，如间距或项目数。在用户退出 ARRAYRECT 命令后，非关联阵列将成为独立的对象。

(2)方法 2。

命令行：ARRAYCLASSIC

绘制如图 3-5-23 所示的矩形阵列的四个圆，启动阵列命令后，将弹出如图 3-5-1 所示的“阵列”对话框，从中可对阵列的方式(矩形阵列)及具体参数进行设置。

```
命令：_ARRAYCLASSIC       //选择阵列命令,弹出如图 3-5-1 所示的对话框
按图 3-5-2 所示设置好各参数后,单击“选择对象”光标
选择对象：找到 1 个        //单击图 3-5-2 中的“选定对象”后,返回到绘图窗
                            口,单击圆
选择对象：                 //按 Enter 键或空格键结束选择
                          //弹出如图 3-5-2 所示的对话框,按图示设置好各
                            项后,单击“确定”
```

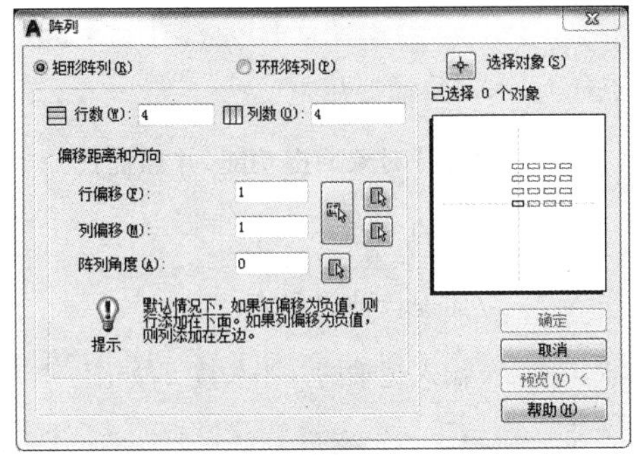

图 3-5-1　“矩形阵列”对话框 1

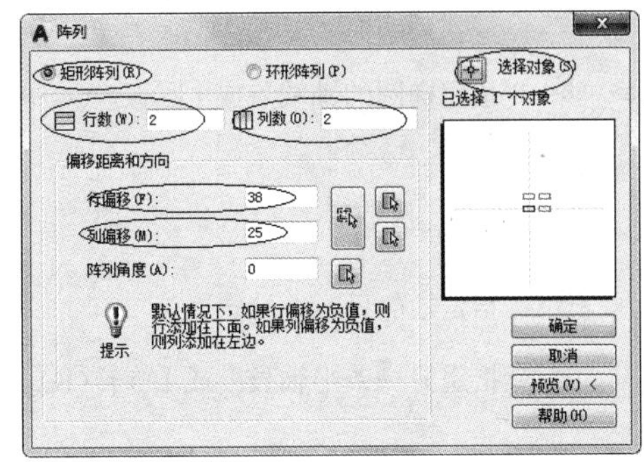

图 3-5-2　“矩形阵列”对话框 2

整个矩形阵列可以以某个角度旋转，按如图 3-5-2 所示设置阵列角度，完成带角度的矩形阵列。

扫一扫：观看矩形阵列的学习视频。

◇ 椭圆

1. 功能

绘制椭圆和椭圆弧。

2. 命令的调用

命令行：ELLIPSE(缩写名：EL)；

菜　单：绘图→椭圆；

图　标：“绘图”工具栏 。

【例 3-5-1】打开附盘 3-5-1. dwg，如图 3-5-3 所示。练习使用画椭圆命令。

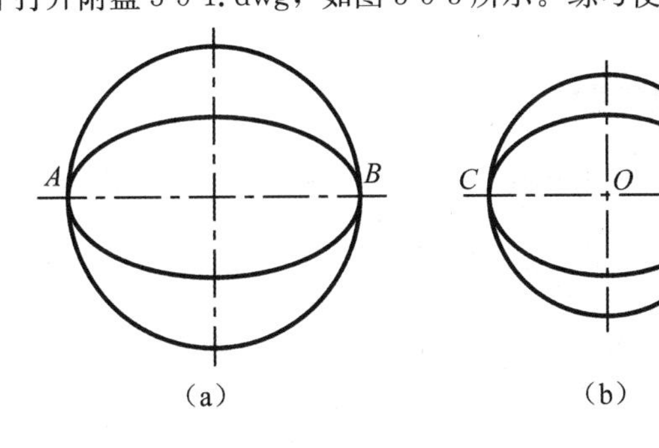

图 3-5-3　画椭圆

命令：_ellipse

指定椭圆的轴端点或［圆弧(A)/中心点(C)］：<对象捕捉开>　//打开对象捕捉功能，并捕捉长轴的 A 点

指定轴的另一个端点：　//捕捉长轴的 B 点

指定另一条半轴长度或［旋转(R)］：8　//输入短轴的一半长度 8，如图 3-5-3(a)所示

命令：_ellipse

指定椭圆的轴端点或［圆弧(A)/中心点(C)］：//输入中心点选项 C

指定椭圆的中心点：　//捕捉椭圆的中心 O 点

指定轴的端点：　//捕捉其中一条轴的端点 C 点

指定另一条半轴长度或［旋转(R)］：8　//输入另一轴的一半长度 8，如图 3-5-3(b)所示

扫一扫：观看绘制椭圆的学习视频。

◇ 椭圆弧

1. 功能

绘制椭圆弧。

2. 命令的调用

命令行：ELLIPSE(缩写名：EL)；

菜　单：绘图→椭圆→圆弧；

图　标：“绘图”工具栏。

【例 3-5-2】 打开附盘 3-5-2.dwg，如图 3-5-4 所示。练习使用画椭圆弧命令。

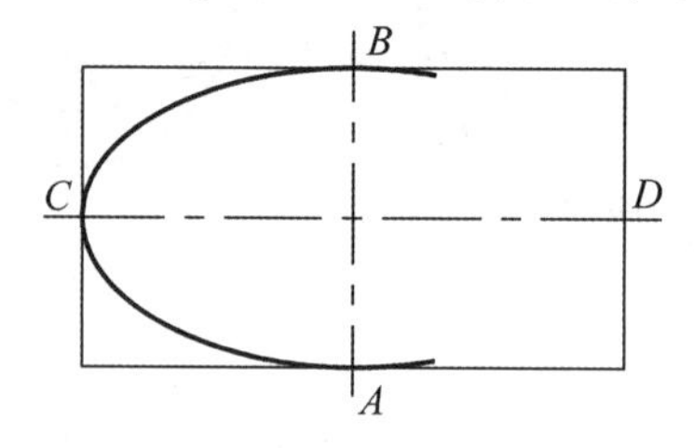

图 **3-5-4**　画椭圆弧

```
命令：_ellipse
指定椭圆的轴端点或［圆弧(A)/中心点(C)］：_a
                                        //单击绘图工具栏中的椭圆弧工具
指定椭圆弧的轴端点或［中心点(C)］：//对象捕捉 A 点
指定轴的另一个端点：                //对象捕捉 B 点
指定另一条半轴长度或［旋转(R)］:13 //输入另一条轴 CD 的半轴长度 13
指定起始角度或［参数(P)］:60        //输入椭圆弧的起始角度 60
指定终止角度或［参数(P)/包含角度(I)］:300
                                    //输入椭圆弧的终止角度 300,结果如
                                    图 3-5-4 所示
```

扫一扫：观看绘制椭圆弧的学习视频。

实践活动

活动：绘制如图 3-5-5 所示的偏心气缸支撑架，不要求标注尺寸。

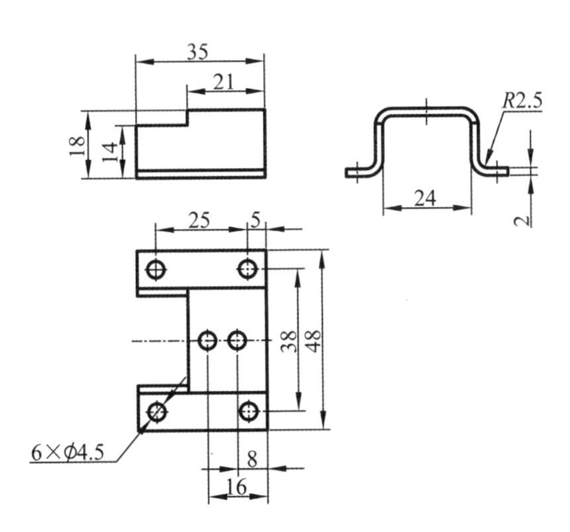

图 3-5-5　偏心气缸支撑架

步骤 1：启动 AutoCAD 2018 中文版。在桌面上双击 AutoCAD 2018 中文版快捷方式，或单击“开始→程序→AutoCAD 2018”，启动 AutoCAD 2018 中文版软件。

步骤 2：新建文件。在下拉菜单中单击“→新建”命令，打开“选择样板”对话

框。该对话框中列出了许多用于创建新图形的样板文件，缺省的样板文件是“acadiso.dwt”。单击“打开”按钮，系统将显示绘图界面，开始进行具体的绘图。

步骤 3：设置绘图环境。在绘图界面“图层”处，单击，弹出“图层特性管理器”对话框。在“图层特性管理器”对话框中，单击“新建图层”按钮，按照表 3-5-1 所示完成图层名称、颜色、线型、线宽的创建。

表 3-5-1 图层

名称	颜色	线型	线宽/mm
粗实线	白	Continuous	0.35
中心线	青	Center	默认

步骤 4：图层切换到粗实线层，使用“直线”命令绘制偏心气缸的左视图，以左视图左下角作为起始点开始依次绘制竖直线长 14，水平线长 14，竖直线长 4，水平线长 21，竖直线长 18，水平线长 35，结果如图 3-5-6 所示。

步骤 5：使用“偏移”命令，偏移图 3-5-6 中的底部水平线，向上偏移距离 2，结果如图 3-5-7 所示。

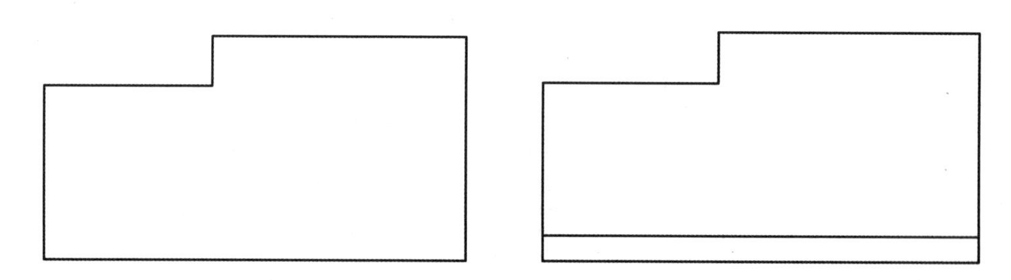

图 3-5-6 绘制偏心气缸左视图　　图 3-5-7 偏移直线

步骤 6：使用“直线”命令，依次绘制水平线长 12，竖直线长 16，水平线 12，结果如图 3-5-8 所示。

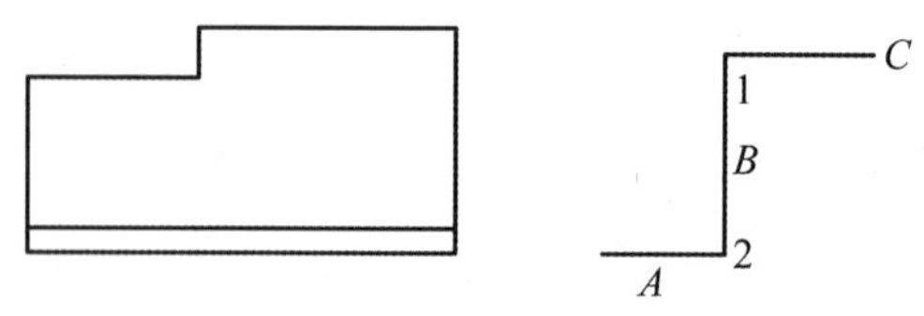

图 3-5-8 绘制直线 *A*、*B*、*C*

步骤 7：使用“圆角”命令，在图 3-5-8 所示直角 1 处倒圆角，圆角半径为 2.5，在直角 2 处倒圆角，圆角半径为 4.5，结果如图 3-5-9 所示。

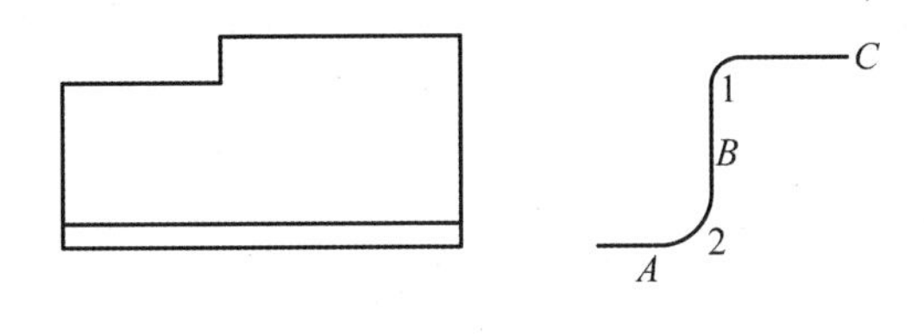

图 3-5-9　圆角

步骤 8：使用“偏移”命令，将图 3-5-9 中左边视图的各条曲线偏移距离 2，结果如图 3-5-10 所示。

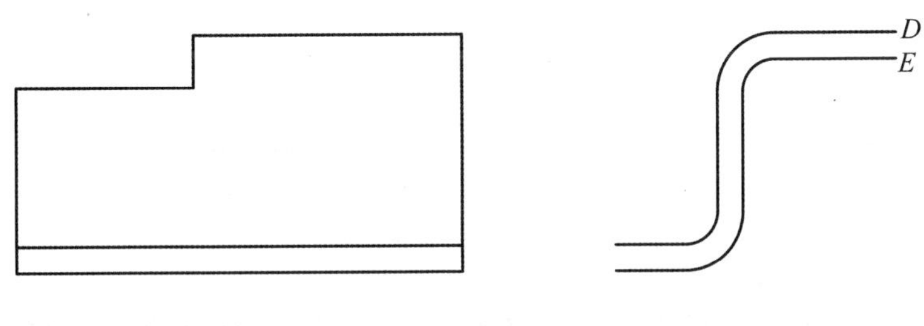

图 3-5-10　偏移

步骤 9：使用“镜像”命令，选择点 D 和点 E 之间的虚拟直线作为镜像中心线，完成镜像，结果如图 3-5-11 所示。

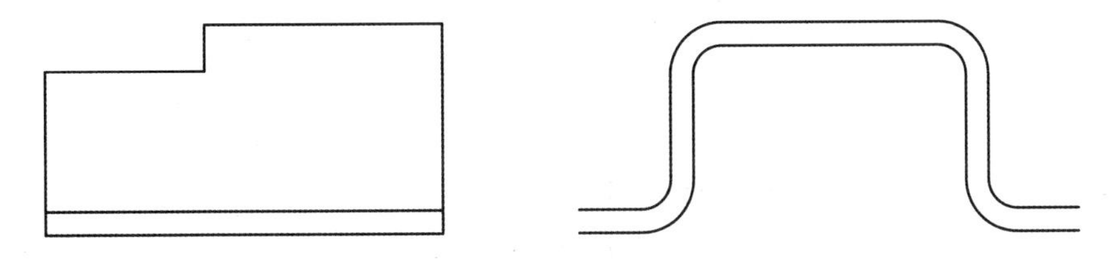

图 3-5-11　镜像

步骤 10：使用“直线”命令，绘制图 3-5-11 右边视图缺口的两条竖直线，结果如图 3-5-12 所示。

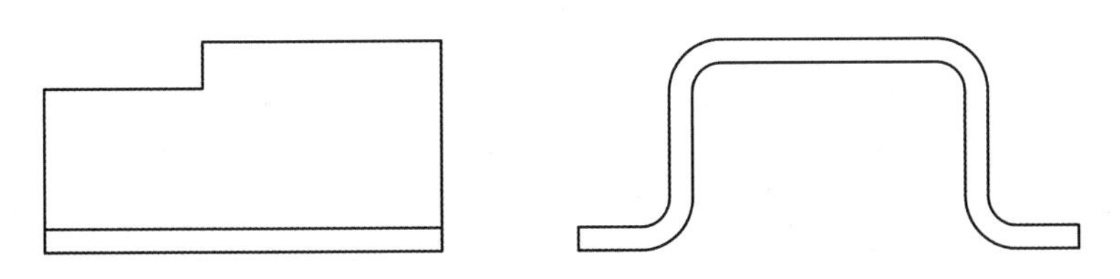

图 3-5-12　绘制直线

步骤 11：使用“矩形”命令，绘制矩形长 35、宽 48，结果如图 3-5-13 所示。

步骤 12：使用“分解”命令，将图 3-5-13 中的矩形分解。

步骤 13：使用“偏移”命令，将直线 F、G 向内偏移距离 10 得到直线 H、I，结果如图 3-5-14 所示。

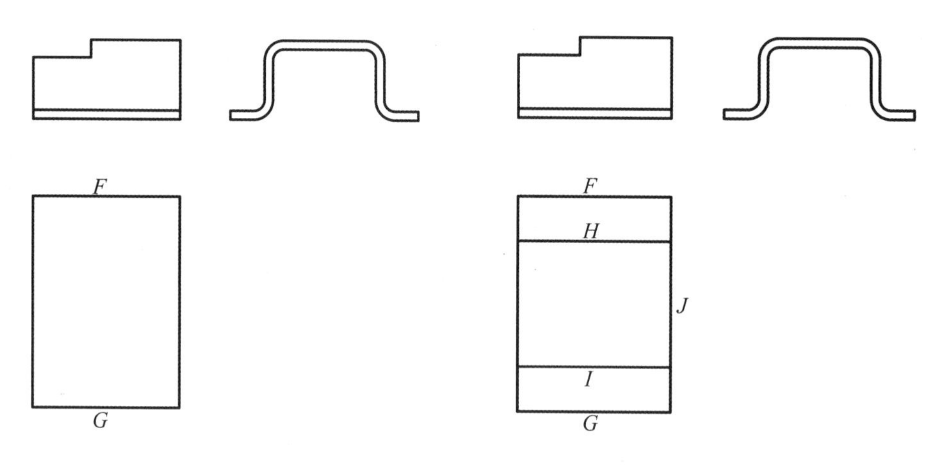

图 3-5-13 绘制矩形　　图 3-5-14 偏移直线

步骤 14：使用“偏移”命令，将直线 H、I 向内偏移距离 2 得到两条直线，将直线 J 向左偏移距离 21，结果如图 3-5-15 所示。

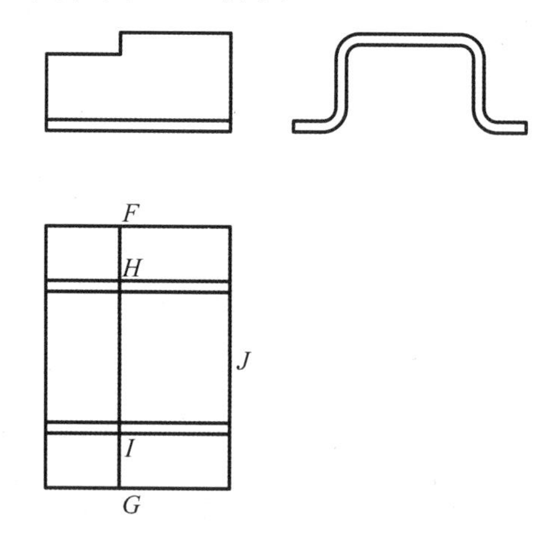

图 3-5-15 偏移直线

步骤 15：使用“修剪”命令，修剪多余直线，结果如图 3-5-16 所示。

步骤 16：在图 3-5-17 的图中间位置绘制中心线，再用偏移命令将两侧竖直线 K、L，偏移距离 5，得到两条中心线，调整中心线的长短，并将绘制的 3 条中心线置于图层中心线层，结果如图 3-5-17 所示。

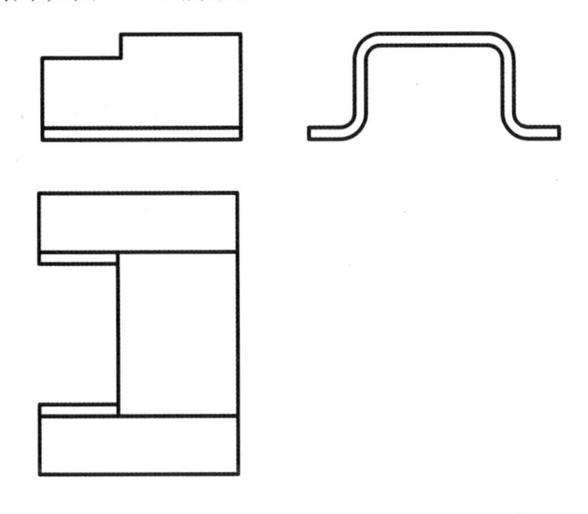

图 **3-5-16**　修剪

步骤 17：图层切换到中心线层，绘制中心线 M，使用偏移命令将竖直线 J 向左分别偏移距离 8 和 16，与中心线交于点 3、4，结果如图 3-5-18 所示。

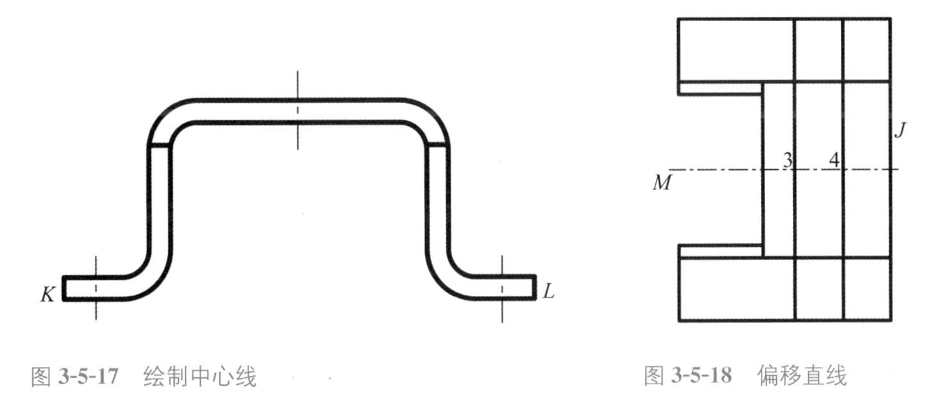

图 **3-5-17**　绘制中心线

图 **3-5-18**　偏移直线

步骤 18：使用“圆”命令，捕捉圆心为点 3 和点 4，绘制直径为 4.5 的两个圆，删除多余竖直线，在两个圆上绘制两条竖直中心线，结果如图 3-5-19 所示。

步骤 19：使用“偏移”命令，将水平线 M 向下偏移距离 19，将竖直线 J 向左偏移距离 30，得到交点 5，结果如图 3-5-20 所示。

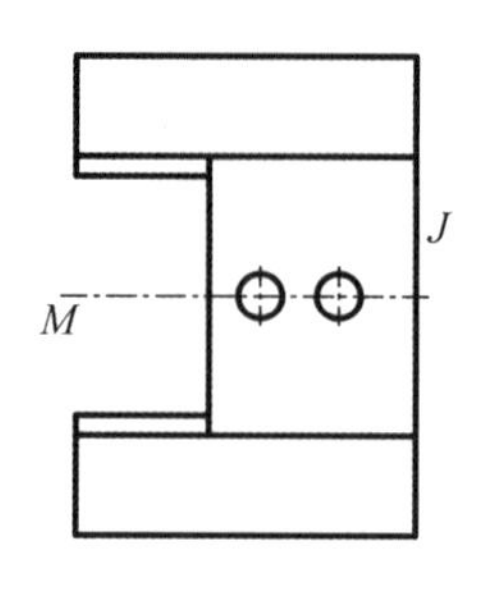

图 3-5-19 绘制圆

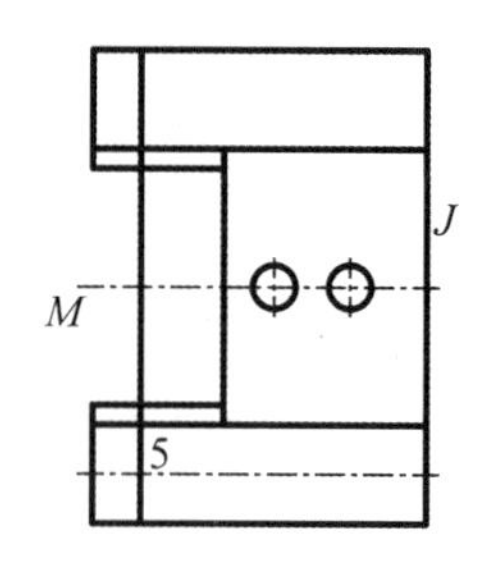

图 3-5-20 偏移直线

步骤 20：使用“圆”命令，在点 5 位置绘制直径 4.5 的圆，删除多余直线，结果如图 3-5-21 所示。

步骤 21：使用“圆心标记”命令，选择对象为图 3-5-21 中绘制的圆，绘制十字交叉的中心线，使用缩放命令，选择十字交叉的中心线，以圆心为缩放基准点，缩放比例 1.2，结果如图 3-5-22 所示。

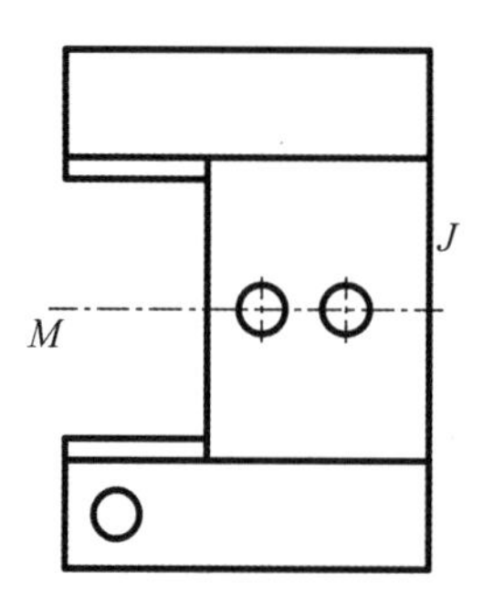

图 3-5-21 删除多余直线

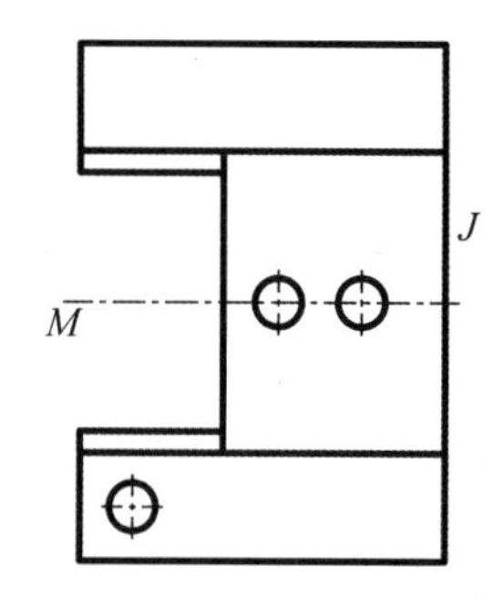

图 3-5-22 绘制圆的中心线

步骤 22：选中步骤 20 和步骤 21 中绘制的圆和中心线，使用“矩形阵列”命令完成阵列，行数 2，行距 38，列数 2，列距 25，标高 0，如图 3-5-23 所示。

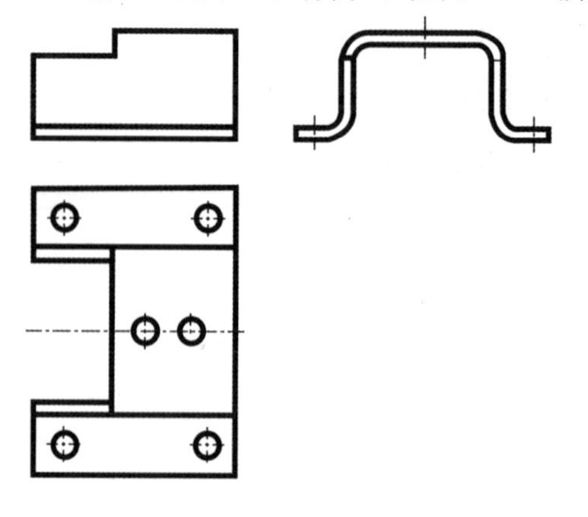

图 3-5-23 阵列

步骤 23：将图形存盘保存。在下拉菜单中单击“A·→图形保存”或“图形另存为”命令，将弹出“图形另存为”对话框。在“文件名”文本框中输入图形文件的名称“偏心气缸支撑架”，选择所需的保存路径，然后单击“保存”按钮，则系统将所绘制的图形以“偏心气缸支撑架. dwg”为文件名保存在图形文件中。

步骤 24：退出 AutoCAD 系统。在命令行输入 QUIT 后按 Enter 键或单击关闭按钮，将退出 AutoCAD 系统，返回到 Windows 桌面。至此，就完成了用 AutoCAD 绘制一幅图形从启动软件到退出的整个过程。

扫一扫：观看绘制偏心气缸支撑架的学习视频。

专业对话

1. 谈谈 AutoCAD 怎么使用矩形阵列才能完成带角度的矩形阵列。

2. 谈谈 AutoCAD 如何使用圆角命令完成两条直线的尖角过渡。

拓展活动

抄画图 3-5-24 至图 3-5-27 平面图形，不标注尺寸。

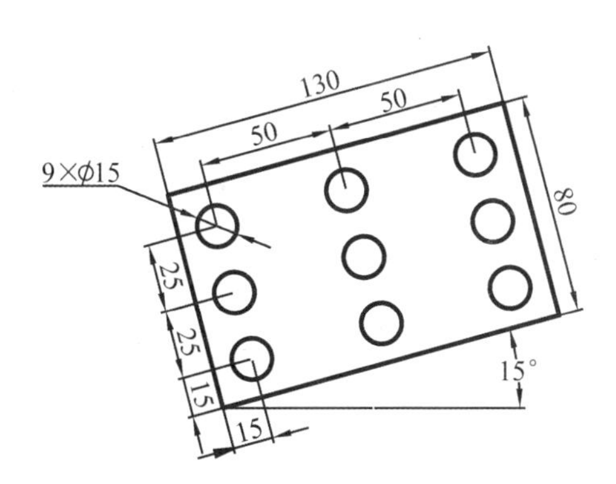

图 **3-5-24**　平面图形 **1**

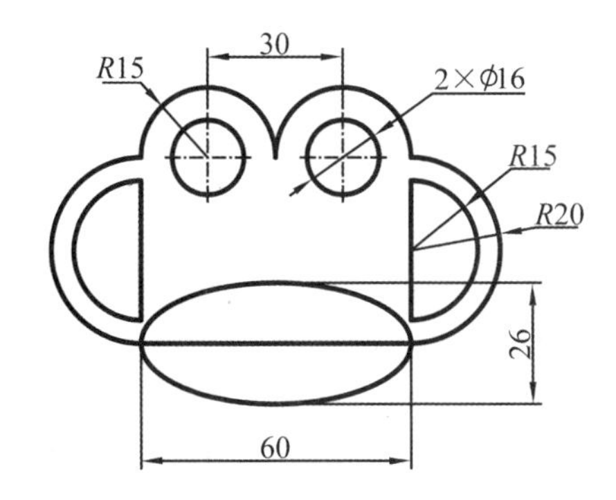

图 **3-5-25**　平面图形 **2**

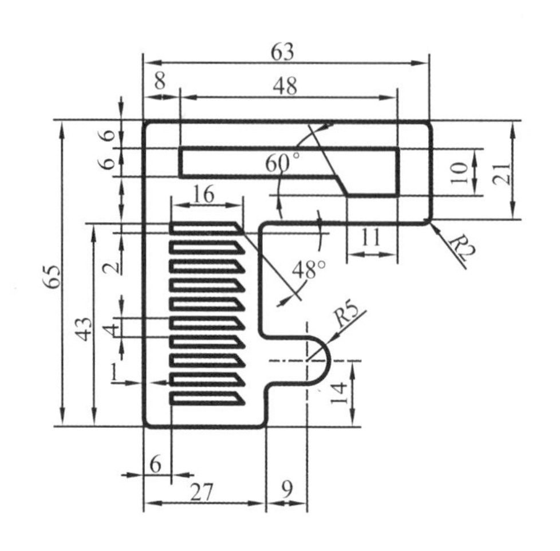

图 3-5-26 平面图形 3

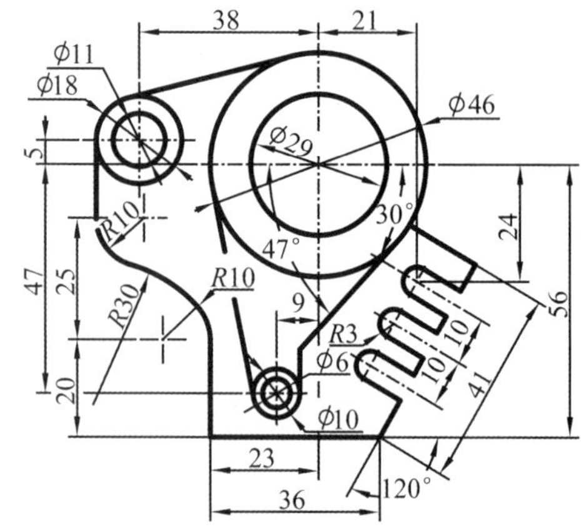

图 3-5-27 平面图形 4

任务六 绘制偏心气缸带轮

任务目标

1. 掌握编辑命令中的环形阵列、旋转命令。

2. 掌握图案填充命令。

学习活动

◇ 环形阵列

1. 功能

对选定图形作环形阵列复制。

2. 命令的调用

环形阵列有两种方法绘制。

(1)方法 1。

命令行：ARRAYPOLAR；

菜　单：修改→阵列→环形阵列；

图　标："修改"面板 。

绘制 4 个圆，执行环形阵列命令后，命令提示行提示如下。

```
指定阵列的中心点或［基点(B)/旋转轴(A)］：　　　　//选择圆心为阵列的中心
选择夹点以编辑阵列或［关联(AS)/基点(B)/项目(I)/
项目间角度(A)/填充角度(F)/行(ROW)/层(L)/
旋转项目(ROT)/退出(X)］<退出>：i　　　　　　　　//选择项目(I)
输入阵列中的项目数或［表达式(E)］<6>：4　　　　　//输入项目数 4
选择夹点以编辑阵列或［关联(AS)/基点(B)/项目(I)/
项目间角度(A)/填充角度(F)/行(ROW)/
层(L)/旋转项目(ROT)/退出(X)］<退出>：f　　　　　//填充角度(F)
指定填充角度(+=逆时针、-=顺时针)或［表达式(EX)］<360>：360
　　　　　　　　　　　　　　　　　　　　　　　　　//输入填充角度 360°
选择夹点以编辑阵列或［关联(AS)/基点(B)/项目(I)/
项目间角度(A)/填充角度(F)/行(ROW)/层(L)/旋转项目(ROT)/
退出(X)］<退出>：　　　　　　　　　　　　　　　　//按空格键借结束指令
```

当使用环形阵列时，需要指定间隔角度、复制数目、整个阵列的包含角以及对象阵列时是否旋转原对象。角度值为正将沿逆时针排列，角度值为负将沿顺时针排列。

(2)方法 2。

命令行：ARRAYCLASSIC。

绘制 4 个圆，执行环形阵列命令后，将弹出如图 3-6-1 所示的“阵列”对话框。从中可对阵列的方式(环形阵列)及具体参数进行设置。

```
命令：_ARRAYCLASSIC　　　//选择阵列命令，弹出对话框，如图 3-6-1 所示
　　　　　　　　　　　　　//按如图 3-6-1 所示设置好各参数后，单击“中
　　　　　　　　　　　　　　心点”右侧光标
指定阵列中心点：　　　　　//捕捉 O 点，自动弹出如图 3-6-1 所示对话框
　　　　　　　　　　　　　//单击“选择对象”光标
选择对象：找到 1 个　　　 //单击图中一个圆表示图形
选择对象：　　　　　　　　//按 Enter 键或空格键结束选择
设置参数　　　　　　　　　//弹出如图 3-6-1 对话框，设置项目总数为 4，
　　　　　　　　　　　　　　填充角度为 360°，单击“确定”
```

图 3-6-1 “阵列”对话框

扫一扫：观看使用环形阵列的学习视频。

◇ 旋转

1. 功能

用于将对象绕指定点旋转，从而改变对象的方向。在默认状态下，旋转角度为正时，所选对象沿逆时针方向旋转；旋转为负时，将沿顺时针方向旋转。

2. 命令的调用

命令行：ROTATE(缩写名：RO)；

菜　单：修改→旋转；

图　标：“修改”面板 。

绘制四个圆，执行旋转命令后，命令提示行提示如下。

```
命令：RO
ROTATE
UCS 当前的正角方向：  ANGDIR＝逆时针   ANGBASE＝0
选择对象：找到 1 个
选择对象：                    //选择步骤 6 中绘制的直径为 9.5 的圆
指定基点：                    //选择圆心作为旋转的基点
指定旋转角度，或［复制(C)/参照(R)］<0>：  c
                              //选择复制(C)对象
```

```
旋转一组选定对象。
指定旋转角度,或［复制(C)/参照(R)］＜0＞:90
                                //输入旋转角度 90°
按空格键重复旋转命令
选择对象:                        //选择步骤 6 中绘制的直径为 9.5 的圆
指定基点:                        //选择圆心作为旋转的基点
指定旋转角度,或［复制(C)/参照(R)］＜0＞:c
                                //选择复制(C)对象
旋转一组选定对象。
指定旋转角度,或［复制(C)/参照(R)］＜0＞:180
                                //输入旋转角度 180°
按空格键重复旋转命令
选择对象:                        //选择步骤 6 中绘制的直径为 9.5 的圆
指定基点:                        //选择圆心作为旋转的基点
指定旋转角度,或［复制(C)/参照(R)］＜0＞:c
                                //选择复制(C)对象
旋转一组选定对象。
指定旋转角度,或［复制(C)/参照(R)］＜0＞:270
                                //输入旋转角度 270°
```

扫一扫：观看旋转对象的学习视频。

◇ 图案填充

1. 功能

对已有图案填充对象，可以修改图案类型和图案特性参数等。

2. 命令的调用

命令名：HATCH(缩写名：H)；

菜　单：修改→对象→图案填充；

图　标：“绘图”面板 。

绘制如图 3-6-5 所示剖面线，执行图案填充命令后，命令提示行提示如下。

命令：HATCH

选择对象或[拾取内部点(K)/放弃(U)/设置(T)]:k

//选择拾取内部点(K)

拾取内部点或[选择对象(S)/放弃(U)/设置(T)]：正在选择所有对象...

//选择图 3-6-15 中的区域 1

正在选择所有可见对象...

正在分析所选数据...

正在分析内部孤岛...

拾取内部点或[选择对象(S)/放弃(U)/设置(T)]：正在选择所有对象...

//选择图 3-6-15 中的区域 2

正在选择所有可见对象...

正在分析所选数据...

正在分析内部孤岛...

拾取内部点或[选择对象(S)/放弃(U)/设置(T)]：正在选择所有对象...

//选择图 3-6-15 中的区域 3

正在选择所有可见对象...

正在分析所选数据...

正在分析内部孤岛...

拾取内部点或[选择对象(S)/放弃(U)/设置(T)]：正在选择所有对象...

//选择图 3-6-15 中的区域 4

正在选择所有可见对象...

正在分析所选数据...

正在分析内部孤岛...

拾取内部点或[选择对象(S)/放弃(U)/设置(T)]：t

//打开图案填充和渐变色对话框按确定键完成图案填充，如图 3-6-2 所示

单击“图案”框右边的 ANGLE 按钮，选择“ANSI31”，如图 3-6-2 所示

在“图案填充和渐变色”对话框中，单击 预览 按钮，可以看到填充的预览图如果满意，可单击 确定 按钮，完成图案填充操作，结果如图 3-6-16 所示

图 3-6-2 “图案填充”对话框

利用“图案填充和渐变色”对话框，对已有图案填充可进行如下修改。

改变图案类型及角度和比例，如图 3-6-3 所示为剖面线比例为 1、2、0.5 时的情况；而当角度为 15°、45°和 90°，剖面线将逆时针转动到新的位置，它们与 x 轴的夹角为 60°、90°和 135°，如图 3-6-4 所示。

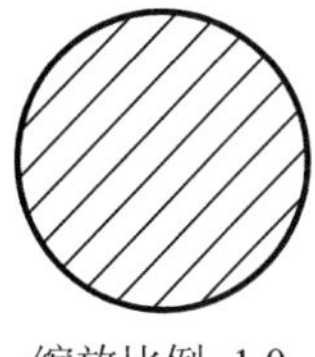

缩放比例=1.0

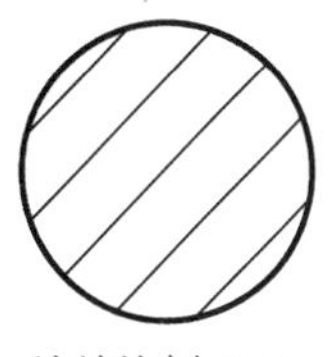

缩放比例=2.0

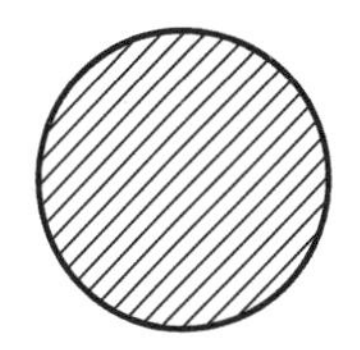

缩放比例=0.5

图 3-6-3 不同比例图案填充

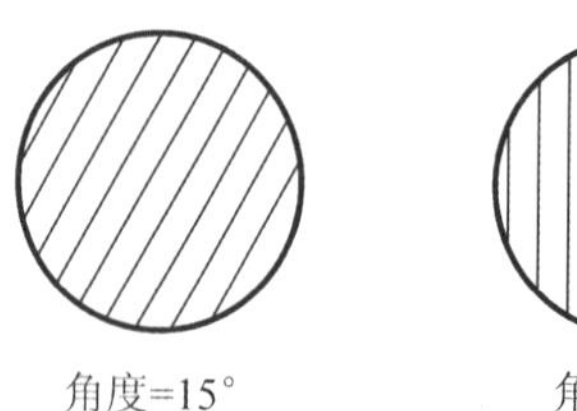

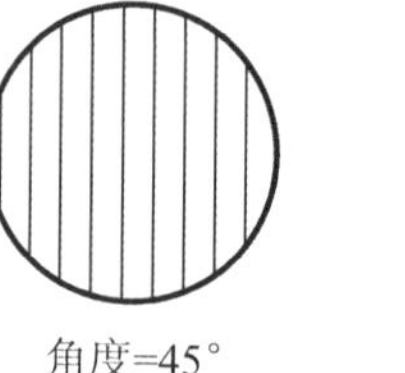

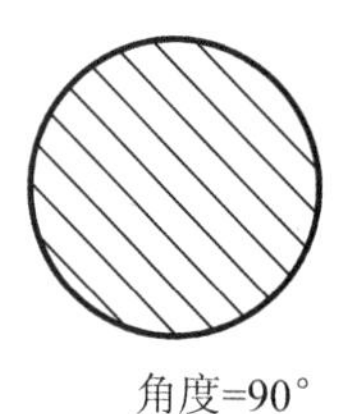

图 **3-6-4** 不同角度图案填充

扫一扫

扫一扫：观看图案填充的学习视频。

实践活动

活动：绘制偏心气缸带轮，如图 3-6-5 所示。

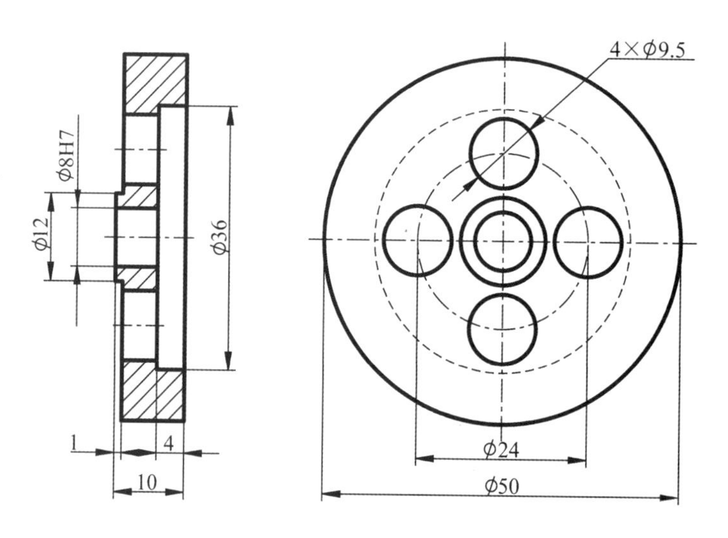

图 **3-6-5** 偏心气缸带轮

步骤 1：启动 AutoCAD 2018 中文版。在桌面上双击 AutoCAD 2018 中文版快捷方式，或单击“开始→程序→AutoCAD 2018”，启动 AutoCAD 2018 中文版软件。

步骤 2：新建文件。在下拉菜单中单击“→新建”命令，打开“选择样板”对话框。该对话框中列出了许多用于创建新图形的样板文件，缺省的样板文件是“acadiso.dwt”。单击“打开”按钮，系统将显示绘图界面，开始进行具体的绘图。

步骤 3：设置绘图环境。在绘图界面“图层”处，单击，弹出“图层特性管理器”对话框。在“图层特性管理器”对话框中，单击“新建图层”按钮，按照表 3-6-1

所示完成图层名称、颜色、线型、线宽的创建。

表 3-6-1　图层

名称	颜色	线型	线宽/mm
粗实线	白	Continuous	0.35
中心线	青	Center	0.25
虚线	黄	DASHED	0.25
剖面线	红	Continuous	0.25

步骤 4：图层切换到粗实线层，使用"圆"命令在同一圆心绘制 5 个圆，圆的直径分别是 8、12、24、36、50，将直径 24 的圆切换到图层中心线层，将直径 36 的圆切换到图层虚线层，结果如图 3-6-6 所示。

步骤 5：图层切换到中心线层，使用"圆心标记"命令，标记圆心中心线，然后使用"缩放"命令，选择圆心的两条交叉中心线，以圆心作为缩放中心点，放大两条圆心中心线，结果如图 3-6-7 所示。

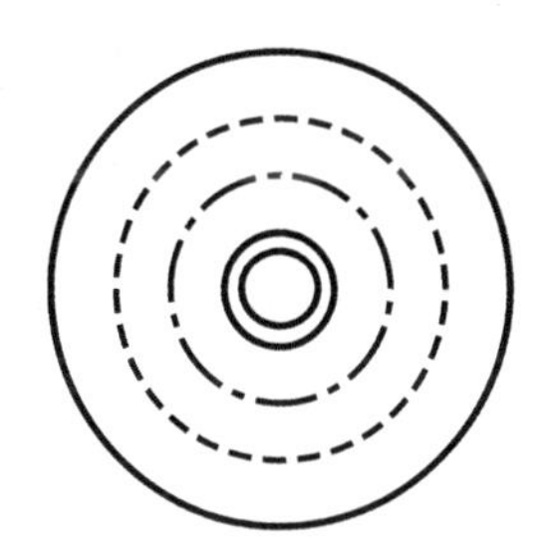

图 3-6-6　绘制圆

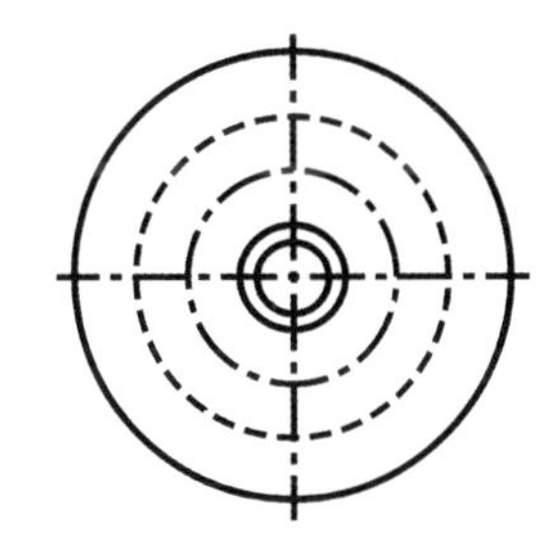

图 3-6-7　绘制中心线

步骤 6：图层切换到粗实线层，使用"圆"命令，在水平中心线与虚线的交点处绘制直径为 9.5 的圆，结果如图 3-6-8 所示。

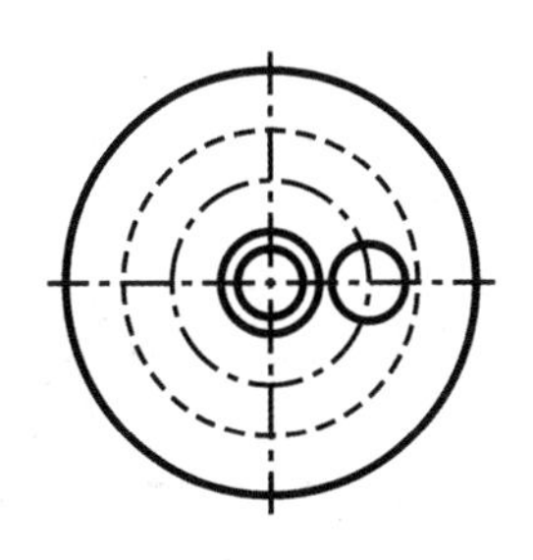

图 3-6-8　绘制圆

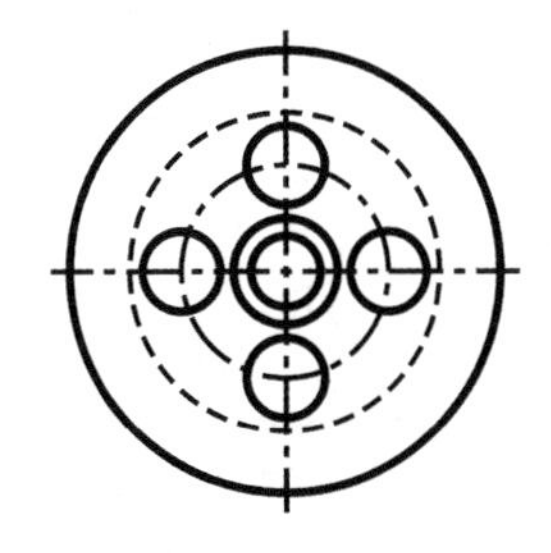

图 3-6-9　阵列

步骤 7：使用“环形阵列”命令，将步骤 6 中绘制的圆，环形阵列 4 份，环形阵列项目个数为 4，填充角度为 360°，环形阵列中心点为最大圆圆心，结果如图 3-6-9 所示。也可以使用“旋转”命令，将步骤 6 中绘制的圆，旋转复制 3 份，旋转角度为 90°。

步骤 8：图层切换到粗实线层，使用“矩形”命令，绘制长 9、宽 50 的矩形；图层切换到中心线层，使用“直线”命令，绘制矩形的水平中心线，然后使用“平移”命令，使矩形的水平中心线与圆的水平中心线对齐，结果如图 3-6-10 所示。

步骤 9：图层切换到粗实线层，使用“分解”命令，分解步骤 8 中绘制的矩形。

步骤 10：使用“偏移”命令，将直线 A 向左偏移距离 4 和距离 10，得到直线 B 和直线 C，然后使用“直线”命令，从圆 D 和圆 E 的上下两个象限点分别绘制一下直线，与直线 B 和 C 相交，结果如图 3-6-11 所示。

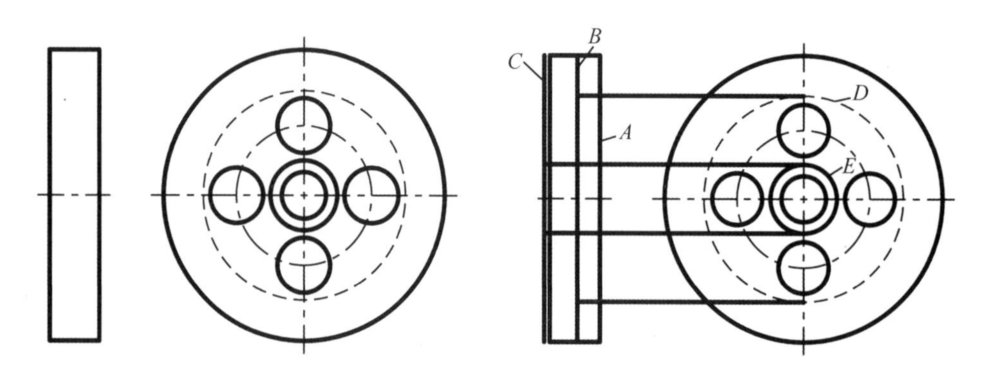

图 **3-6-10**　绘制矩形和中心线　　　图 **3-6-11**　偏移直线

步骤 11：使用“修剪”命令，修剪多余的直线，结果如图 3-6-12 所示。

步骤 12：使用“直线”命令，从圆 F、圆 G 和圆 H 的上下两个象限点分别绘制一下直线，与左边的视图相交，结果如图 3-6-13 所示。

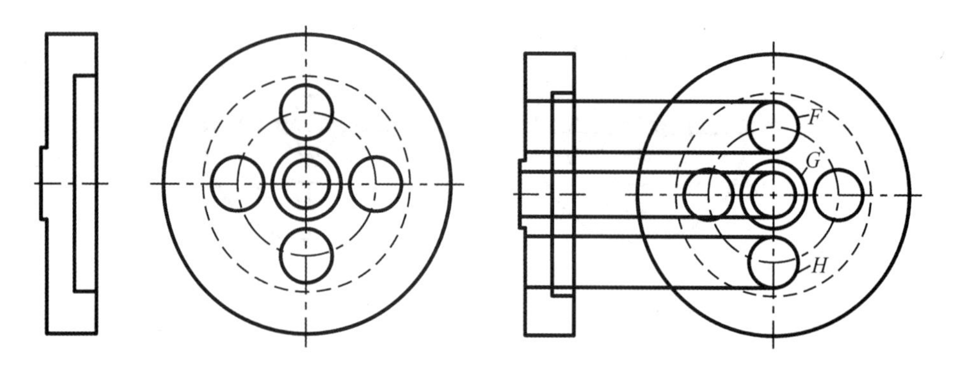

图 **3-6-12**　修剪　　　图 **3-6-13**　绘制辅助直线

步骤 13：使用“修剪”命令，修剪多余的直线，结果如图 3-6-14 所示。

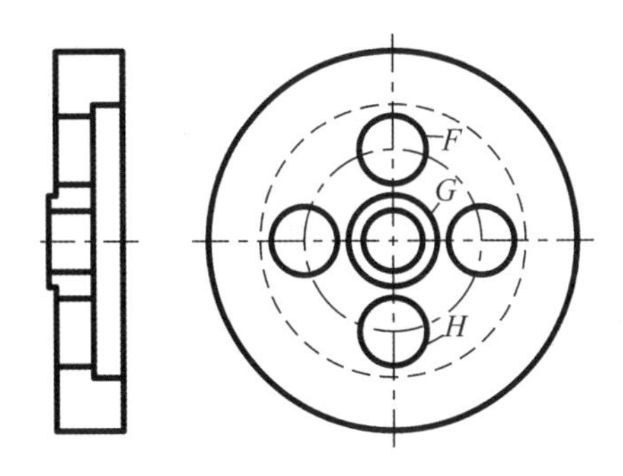

图 3-6-14　修剪

步骤 14：图层切换到剖面线层，使用“图案填充”命令，选择图 3-6-15 中 1、2、3、4 四个区域填充图案，角度设置 0，比例选择 1，图案选择 ANSI31，结果如图 3-6-16 所示。

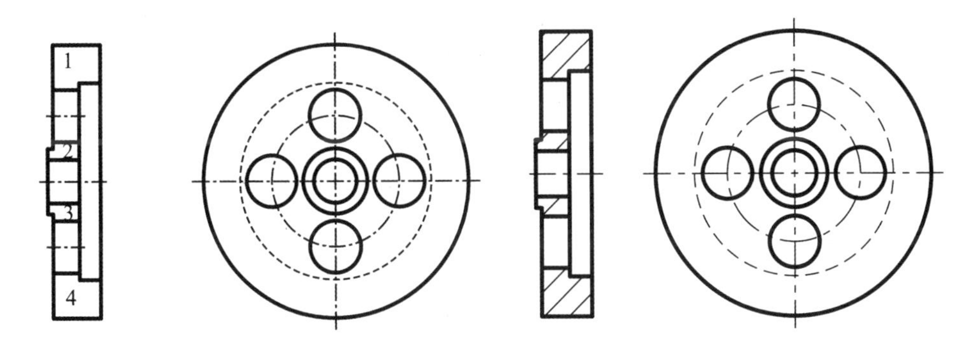

图 3-6-15　图案填充　　图 3-6-16　图案填充

步骤 15：将图形存盘保存。在下拉菜单中单击“→图形保存”或“图形另存为”命令，将弹出“图形另存为”对话框。在“文件名”文本框中输入图形文件的名称“偏心气缸带轮”，选择所需的保存路径，然后单击“保存”按钮，则系统将所绘制的图形以“偏心气缸带轮.dwg”为文件名保存在图形文件中。

步骤 16：退出 AutoCAD 系统。在命令行输入 QUIT 后按 Enter 键或单击“关闭”按钮，将退出 AutoCAD 系统，返回到 Windows 桌面。至此，就完成了用 AutoCAD 绘制一幅图形从启动软件到退出的整个过程。

扫一扫：观看绘制偏心气缸带轮的学习视频。

专业对话

1. 谈谈 AutoCAD 使用环形阵列和旋转命令有什么区别。

2. 谈谈 AutoCAD 环形阵列在使用时要注意什么。

拓展活动

抄画图 3-6-17 至图 3-6-20 平面图形，不标注尺寸。

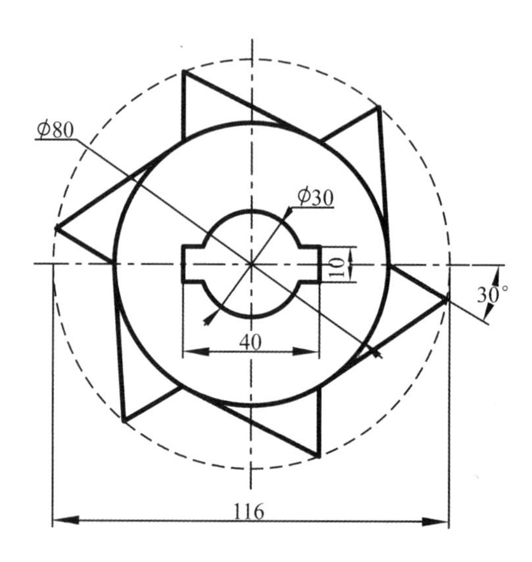

图 3-6-17 平面图形 1

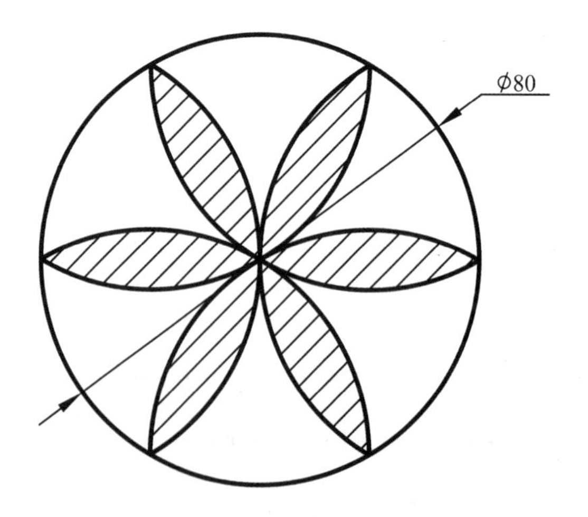

图 3-6-18 平面图形 2

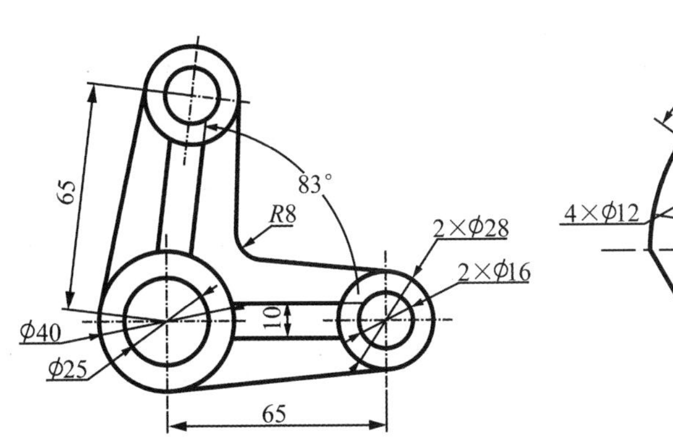

图 3-6-19　平面图形 3

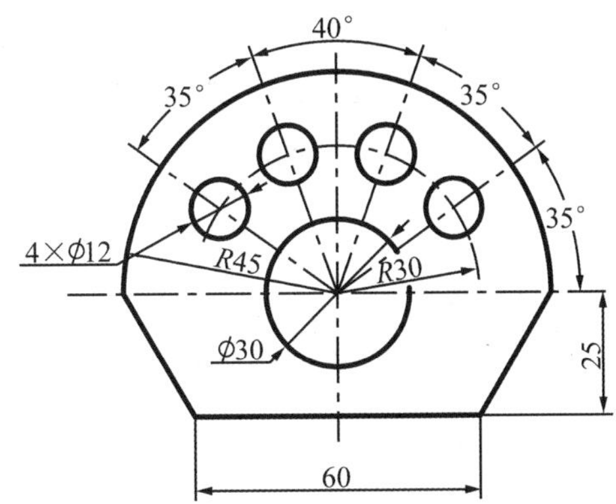

图 3-6-20　平面图形 4

任务七　绘制偏心气缸底座

任务目标

1. 掌握绘图命令中的样条曲线的使用。

2. 掌握螺纹的绘制。

学习活动

◇ 样条曲线

1. 功能

创建样条曲线，也可用于对由 SPLINE 命令生成的样条曲线的编辑操作，包括修改样条起点及终点的切线方向等，以修改样条曲线的形状。

2. 命令的调用

命令行：SPLINE(缩写名：SPL)；

菜　单：绘图→样条曲线；

图　标："绘图"工具栏 。

绘制如图 3-7-14 所示两条样条曲线，执行样条曲线命令后，命令提示行提示如下。

```
命令:SPLINE
当前设置：方式=拟合　节点=弦
指定第一个点或[方式(M)/节点(K)/对象(O)]：           //拾取 1 点
输入下一个点或[起点切向(T)/公差(L)]：               //拾取 2 点
输入下一个点或[端点相切(T)/公差(L)/放弃(U)]：       //拾取 3 点
输入下一个点或[端点相切(T)/公差(L)/放弃(U)/闭合(C)]：
                                                    //拾取 4 点
输入下一个点或[端点相切(T)/公差(L)/放弃(U)/闭合(C)]：
                                                    //拾取 5 点
输入下一个点或[端点相切(T)/公差(L)/放弃(U)/闭合(C)]：
                                                    //按空格键结束拾取
按空格键,重复样条曲线指令
指定第一个点或[方式(M)/节点(K)/对象(O)]：           //拾取 6 点
输入下一个点或[起点切向(T)/公差(L)]：               //拾取 7 点
输入下一个点或[端点相切(T)/公差(L)/放弃(U)]：       //拾取 8 点
输入下一个点或[端点相切(T)/公差(L)/放弃(U)/闭合(C)]：
                                                    //拾取 9 点
输入下一个点或[端点相切(T)/公差(L)/放弃(U)/闭合(C)]：
                                                    //拾取 10 点
输入下一个点或[端点相切(T)/公差(L)/放弃(U)/闭合(C)]：
                                                    //按空格键结束拾取
```

(1)对象(O)：该选项把用 PEDIT 命令创建的近似样条线转换为真正的样条曲线。

(2)拟合公差(F)：控制样条曲线和数据点的接近程度。

(3)闭合(C)：使样条线闭合。

扫一扫：观看绘制样条曲线的学习视频。

◇ 螺纹绘制

螺纹是机械产品中常见的连接件，在绘制 CAD 图样时，螺纹的画法是有讲究的，国家机械制图标准中对螺纹画法做出了详细的规定。不同螺纹画法也不尽相同。

1. 外螺纹的规定画法

外螺纹不论其牙形如何，螺纹的牙顶(大径)及螺纹终止线用粗实线表示，螺杆的倒角或倒圆部分也应画出；牙底(小径)用细实线表示，如图 3-7-1 所示。

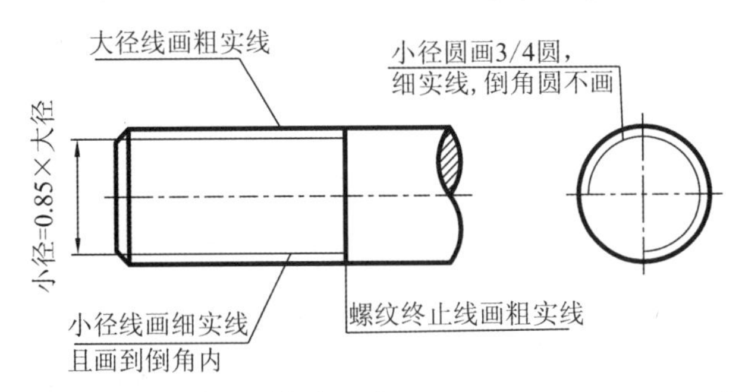

图 **3-7-1**　外螺纹的规定画法

2. 内螺纹的规定画法

在剖视图中，小径用粗实线表示，大径用细实线表示；在投影为圆的视图上，表示大径圆用细实线只画约 3/4 圈，倒角圆省略不画，螺纹的终止线用粗实线表示，剖面线画到粗实线处，如图 3-7-2 所示。

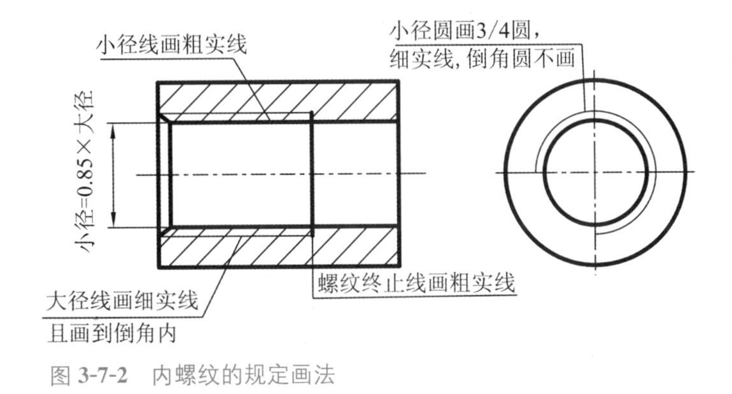

图 **3-7-2**　内螺纹的规定画法

实践活动

活动：绘制偏心气缸底座，如图 3-7-3 所示。

步骤 1：启动 AutoCAD 2018 中文版。在桌面上双击 AutoCAD 2018 中文版快捷方式，或单击“开始→程序→AutoCAD 2018”，启动 AutoCAD 2018 中文版软件。

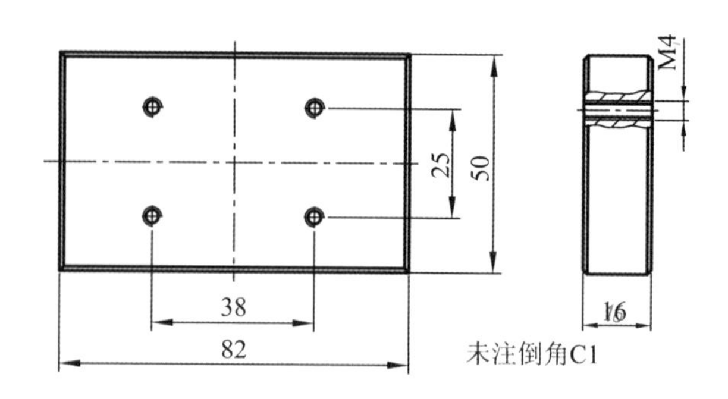

图 3-7-3 偏心气缸底座

步骤 2：新建文件。在下拉菜单中单击“→新建”命令，打开“选择样板”对话框。该对话框中列出了许多用于创建新图形的样板文件，缺省的样板文件是“acadiso.dwt”。单击“打开”按钮，系统将显示绘图界面，开始进行具体的绘图。

步骤 3：设置绘图环境。在绘图界面“图层”处，单击，弹出“图层特性管理器”对话框。在“图层特性管理器”对话框中，单击“新建图层”按钮，按照表 3-7-1 所示完成图层名称、颜色、线型、线宽的创建。

表 3-7-1 图层

名称	颜色	线型	线宽/mm
粗实线	白	Continuous	0.35
中心线	青	Center	0.25
细实线	红	Continuous	0.25

步骤 4：图层切换到粗实线层，使用“矩形”命令，绘制两个矩形，尺寸分别是长 82、宽 50 和长 16、宽 50，结果如图 3-7-4 所示。

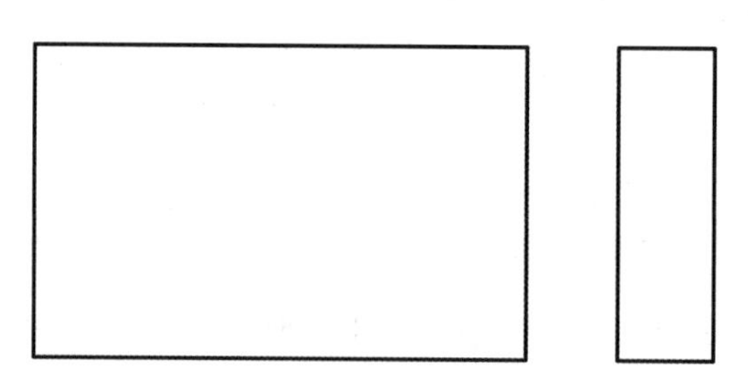

图 3-7-4 绘制矩形

步骤5：使用“偏移”命令，将左边的矩形向内偏移距离1，结果如图3-7-5所示。

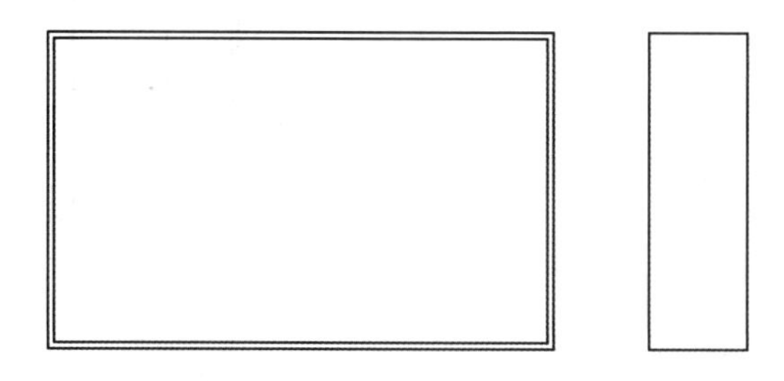

图 **3-7-5**　偏移

步骤6：使用“直线”命令，连接左边两个矩形的交点，结果如图3-7-6所示。

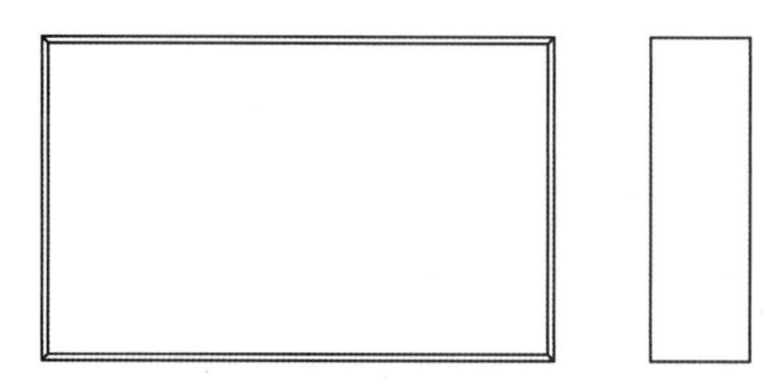

图 **3-7-6**　绘制矩形

步骤7：图层切换到中心线型，使用“直线”命令，在左边的矩形绘制一条水平中心线和竖直中心线，结果如图3-7-7所示。

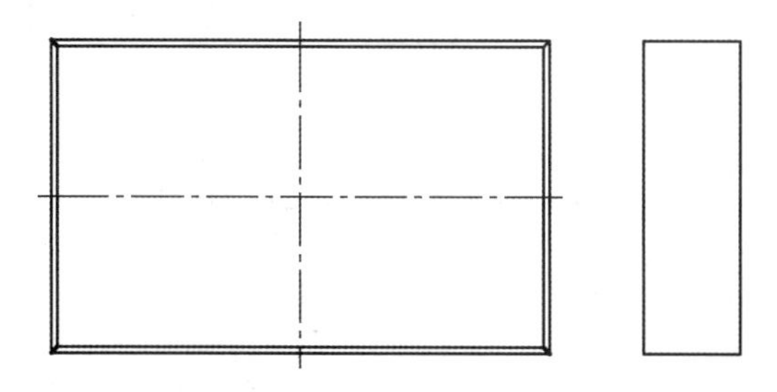

图 **3-7-7**　绘制中心线

步骤8：使用“偏移”命令，将步骤7中水平中心线向下偏移距离12.5，将步骤7中的竖直中心线向左偏移距离19，两条偏移直线相交于A点，结果如图3-7-8所示。

步骤9：图层切换到细实线层，使用“圆”命令在A点绘制直径为4的圆，使用“修剪”命令修剪掉1/4圆，再将图层切换到粗实线层，使用圆命令在A点绘制直径为3.4的圆，并修剪多余的中心线，结果如图3-7-9所示。

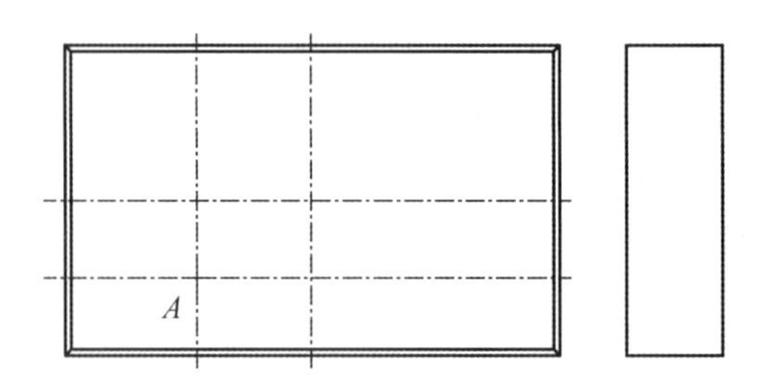

图 **3-7-8** 偏移

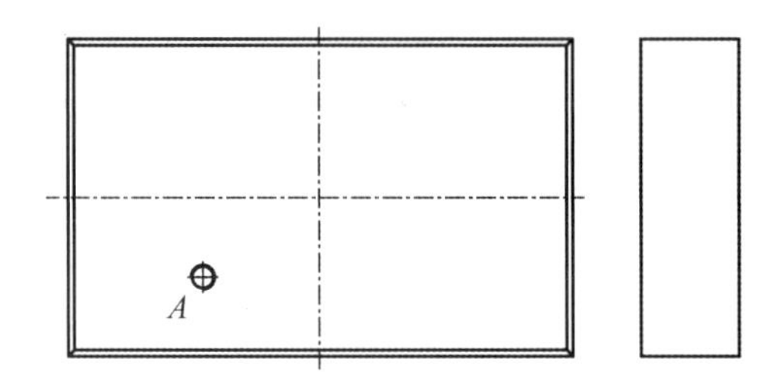

图 **3-7-9** 绘制螺纹

步骤 10：使用“矩形阵列”命令，将点 A 上的图形选中作为阵列对象，阵列行数 2 行，行距 25，列数 2 列，列距 38，标高 0，结果如图 3-7-10 所示。

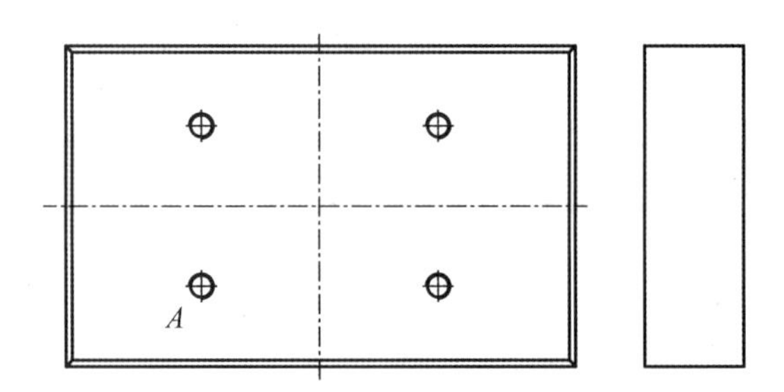

图 **3-7-10** 矩形阵列

步骤 11：使用“倒角”命令，将图 3-7-10 中右边的矩形进行倒角，倒角 1，并在倒角处，绘制两条竖直线，结果如图 3-7-11 所示。

步骤 12：使用“直线”命令，绘制几条水平线，结果如图 3-7-12 所示。

步骤 13：使用“修剪”命令，修剪图 3-7-12 中的多余水平线，并将其中两条放置于细实线层，结果如图 3-7-13 所示。

步骤 14：图层切换到细实线层，使用“样条曲线”命令，绘制两条样条曲线，结果如图 3-7-14 所示。

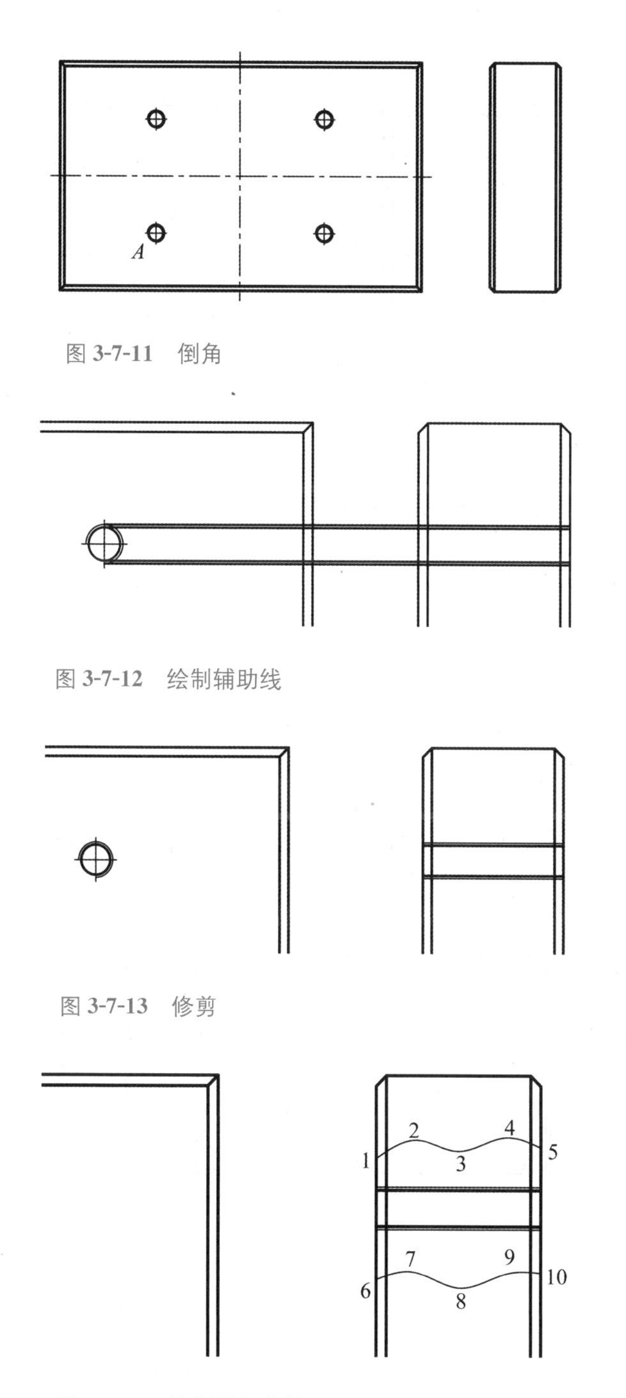

图 3-7-11 倒角

图 3-7-12 绘制辅助线

图 3-7-13 修剪

图 3-7-14 绘制样条曲线

步骤 15：使用“修剪”命令，修剪多余直线，结果如图 3-7-15 所示。

步骤 16：使用“图案填充”命令，填充图案 ANSI31，比例 1，角度 0，结果如

图 3-7-16 所示。

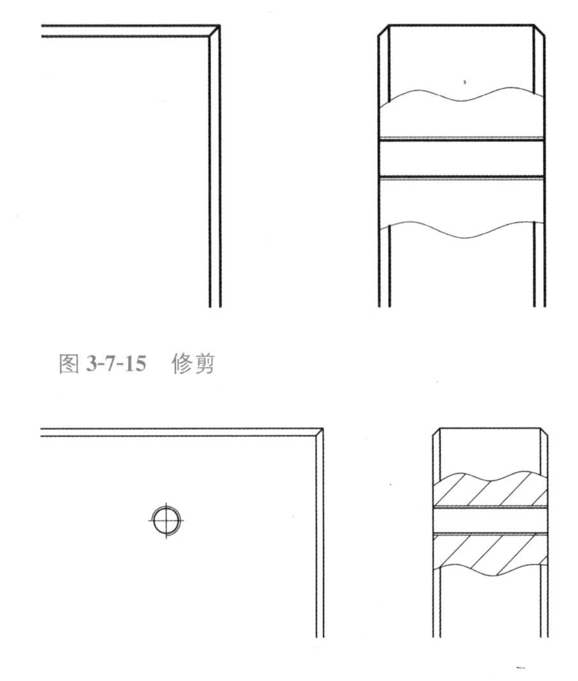

图 **3-7-15** 修剪

图 **3-7-16** 图案填充

步骤 17：图层切换到中心线层，使用“直线”命令，在螺纹孔的中间绘制中心线，结果如图 3-7-17 所示。

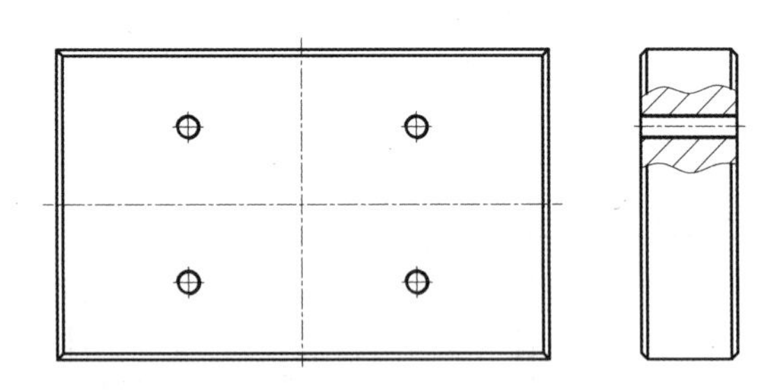

图 **3-7-17** 绘制中心线

步骤 18：将图形存盘保存。在下拉菜单中单击“→图形保存”或“图形另存为”命令，将弹出“图形另存为”对话框。在“文件名”文本框中输入图形文件的名称“偏心气缸底座”，选择所需的保存路径，然后单击“保存”按钮，则系统将所绘制的图形以“偏心气缸底座. dwg”为文件名保存在图形文件中。

步骤 19：退出 AutoCAD 系统。在命令行输入 QUIT 后按 Enter 键或单击“关闭”

按钮，将退出 AutoCAD 系统，返回到 Windows 桌面。至此，就完成了用 AutoCAD 绘制一幅图形从启动软件到退出的整个过程。

扫一扫：观看绘制偏心气缸底座的学习视频。

专业对话

1. 谈谈 AutoCAD 中盲孔螺纹该怎么绘制。
2. 谈谈制图中什么情况下会在视图表达中出现样条曲线。

拓展活动

抄画图 3-7-18 平面图形，不标注尺寸。

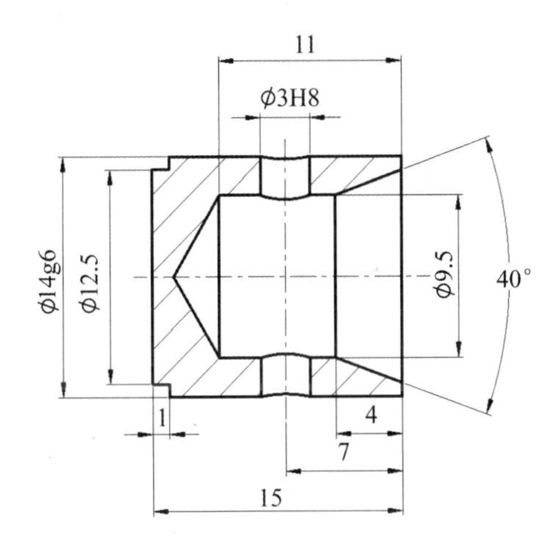

图 **3-7-18**　平面图形

项目四
绘制零件图

项目导航

零件图是指导零件生产的重要技术文件。一张完整的零件图包括图形、尺寸、技术要求和标题栏四个部分。通过本项学习，读者将了解绘制零件图的过程和掌握正确快速的抄画零件图的方法。

学习要点

1. 掌握尺寸标注以及编辑方法。
2. 掌握文字标注样式的设置。
3. 掌握技术要求的注法。
4. 掌握抄画零件图的过程与方法。

任务一 创建和设置尺寸标注样式

任务目标

1. 掌握尺寸标注样式的创建和设置。
2. 了解零件图中常用的尺寸标注样式。

学习活动

◇ 尺寸标注样式的创建和设置

零件图上的每一个尺寸有共同之处，也有不同之处。为了方便尺寸标注及编辑尺寸，在标注尺寸前，要先进行尺寸样式的设置。

1. 功能

尺寸的外观是由当前的尺寸样式控制的，AutoCAD 提供了一个缺省的尺寸样式 ISO-25。当需要标注的尺寸与默认提供的样式有区别时，可以对 ISO-25 进行修改或新建一个新样式。

2. 命令的调用

命令行：Dimstyle(缩写：D)；

菜　单：标注→标注样式；

图　标："注释"面板 。

执行命令后打开如图 4-1-1 所示的"标注样式管理器"对话框。

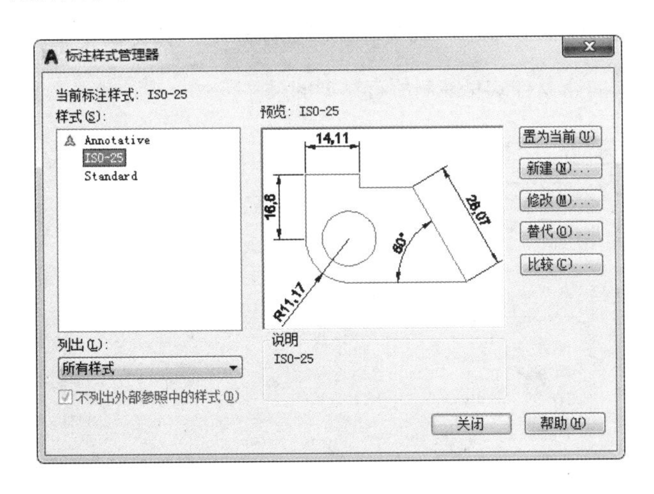

图 **4-1-1**　"标注样式管理器"对话框

3. 说明

(1)"样式"列表框：显示当前文件中已经定义的所有尺寸标注样式，高亮显示的为当前正在使用的样式。在 AutoCAD 中，默认的尺寸标注样式为 ISO-25。

(2)“列出”下拉列表框：内有“所有样式”和“正在使用的样式”两个选项，控制“样式”列表框的显示情况。

(3)“预览”图像框：显示当前尺寸样式所标注的效果图。

4. 应用

创建新的标注样式。

(1)单击如图 4-1-1 所示的“标注样式管理器”对话框的 新建(N)... 按钮，弹出如图 4-1-2 所示“创建新标注样式”对话框。

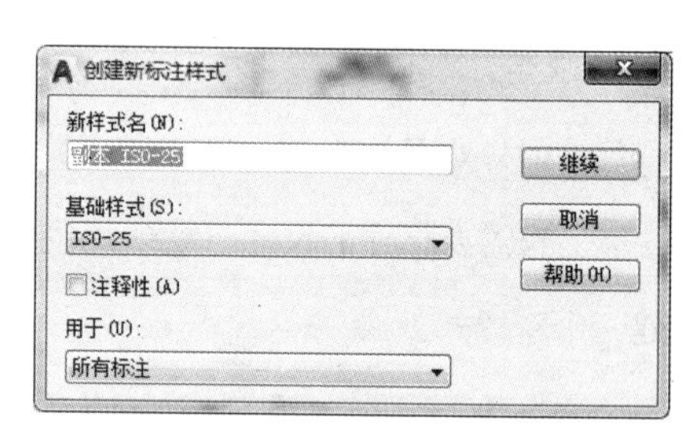

图 4-1-2 “创建新标注样式”对话框

①在“新样式名”文本框里输入样式名称“一般标注”。

②“基础样式”下拉列表：可以在“基础样式”下拉列表中选择某个尺寸样式作为新样式的基础样式，则新样式将包含基础样式的所有设置。

③“用于”下拉列表：在列表中设定新样式控制的尺寸类型。共有“所有标注”“线性标注”“角度标注”“半径标注”“直径标注”“坐标标注”“引线和公差”7 个类型。缺省的是“所有标注”，指新样式将控制所有类型的尺寸。

(2)单击 新建(N)... 按钮，打开如图 4-1-3 所示的“新建标注样式”对话框。

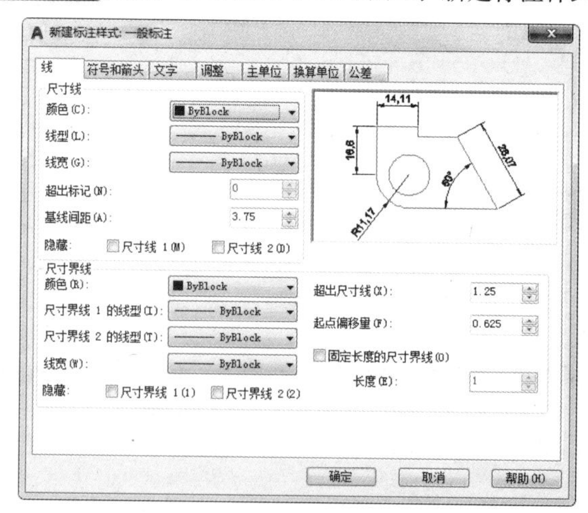

图 4-1-3 “新建标注样式”对话框

在新建和修改标注样式时，都会打开“新建标注样式：×××”对话框，该对话框有 7 个选项卡，可进行尺寸线、箭头、文字、单位、公差等标注设置。现以各“卡”为单位介绍各卡主要内容。

①“线”选项卡如下所述。

可设置尺寸线的颜色、线型、线宽：为便于尺寸管理，建议设为随层或随块(缺省状态即可)。

可设置基线间距：控制平行尺寸线间的距离。

可设置尺寸界线超出尺寸线的长度：一般按默认值就可以。如重设置，以 2～3 mm 为宜。

可设置尺寸界线的起点偏移量：一般按照默认值就可以。如重设置，以 0～0.8 mm 为宜。

其他设置可自行练习。

②“符号和箭头”选项卡如下所述。

在如图 4-1-3 所示的“新建标注样式”对话框中单击“符号和箭头”标签，显示新的一页，如图 4-1-4 所示。

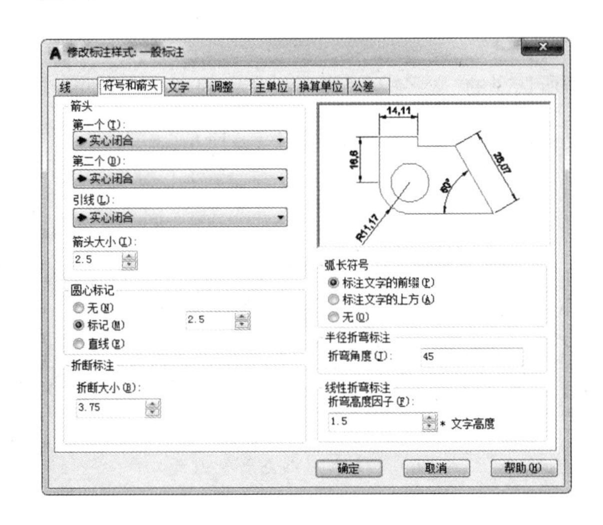

图 **4-1-4**　“符号和箭头”选项卡

可进行尺寸线终端形式的设置：机械制图里一般采用“箭头”，如默认所示。

箭头的大小：箭头尺寸≥0.6d(d 为粗实线宽度)。

其他设置可自行练习。

③“文字”选项卡如下所述。

在如图 4-1-3 所示的“新建标注样式”对话框中单击“文字”选项卡，显示新的一页，如图 4-1-5 所示。

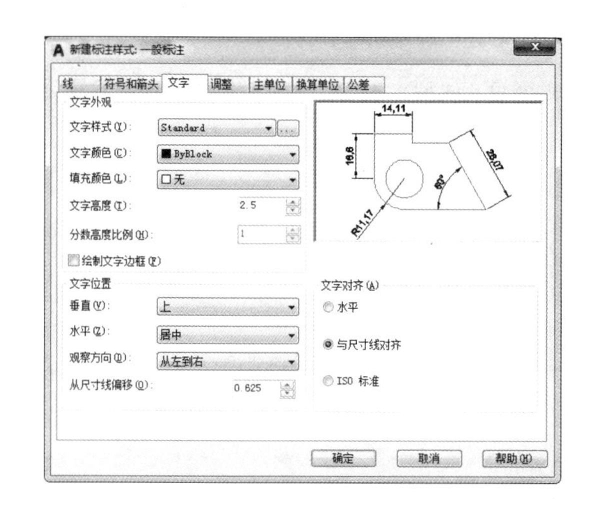

图 4-1-5 “文字”选项卡

文字样式：单击下拉菜单，选择已有的文字样式，或单击“文字样式”后的...按钮，新建文字样式。

文字高度：若所选择的“文字样式”设置了文字的高度，则此处的文字高度无效。

文字对齐：提供了 3 种对齐方式，如图 4-1-6 所示。

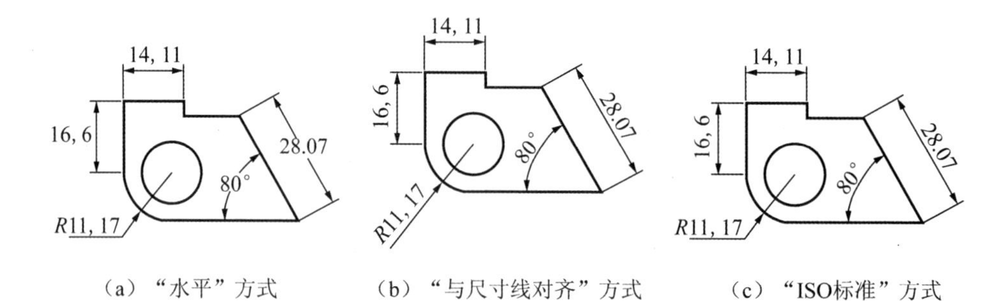

图 4-1-6 文字对齐方式

文字位置：一般按照默认设置。

④“调整”选项卡如下所述。

在如图 4-1-3 所示的“新建标注样式”对话框中单击“调整”选项卡，显示新的一页，如图 4-1-7 所示。

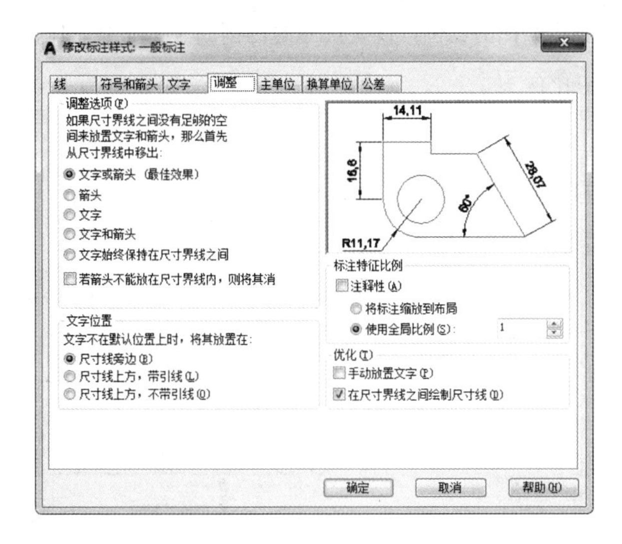

图 **4-1-7**　“调整”选项卡

调整选项：当尺寸线之间没有足够的空间来放置文字和箭头时，选择一个方式，系统在标注时会按所选的方式进行处理。

优化：有时候，根据标注的需要，会选择“手动放置文字”来方便标注。

其他设置可自行练习。

⑤“主单位”选项卡如下所述。

在如图 4-1-3 所示的“新建标注样式”对话框中单击“主单位”选项卡，显示新的一页，如图 4-1-8 所示。

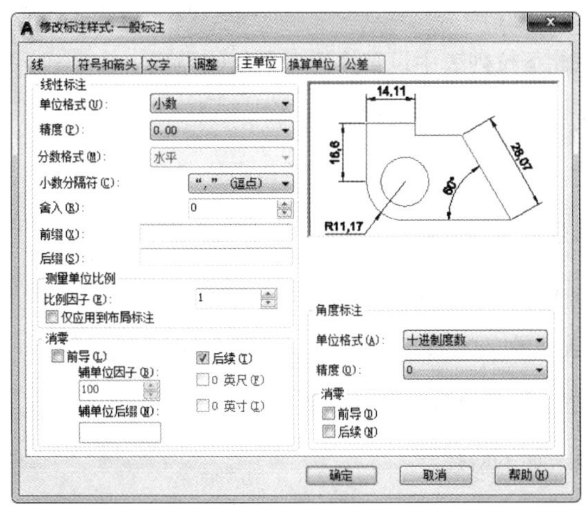

图 **4-1-8**　“主单位”选项卡

精度：设置尺寸的显示精度，即小数点后的位数。

比例因子：根据绘图的比例，设置尺寸的比例因子。如绘图比例为 1∶1，则比例因子为 1；绘图比例为 1∶2，则比例因子为 2；绘图比例为 2∶1，则比例因子为 0.5。

其他设置可自行练习。

⑥“换算单位”选项卡如下所述。

在如图 4-1-3 所示的“新建标注样式”对话框中单击“换算单位”选项卡，显示新的一页，如图 4-1-9 所示。该选项卡里的选项用于单位换算。

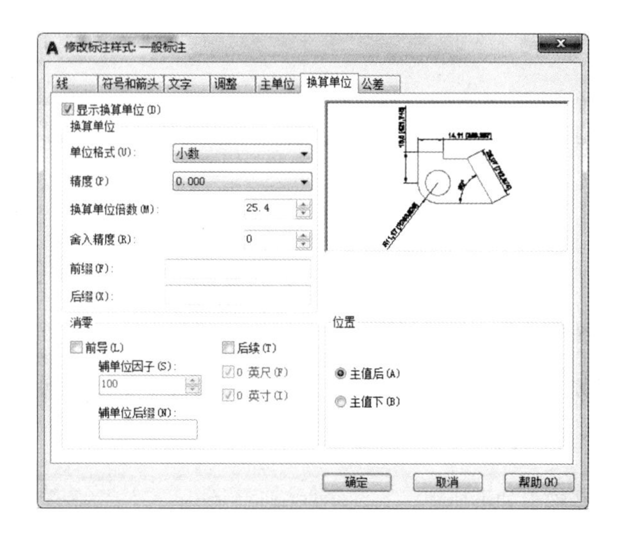

图 4-1-9 “换算单位”选项卡

选择“显示换算单位”选项后，AutoCAD 激活所有与单位换算有关的选项。

单位格式：在此下拉列表中设置换算后单位的类型。

精度：设置换算后的单位显示精度。

换算单位乘数：指定主单位与换算后单位的关系系数。比如，主单位是英制，要换算为十进制，则乘数为“25.4”。

舍入精度：用于设定换算后数值的标注规则。比如，若输入“0.005”，则 AutoCAD 将标注数字的小数部分近似到最接近 0.005 的整数倍。

主值后/主值下：设置换算单位的放置位置。

⑦“公差”选项卡如下所述。

在如图 4-1-3 所示的“新建标注样式”对话框中单击“公差”选项卡，显示新的一页，如图 4-1-10 所示。在该选项卡设置公差格式及上下偏差值。

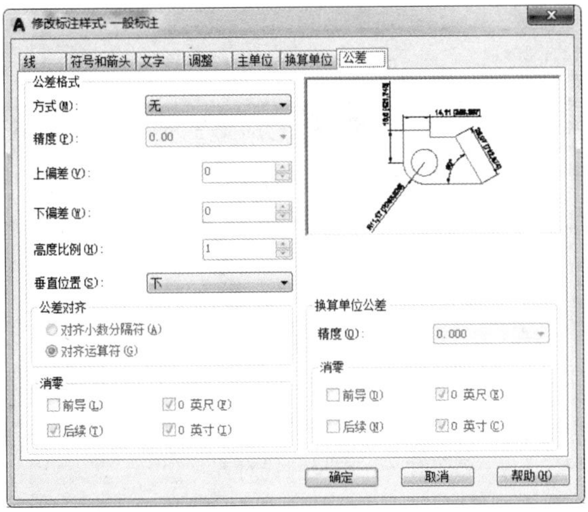

图 **4-1-10**　“公差”选项卡

方式：设置公差的方式。包括“无”“对称”“极限偏差”“极限尺寸”“基本尺寸”5 个选项。

上、下偏差：设置上、下偏差值。

高度比例：设置公差数值与基本尺寸的比例。绘制机械图时，对称公差标注设为 1，极限偏差标注设为 0.7。

垂直位置：设定偏差文字相对于基本尺寸的位置关系。根据机械制图规定，上偏差注写在基本尺寸右上方，下偏差与基本尺寸标注在同一底线上的要求，建议选择“下”选项。

在实际绘图时，由于每一个尺寸的公差不一样，因此在实际绘图时，建议公差的标注不在此处进行设置，而是在编辑尺寸时加上公差即可。具体方法可参照本任务第三部分“尺寸标注的编辑”。

(3)设置好各选项卡后，单击“确定”按钮，返回到“标注样式管理器”对话框。选择新创建的样式“一般标注”，单击“置为当前”按钮。单击“关闭”，完成尺寸标注样式的创建。

◇ 设置零件图尺寸标注样式

零件图上的尺寸比平面图形的尺寸复杂，通常需要创建多个尺寸标注样式以满足不同标注的需要。根据经验，只需创建如下三种样式即可满足一般零件图的标注需要，见表 4-1-1 所示。

表 **4-1-1** 标注样式

样式名	需要进行的设置	适用范围
基础样式：一般标注	1. 尺寸界线超出尺寸线 1.8 2. 尺寸箭头大小：2(≥6*d*，*d* 为粗实线宽度）根据尺寸数字的大小可适当调整 3. 文字样式：字体：gbeitc. shx 使用大字体：gbcbig. shx 字高：3.5(根据零件图的大小按字号标准选择合适的字号） 4. 文字对齐：与尺寸线对齐 5. "调整"：选择"箭头"或"文字"项，使 R15.64 变成 R15.64 6. 主单位中的比例因子：根据零件图设置如绘图比例为 1：2，则比例因子为 2 7. 其他为默认设置	适用于一般的尺寸标注，包括线性尺寸、角度尺寸、直径和半径的标注，尺寸数字与尺寸线对齐
基础样式：角度	用于角度标注：将文字对齐设成水平。其他不变	
水平标注	基础样式：一般标注 用于：所有标注 在"文字"选项卡设置文字对齐方式为水平	适用于直径和半径的水平标注
调整标注	基础样式：一般标注 用于：所有标注在"调整"选项卡选择"手动放置文字"项	适用于尺寸数字不在尺寸线的中间位置，需要手动放置文字时

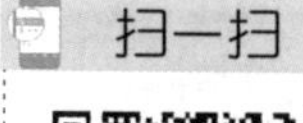

扫一扫：观看零件图尺寸标注样式的设置的学习视频。

实践活动

活动 1：设置名称为"一般标注"的标注样式，尺寸参数：字高为 3.5 mm，箭头长度为 2 mm，尺寸界限超出尺寸线长度为 2 mm，小数分隔符为句点"."，其余设置为系统默认。

步骤 1：输入命令：d↙，打开标注样式管理器。

步骤 2：单击“新建”按钮，在“新样式名”文本框输入“一般标注”，单击“继续”按钮。

步骤 3：设置“文字”选项卡，输入文字高度 3.5。

步骤 4：设置“符号和箭头”选项卡，输入箭头大小 2。

步骤 5：设置“线”选项卡，输入超出尺寸线 2。

步骤 6：设置“主单位”选项卡，小数分隔符选择“.”(句点)。单击“确定”完成“一般标注”样式设置。

活动 2：以活动 1 创建的“一般样式”样式为基准，创建适用于直径和半径的水平标注与需要手动放置文字的调整标注。

步骤 1：输入命令：d↙，打开标注样式管理器。

步骤 2：单击“新建”按钮，在“新样式名”文本框输入“水平样式”，“基础样式”选择活动 1 创建的“一般样式”，单击“继续”按钮。

步骤 3：设置“文字”选项卡，“文字对齐”选择“与尺寸线对齐”，单击“确定”。

步骤 4：继续单击“新建”按钮，在“新样式名”文本框输入“调整样式”，“基础样式”选择活动 1 创建的“一般样式”，单击“继续”按钮。

步骤 5：设置“调整”选项卡，在“优化”选项下勾选“手动放置文字”，单击“确定”。

专业对话

1. 如果想把尺寸线的箭头改成圆点的形式，请问在哪个选项卡下面进行修改？

2.“文字对齐”中，“与尺寸线平齐”与“ISO 标准”两种方式有何异同？

拓展活动

将活动 1 中创建的“一般标注”的精度改为小数点后三位，比例因子为 0.5。

任务二　设置文字标注样式

任务目标

1. 掌握“尺寸数字”“文字”两种文字样式的设置。

2. 掌握单行文本与多行文本两种注写方法。

学习活动

◇ 国标对“文字”的相关要求

国标 GB/T 14691—1993 对文字做了如下规定。

(1)文字间隔均匀、排列整齐。

(2)字体高度代表字体的号数，它的公称尺寸系列为：3.5 mm、5 mm、7 mm、10 mm、14 mm、20 mm，按$\sqrt{2}$的比率递增。文字高度不小于 3.5 mm。

(3)文字字体为长仿宋体，并应使用国家推行的简化字。

(4)在同一图样上，只允许选用同一字体。

◇ 创建文字样式

1. 功能

控制与文本连接的字体文件、字符宽度、文字倾斜角度及高度等项目。此外，还可以通过文字样式设计出相反的、颠倒的以及竖直方向的文本。

2. 命令的调用

命令行：Style(缩写：ST)；

菜　单：格式→文字样式；

图　标：“注释”面板 A 。

执行命令后打开“文字样式”对话框，如图 4-2-1 所示。

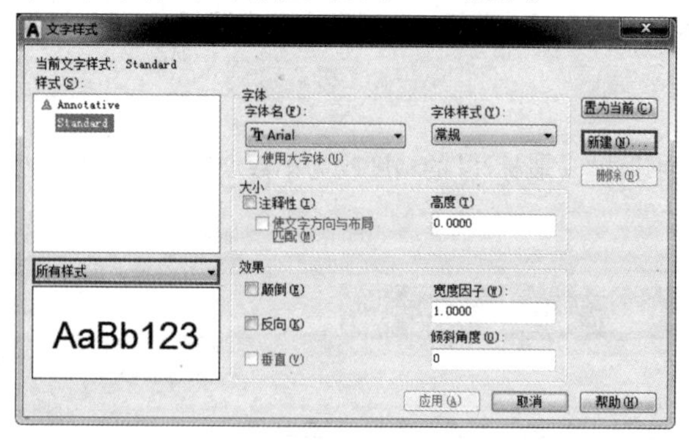

图 4-2-1 “文字样式”对话框

3. 说明

“样式”列表框：根据下拉菜单的控制方式，显示所有样式或正在使用的样式，如图 4-2-2 所示。系统默认的文字样式为 Standard。

“置为当前”按钮：选择样式列表中的某个样式，单击该按钮，将选中的样式设置为当前的样式。

“新建”按钮：单击该按钮，打开“新建文字样式”对话框，如图 4-2-3 所示。

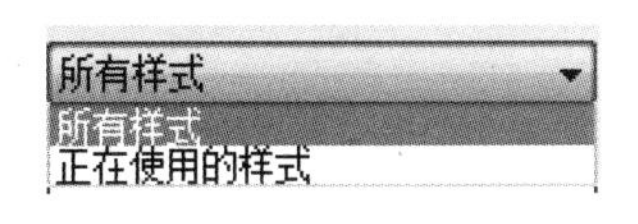

图 **4-2-2** “所有样式”下拉菜单

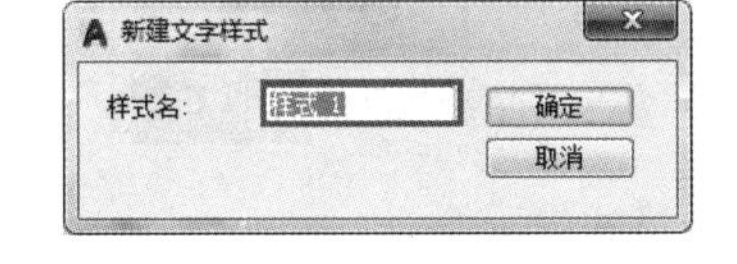

图 **4-2-3** “新建文字样式”对话框

在“样式名”文本框中输入新样式名：“文字”，单击“确定”，即可创建新的文字样式。

“字体”设置区：设置文字的字体。

“大小”设置区：设置文字的高度。

“效果”设置区：可设置文字的颠倒、反向、倾斜等效果。

在机械制图中，文字的字体为长仿宋体。字宽为字高的 0.7 倍，宽度因子设为 0.7 即可，如图 4-2-4 所示。而尺寸数字的字体为 gbeitc.shx，高度根据要求自行设置，其他默认即可。

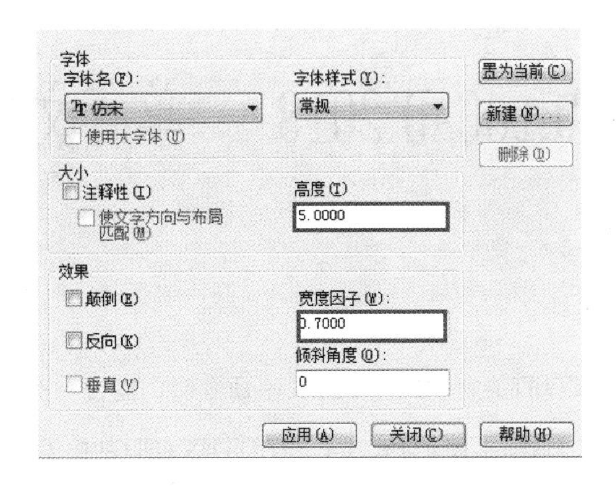

图 **4-2-4** “文字”样式设置

◇ 在 AutoCAD 中书写文字

在 AutoCAD 软件中，提供了单行文本和多行文本两种文字注写方式。

1. 单行文本

(1)命令的调用。

命令行：TEXT(缩写：DT)；

菜　单：绘图→文字→单行文字；

图　标：“注释”面板 A 多行文字。

(2)格式与示例。

命令：_dtext

当前文字样式：“文字”；文字高度：5.0000；注释性：否；对正：左

指定文字的起点或[对正(J)/样式(S)]：　　//拾取 A 点作为起始位置。如图 4-2-5 所示

指定文字的旋转角度<0>：　　//输入文字倾斜角或按 Enter 键接受缺省值在绘图区输入文字：AutoCAD——；单行文字可移动光标到其他区域单击以指定下一处文字的起点，或按 Enter 键结束文字书写，结果如图 4-2-5 所示

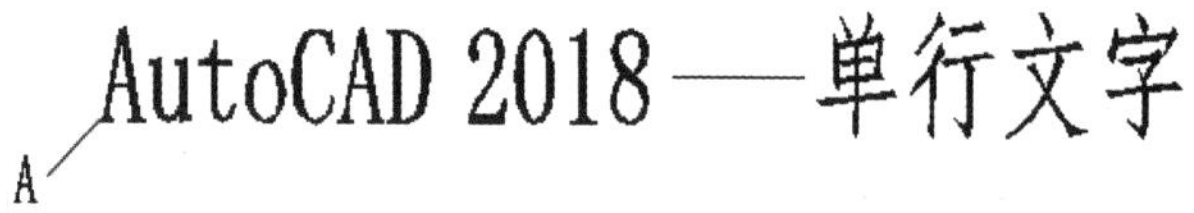

AutoCAD 2018——单行文字

A

图 **4-2-5**　创建单行文本

(3)说明。

系统变量 DTEXTED 决定了执行单行文字命令时，能否一次在多个地方书写文字。默认的系统变量 DTEXTED 的值为 1，若 DTEXTED 的值为 0，则表示一次只能在一个位置输入文字。

扫一扫：观看单行文字的书写的学习视频。

2. 多行文本

(1)命令的调用。

命令行：MTEXT(缩写：T)；

菜　单：标注→文字→多行文字；

图　标：“注释”面板 A 多行文字。

(2)格式与示例。

```
命令:_mtext
当前文字样式:“文字”;文字高度:5;注释性:否
指定第一角点:                         //在 A 点处单击,如图 4-2-7 所示
指定对角点或[高度(H)/对正(J)/行距(L)/
旋转(R)/样式(S)/宽度(W)/栏(C)]:  //在 B 点处单击
```

AutoCAD 弹出“文字编辑器”工具栏，输入文字，并选择“正中”对齐方式，如图 4-2-6 所示。单击“关闭文字编辑器”按钮，结果如图 4-2-7 所示。

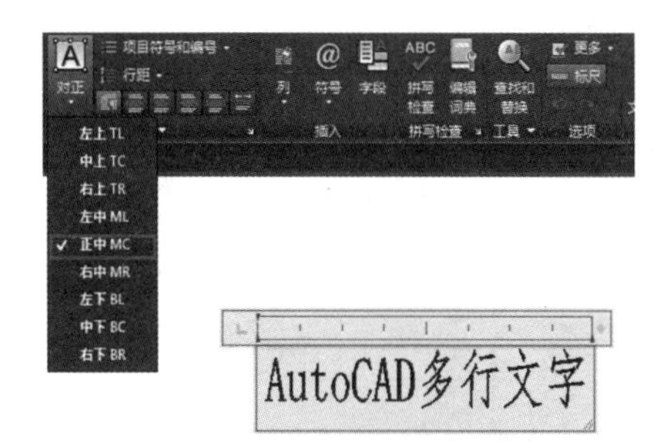

图 **4-2-6**　输入多行文字

A

AutoCAD——多行文字

B

图 **4-2-7**　创建多行文本

扫一扫：观看多行文字的书写的学习视频。

一般地，一些比较简短的文字，如零件图上的剖切位置的字母符号、标记(A、B、A-A、B-B 等)，向视图的字母符号，标记(A、B、A 向、B 向等)，常采用单行文字书写。而带有段落格式的信息，如标题栏信息、技术要求等，常采用多行文字书写。

实践活动

活动 1：在“文字样式”对话框中，创建“尺寸数字”“文字”两种文字样式，“尺寸数字”的字体为“gbeitc. shx”，高度为 3.5 mm，“文字”的字体为仿宋，高度为 7 mm，宽度因子为 0.7。

步骤 1：在命令行输入 st↙，弹出“文字样式”对话框。

步骤 2：单击“新建”按钮，打开“新建文字样式”对话框，在“样式名”文本框中输入“尺寸数字”，单击“确定”。

步骤 3：单击“字体”设置区下“字体名”按钮，选择“gbeitc. shx”字体。

步骤 4：在“大小”设置区“高度”文本框内输入 3.5，单击“应用”按钮，完成“尺寸数字”文字样式设置，结果如图 4-2-8 所示。

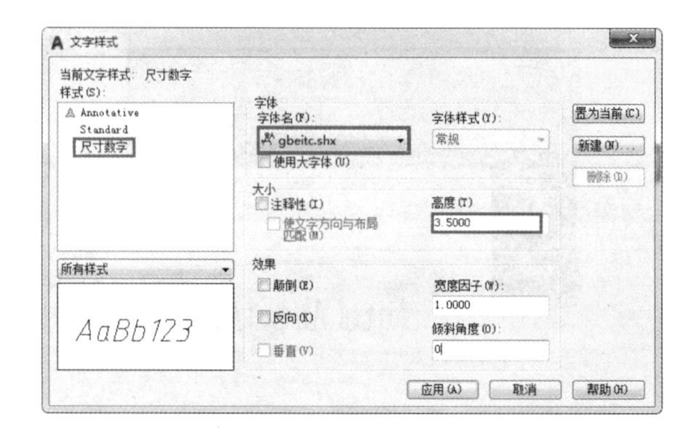

图 **4-2-8** “尺寸数字”文字样式

步骤 5：继续单击“新建”按钮，打开“新建文字样式”对话框，在“样式名”文本框中输入“文字”，单击“确定”。

步骤 6：单击“字体”设置区下“字体名”按钮，选择“仿宋”字体。

步骤 7：在“大小”设置区“高度”文本框内输入 7，在“效果”设置区“宽度因子”文本框输入 0.7，单击“应用”按钮，完成“文字”文字样式设置，结果如图 4-2-9 所示。完成后单击“关闭”按钮。

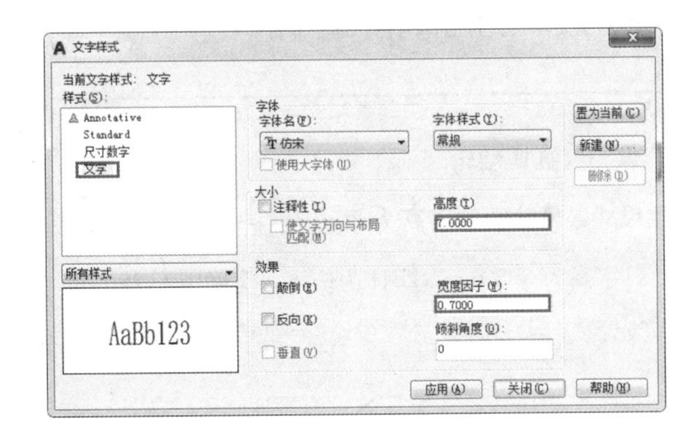

图 **4-2-9**　“文字”文字样式

活动 2：用多行文本创建以下文字：偏心气缸零件图。要求：字体仿宋，高度为 7 mm，宽度因子为 0.7，对齐方式“正中”。

步骤 1：在命令行输入 st↙，弹出“文字样式”对话框。

步骤 2：选中如图 4-2-9 样式列表中的“文字”文字样式，单击“置为当前”按钮。

步骤 3：在命令行中输入 t↙，指定文本框的第一点和第二点，创建多行文本。

步骤 4：在多行文本文本框内，输入“偏心气缸零件图”。

步骤 5：单击“文本编辑器”下“对正”按钮，选择“正中”对齐方式。如图 4-2-10 所示。单击“关闭文本编辑器”按钮，完成文字编辑，结果如图 4-2-11 所示。

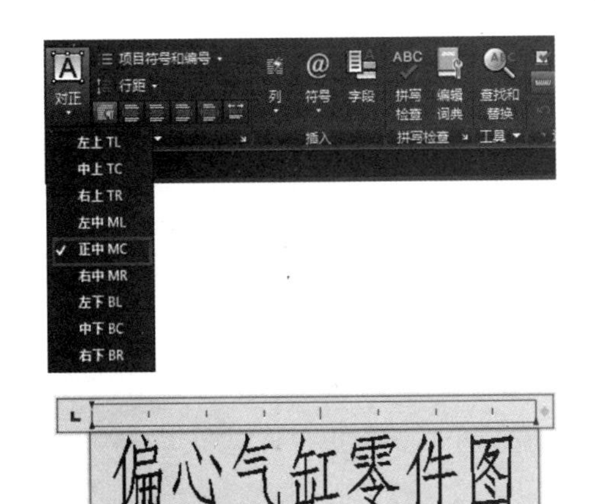

图 **4-2-10**　输入“偏心气缸零件图”

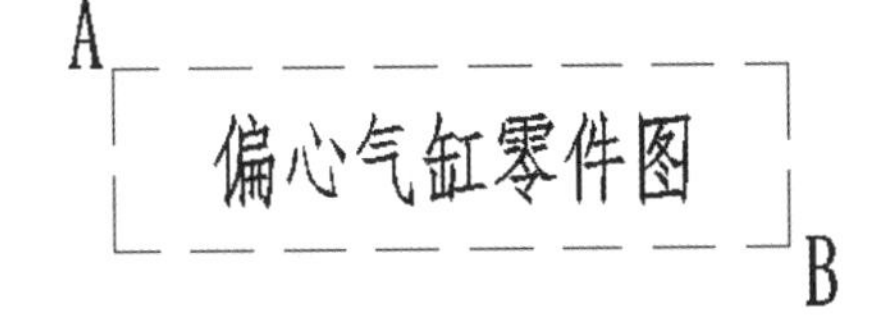

图 **4-2-11**　创建“偏心气缸零件图”文本

专业对话

1. 为什么文字要设置宽度因子 0.7？

2. 单行文本与多行文本的使用范围有何不同？

拓展活动

扫一扫：打开偏心气缸摆动轮.dwg。

在图形上标注尺寸，尺寸数字字高为 2 mm，字体为 gbeitc.shx。同时在相应位置书写文字“摆动轮”，字高为 3.5 mm，字体为仿宋，宽度因子为 0.7，如图 4-2-12 所示。

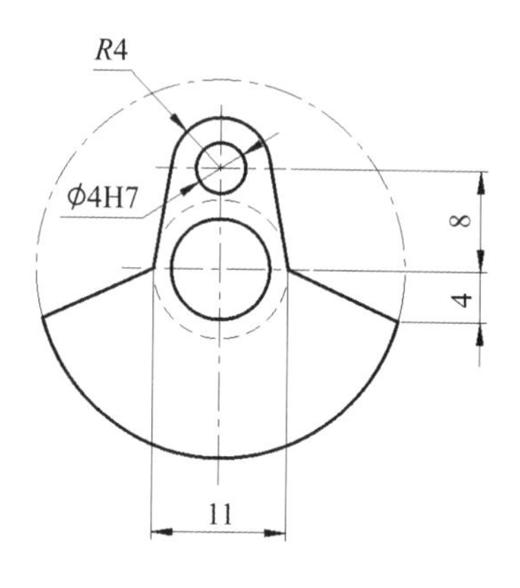

图 4-2-12　摆动轮

任务三　标注锥口螺钉的尺寸

任务目标

1. 掌握线性、对齐、角度、直径四种标注方式。

2. 完成锥口螺钉尺寸的标注。

学习活动

◇ 线性标注

1. 功能

标注水平或垂直两点、线之间的距离。

2. 命令的调用

命令行：DIMLINEAR(缩写：DLI)；

菜　单：标注→线性；

图　标：“注释”面板 线性 。

3. 格式

```
命令：_dimlinear                                    //执行线性标注命令
指定第一条尺寸界线原点或 <选择对象>：                  //单击 A 点
指定第二条尺寸界线原点：                              //单击 B 点
指定尺寸线位置或
[多行文字(M)/文字(T)/角度(A)/水平(H)/垂直(V)/旋转(R)]：
                                    //确定文本位置，如图 4-3-1 所示
标注文字＝14                          //选择"1"处为文本位置时，系统显示的标
                                        注尺寸为 14，如图 4-3-1(b)所示。若选
                                        择"2"处为文本位置，则系统显示的标注
                                        尺寸为 42，如图 4-3-4(c)所示
```

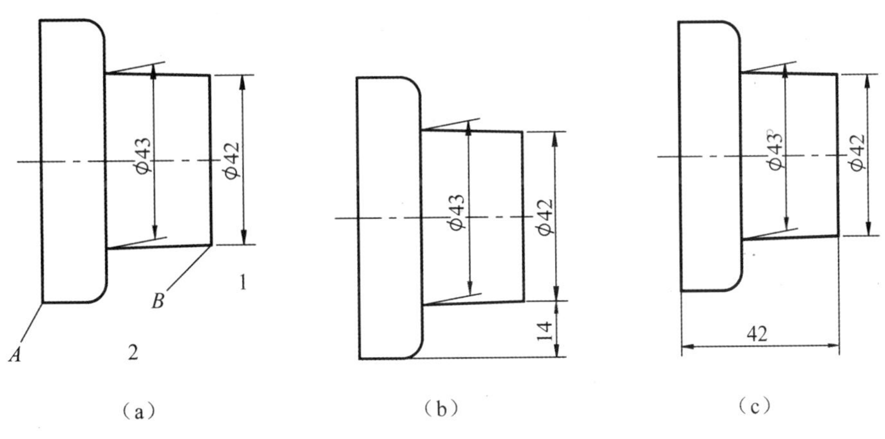

图 4-3-1　线性标注

◇ 对齐标注

1. 功能

标注倾斜的两点、线之间的距离。

2. 命令的调用

命令行：DIMALIGNED(缩写：DAL)；

菜　单：标注→对齐；

图　标："注释"面板[对齐]。

3. 格式

```
命令：_dimaligned                                             //执行对齐标注命令
  指定第一条尺寸界线原点或 ＜选择对象＞：                       //捕捉第一点
  指定第二条尺寸界线原点：                                      //捕捉第二点
  指定尺寸线位置或[多行文字(M)/文字(T)/角度(A)]：               //确定文本位置
  标注文字＝30                                                  //系统显示的标注尺
                                                                  寸，如图 4-3-2 所示
```

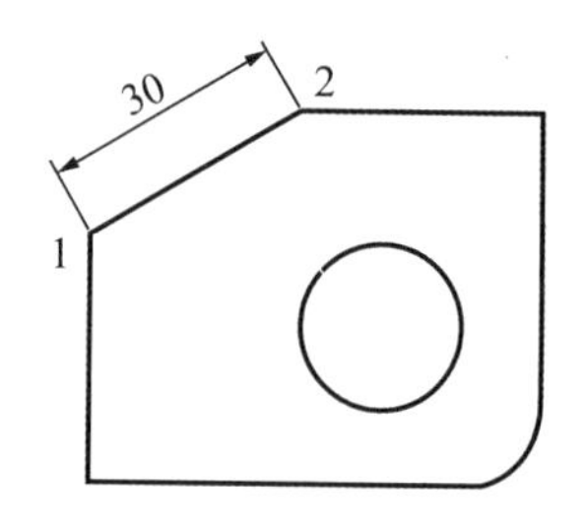

图 **4-3-2** 对齐标注

◇ 角度标注

1. 功能

标注直线间的夹角或圆和圆弧的角度。

2. 命令的调用

命令行：DIMANGULAR(缩写：DAN)；

菜　单：标注→角度；

图　标：“注释”面板 角度 。

3. 格式

```
命令：_dimangular                              //执行角度标注命令
选择圆弧、圆、直线或 ＜指定顶点＞：              //选择第一条直线
选择第二条直线：                                //选择第二条直线
```

```
指定标注弧线位置或［多行文字(M)/文字(T)/角度(A)]:
                                        //确定文本位置及选项
标注文字 =120                           //系统显示所标注的角度值，如
                                          图 4-3-3 所示
```

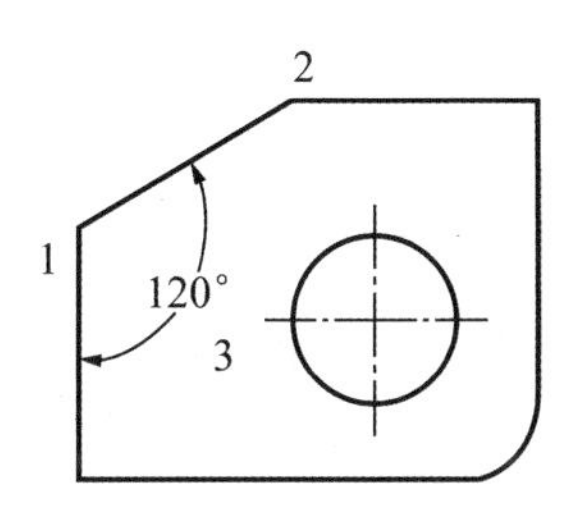

图 **4-3-3**　角度标注

◇ 直径标注

1. 功能

标注圆或圆弧的直径值。

2. 命令的调用

命令行：DIMDIAMETER(缩写：DDI)；

菜　单：标注→直径；

图　标："注释"面板 直径。

3. 格式

```
命令：_dimdiameter                      //执行直径标注命令
选择圆弧或圆：                           //选择要标注的圆弧或圆
标注文字 =20                            //系统显示所标注的直径值
指定尺寸线位置或［多行文字(M)/文字(T)/角度(A)]:
                                        //确定文本位置及选项，
                                          如图 4-3-4 所示
```

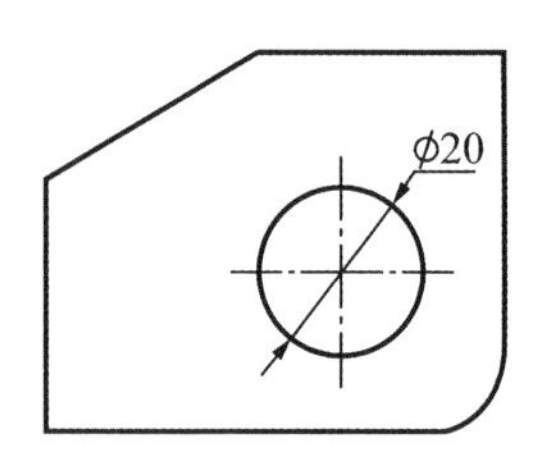

图 **4-3-4** 直径标注

实践活动

活动：完成锥口螺钉尺寸的标注，结果如图 4-3-5 所示。

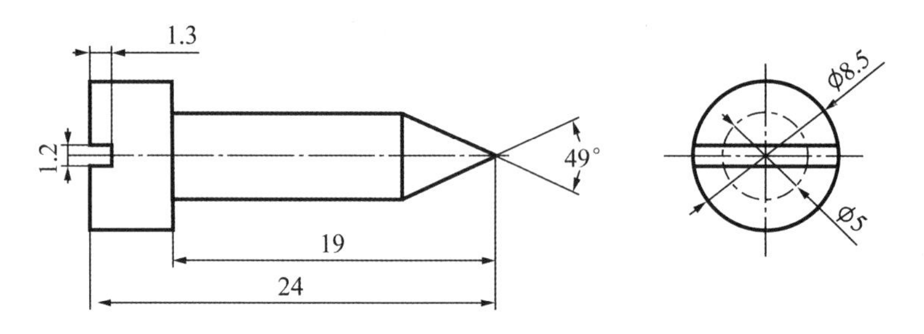

图 **4-3-5** 锥口螺钉标注

步骤 1：标注线性尺寸。输入 DLI↙，依次完成各线性尺寸标注，结果如图 4-3-6 所示。

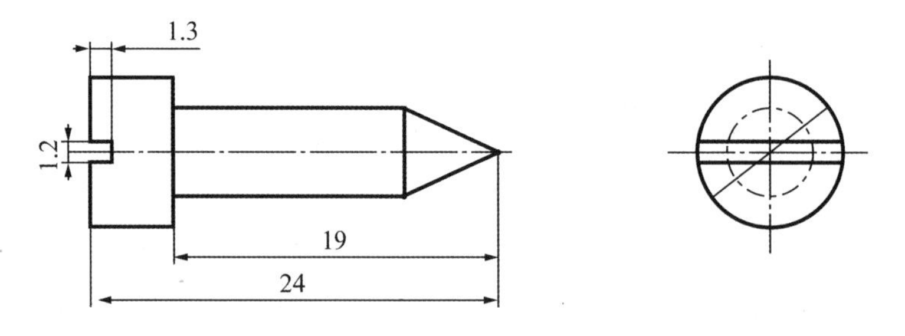

图 **4-3-6** 标注线性尺寸

步骤 2：标注角度尺寸。输入 DAN↙，完成角度尺寸标注，结果如图 4-3-7 所示。

步骤 3：标注直径尺寸。输入 DDI↙，完成各直径尺寸标注，结果如图 4-3-8 所示。

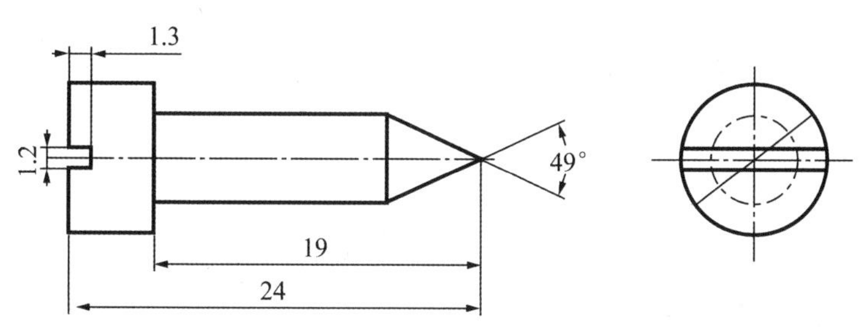

图 **4-3-7**　标注角度尺寸

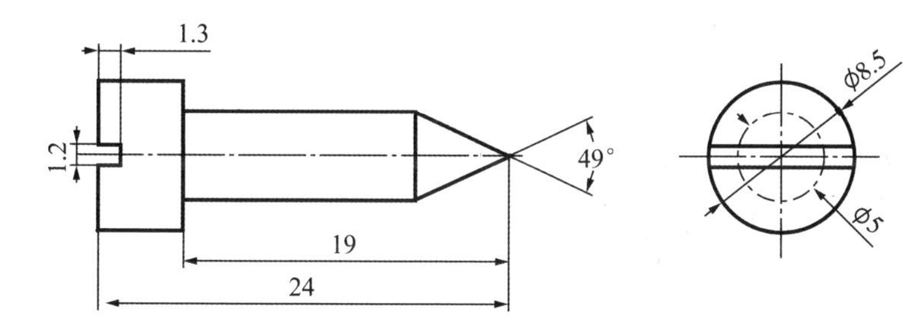

图 **4-3-8**　标注直径尺寸

专业对话

1. 线性标注和对齐标注有何异同？

2. 在学习过程中，你感觉哪一种标注的调用方式更方便？

拓展活动

完成图 4-3-9 图形的尺寸标注。

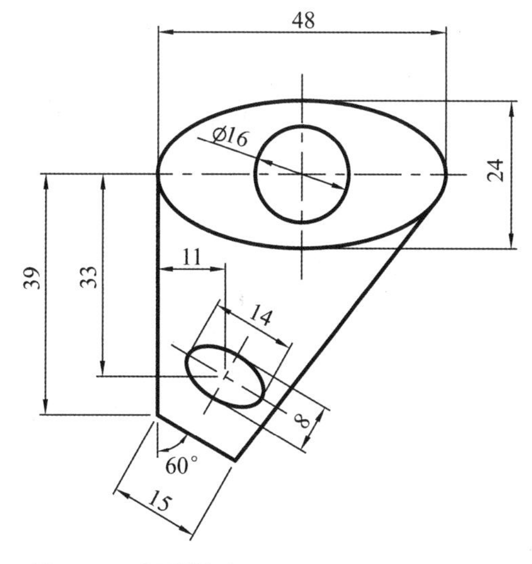

图 **4-3-9**　拓展活动

任务四 标注连接杆的尺寸

任务目标

1. 掌握半径、折弯两种标注方式。

2. 完成连接杆尺寸的标注。

学习活动

◇ 半径标注

1. 功能

标注圆或圆弧的半径值。

2. 命令的调用

命令行：DIMRADIUS(缩写：DRA)；

菜 单：标注→半径；

图 标："注释"面板（半径）。

3. 格式

```
命令：_dimradius                    //执行半径标注命令
选择圆弧或圆：                       //选择要标注的圆弧或圆
标注文字 =10                        //系统显示所标注的半径值
指定尺寸线位置或[多行文字(M)/文字(T)/角度(A)]：
                                    //确定文本位置及选项，如图 4-4-1 所示
```

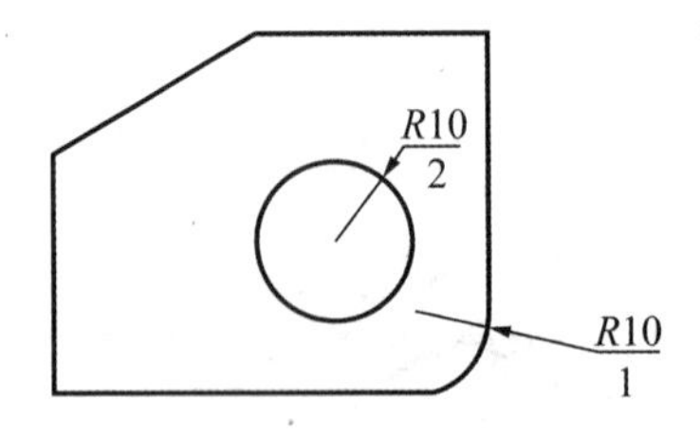

图 4-4-1 半径标注

◇ 折弯标注

1. 功能

标注大半径圆弧。

2. 命令的调用

命令行：DIMJOGGED(缩写：DJO)；

菜 单：标注→折弯；

图 标："注释"面板 折弯 。

3. 格式

命令：_dimjogged	//执行折弯标注命令
选择圆弧或圆：	//选择要标注的圆弧或圆
指定图示中心位置：	//指定圆心位置 *A*
标注文字 =80	//系统显示所标注的半径值
指定尺寸线位置或[多行文字(M)/文字(T)/角度(A)]：	
	//确定尺寸线位置 *B*
指定折弯位置 .	//确定折弯位置 *C*，如图 4-4-2 所示

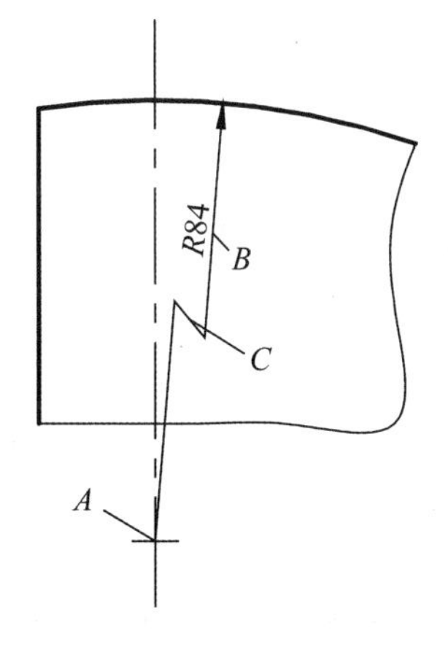

图 **4-4-2** 折弯标注

实践活动

活动：完成连接杆尺寸的标注，结果如图 4-4-3 所示。

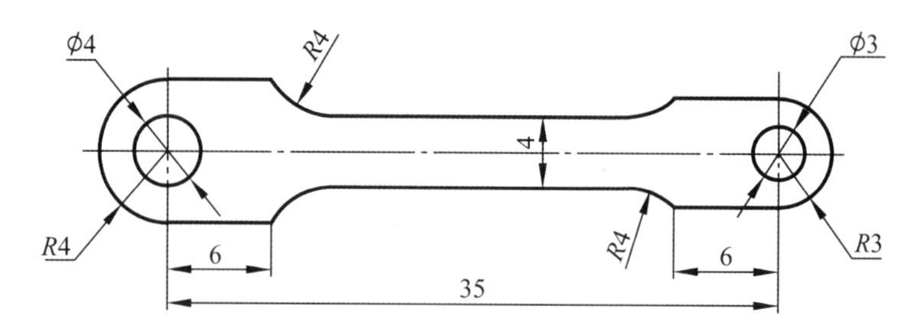

图 **4-4-3** 连接杆尺寸标注

步骤 1：标注线性尺寸。输入 DLI↙，依次完成各线性尺寸标注，结果如图 4-4-4 所示。

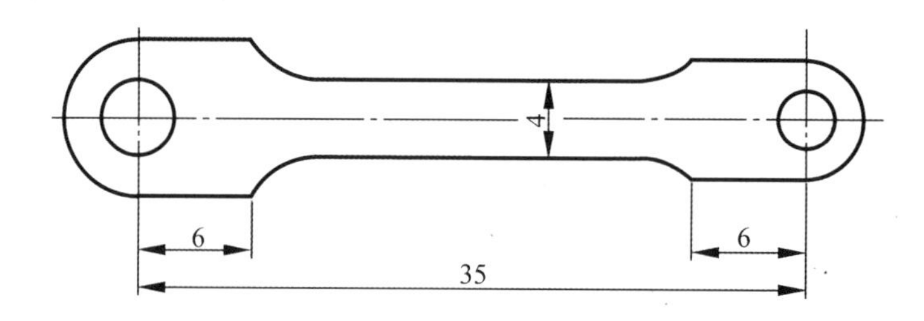

图 **4-4-4** 标注线性尺寸

步骤 2：标注直径尺寸。输入 DDI↙，完成直径尺寸标注，结果如图 4-4-5 所示。

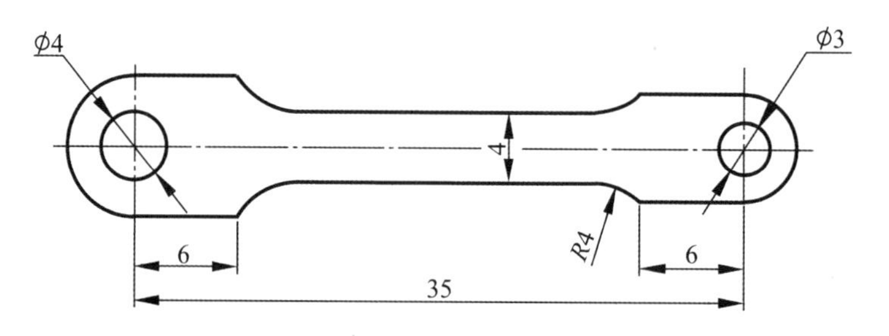

图 **4-4-5** 标注直径尺寸

步骤 3：标注半径尺寸。输入 DRA↙，完成各半径尺寸标注，结果如图 4-4-6 所示。

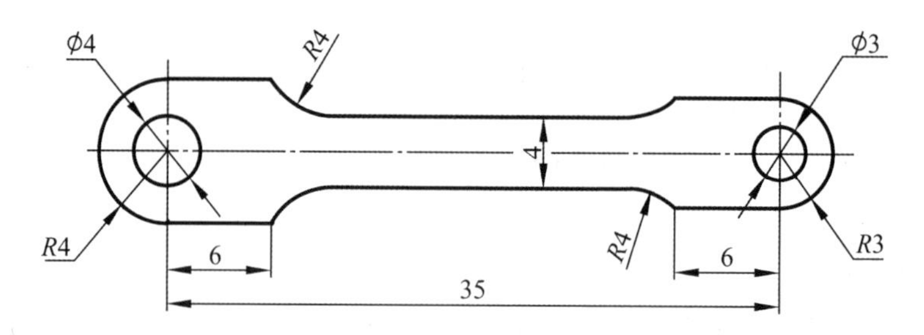

图 **4-4-6** 标注半径尺寸

专业对话

1. 折弯标注适用于什么情况？

2. 在学习过程中，哪部分内容你感觉比较难？

拓展活动

完成图 4-4-7 图形的尺寸标注。

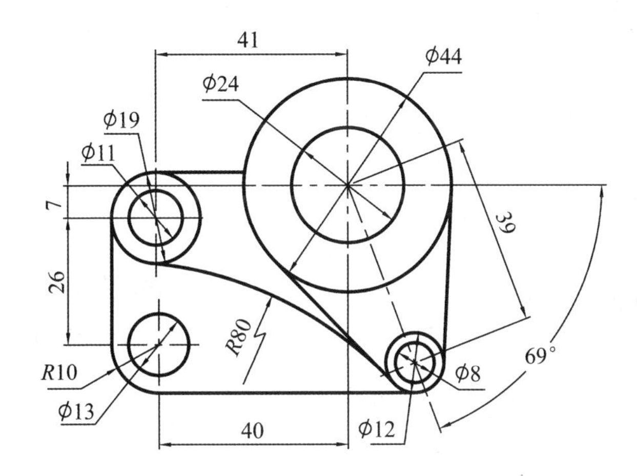

图 **4-4-7**　拓展活动

任务五　标注缺口销的尺寸

任务目标

1. 掌握尺寸标注的编辑方法。

2. 完成缺口销尺寸的标注。

学习活动

◇ 更改尺寸数字

1. 功能

更改系统所标注的尺寸数字，或在尺寸数字前加上前缀或后缀。

2. 命令的调用

(1)以线性标注为例，在标注尺寸生成的过程中采用以下方法。

命令：_dimlinear

指定第一条尺寸界线原点或 <选择对象>： //单击第一个端点

指定第二条尺寸界线原点：指定尺寸线位置或 //单击第二个端点

[多行文字(M)/文字(T)/角度(A)/水平(H)/垂直(V)/旋转(R)]：m //输入 m，打开多行文字编辑器，在此更改尺寸数字或添加前缀和后缀

指定尺寸线位置或[多行文字(M)/文字(T)/角度(A)/水平(H)/垂直(V)/旋转(R)]： //完成后确定文字位置即可

(2)在标注完成后，采用的方法。

命令：_ddedit //执行修改命令

选择注释对象或 [放弃(U)]： //选择要修改的尺寸

常见几个符号的代码见表 4-5-1 所示。

表 4-5-1 常见的几个符号的代码

名称	符号	代码
直径符号	ϕ	%%c
正、负号	±	%%p
度数符号	°	%%d

扫一扫：观看更改尺寸数字的学习视频。

3. 应用

【例 4-5-1】应用方法 1 标注图 4-5-1 的尺寸。

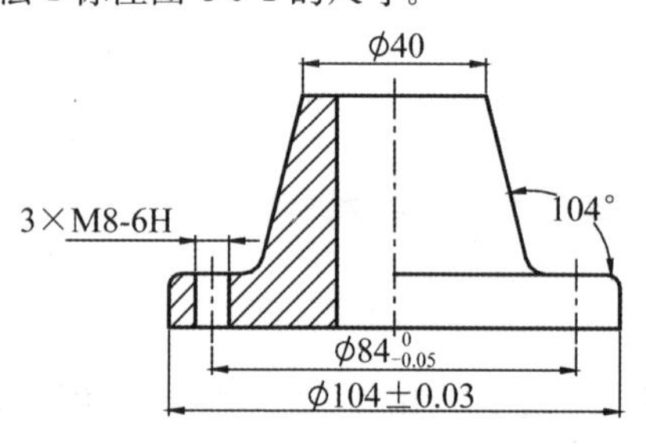

图 4-5-1 标注尺寸

(1)标注$\phi 40$。

命令：_dimlinear

指定第一条尺寸界线原点或＜选择对象＞：　　//捕捉第一点

指定第二条尺寸界线原点：　　//捕捉第二点

指定尺寸线位置或

[多行文字(M)/文字(T)/角度(A)/水平(H)/垂直(V)/旋转(R)]：m↙

//执行多行文字命令，在40前加入ϕ

(在打开的文本框中，在40前输入“%%c”，结果如图$\phi 40$所示。)

指定尺寸线位置或

[多行文字(M)/文字(T)/角度(A)/水平(H)/垂直(V)/旋转(R)]：

//确定尺寸放置位置

标注文字＝40　　//完成尺寸标注

(2)标注$\phi 84_{-0.05}^{0}$。

命令：_dimlinear

指定第一条尺寸界线原点或＜选择对象＞：　　//捕捉第一点

指定第二条尺寸界线原点：　　//捕捉第二点

指定尺寸线位置或

[多行文字(M)/文字(T)/角度(A)/水平(H)/垂直(V)/旋转(R)]：m↙

//执行多行文字命令

(在打开的文本框中，在84前输入“%%c”，在84后输入“0^−0.05”，即ϕ840^-0.05。再选中“0^−0.05”，点击堆叠按钮

，生成尺寸如图$\phi 84_{-0.05}^{0}$所示。)

指定尺寸线位置或

[多行文字(M)/文字(T)/角度(A)/水平(H)/垂直(V)/旋转(R)]：

//确定尺寸放置位置

标注文字＝84　　//完成尺寸标注

(3)标注φ104±0.03。

```
命令：_dimlinear
指定第一条尺寸界线原点或＜选择对象＞：        //捕捉第一点
指定第二条尺寸界线原点：                      //捕捉第二点
指定尺寸线位置或
[多行文字(M)/文字(T)/角度(A)/水平(H)/垂直(V)/旋转(R)]：m↙
                                              //执行多行文字命令
(在打开的文本框中，在 104 前输入“%%c”，在 84 后输入“%%p0.03”，
即Ø104±0.03。)
指定尺寸线位置或
[多行文字(M)/文字(T)/角度(A)/水平(H)/垂直(V)/旋转(R)]：
                                              //确定尺寸放置位置
标注文字＝104                                 //完成尺寸标注
```

(4)标注 3×M8-6H。

```
命令：_dimlinear
指定第一条尺寸界线原点或＜选择对象＞：  //捕捉第一点
指定第二条尺寸界线原点：                //捕捉第二点
指定尺寸线位置或
[多行文字(M)/文字(T)/角度(A)/水平(H)/垂直(V)/旋转(R)]：m↙
                                        //执行多行文字命令
(在打开的文本框中，在 8 前输入“3×M”，在 8 后输入“－6H”，即3xM8-6H。)
指定尺寸线位置或
[多行文字(M)/文字(T)/角度(A)/水平(H)/垂直(V)/旋转(R)]：
                                        //确定尺寸放置位置
标注文字＝8                             //完成尺寸标注
```

(5)标注 104°。

请读者自行标注。

【例 4-5-2】应用方法 2 修改图 4-5-2 的尺寸。

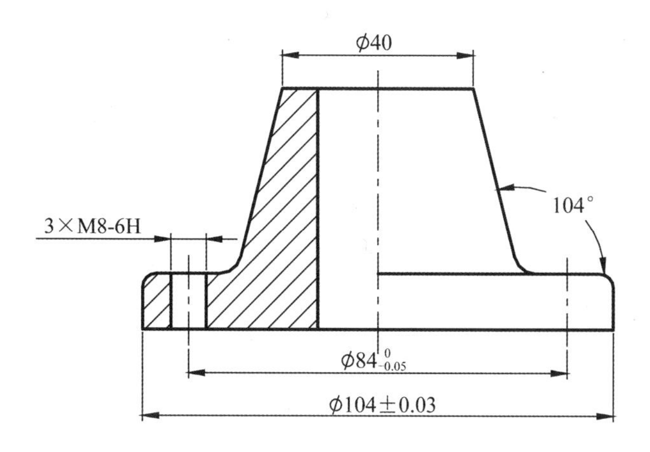

图 4-5-2　修改尺寸

命令：_ddedit

选择注释对象或［放弃(U)］://选择尺寸 40，弹出文本框，在 40 前输入“%%c”，单击“确定”

选择注释对象或［放弃(U)］://选择尺寸 8，弹出文本框，在 8 前输入“3×M”，在 8 后输入“－6H”，单击“确定”

选择注释对象或［放弃(U)］://选择尺寸 84，弹出文本框，在 84 前输入“%%c”，在 84 后输入“0^ －0.05”，单击“确定”

选择注释对象或［放弃(U)］://选择尺寸 104，弹出文本框，在 104 前输入“%%c”，在 104 后输入“±0.03”，单击“确定”

选择注释对象或［放弃(U)］://按 Enter 键结束命令

◇ 倾斜尺寸界线

1. 功能

更改系统所标注的尺寸界线倾斜角度。

2. 命令的调用

命令行：DIMEDIT(缩写：DED)；

菜　单：标注→倾斜；

图　标："注释"工具栏→"标注"→ 。

3. 格式

```
命令：_dimedit                                            //执行编辑标注命令
输入标注编辑类型[默认(H)/新建(N)/旋转(R)/倾斜(O)]<默认>:o↙
                                                          //选择倾斜尺寸界线命令
选择对象：找到 1 个                                        //选择需要编辑的尺寸
选择对象：                                                //按 Enter 键结束选择
输入倾斜角度（按 ENTER 表示无）:60↙                        //输入尺寸界线的倾斜角度,结果
                                                            如图 4-5-3 所示
```

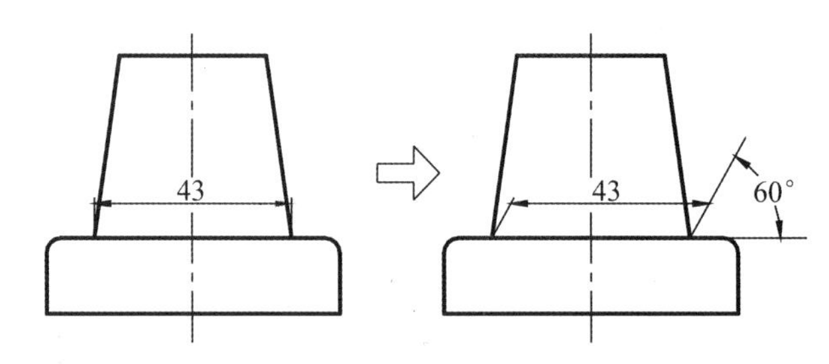

图 **4-5-3**　更改尺寸界线倾斜角度

尺寸界线倾斜角度：与直线在 AutoCAD 中的角度定义一致，指的是尺寸界线与 X 轴正方向的夹角。

4. 应用

此命令在标注轴测图的尺寸时用得较多。

【例 4-5-3】修改图 4-5-4 标注尺寸。

分析：图中两个尺寸的尺寸界线与 X 轴正方向的夹角均为 30°，如图 4-5-5 所示。故修改尺寸界线倾斜角度输入 30°即可。

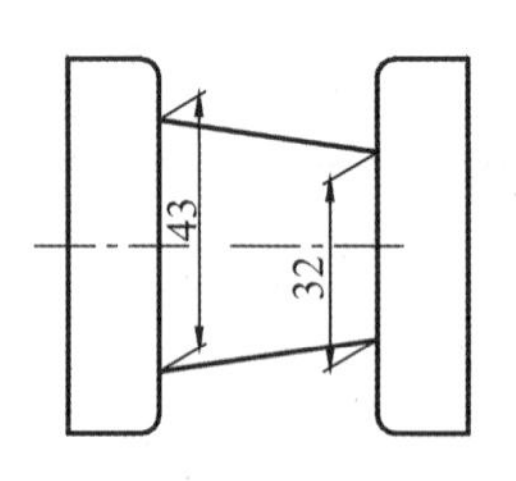

图 **4-5-4**　修改尺寸界线

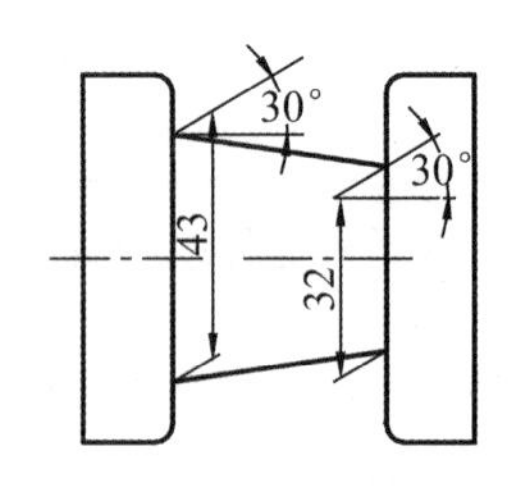

图 **4-5-5**　尺寸界线角度

命令：_dimedit

输入标注编辑类型［默认(H)/新建(N)/旋转(R)/倾斜(O)］＜默认＞：o↙

选择对象：找到 1 个

选择对象：找到 1 个，总计 2 个　　　　//选择尺寸 43 和 32 一起编辑

选择对象：　　　　//输入倾斜角度 30，按 Enter 键确认，完成尺寸编辑

输入倾斜角度（按 ENTER 表示无）：30↙

实践活动

完成缺口销的尺寸标注，结果如图 4-5-6 所示。

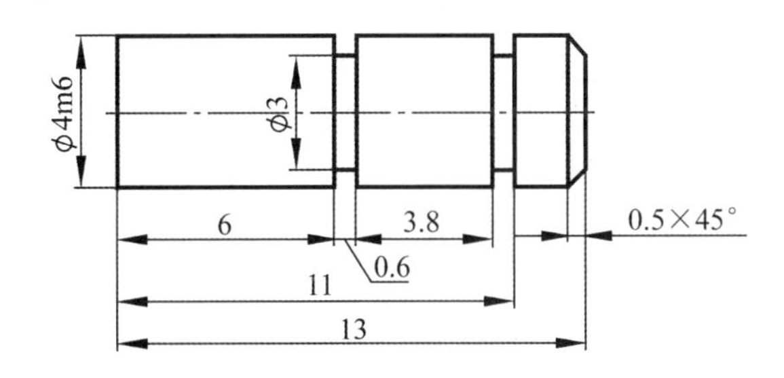

图 **4-5-6**　缺口销尺寸标注

步骤 1：标注线性尺寸。输入 DLI↙，依次完成各线性尺寸标注，结果如图 4-5-7 所示。

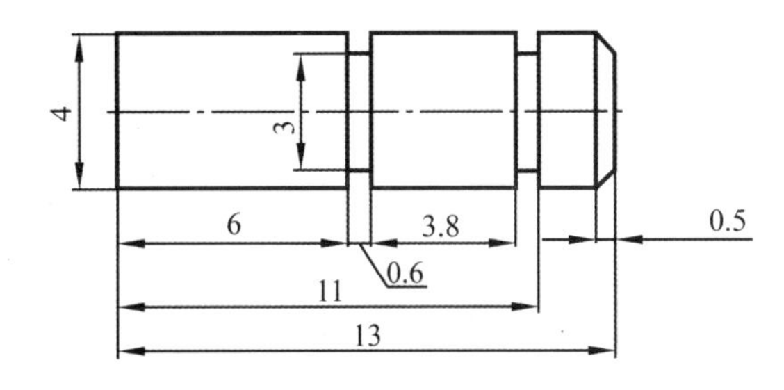

图 **4-5-7**　标注线性尺寸

步骤 2：双击尺寸“4”，弹出多行文字编辑器，在“4”前面输入“%%c”，在后面输入“m6”，生成尺寸“φ4m6”。

步骤 3：双击尺寸“3”，弹出多行文字编辑器，在“3”前面输入“%%c”，生成尺寸“φ3”。

步骤 4：双击尺寸“0.5”，弹出多行文字编辑器，在“0.5”后面输入“×45°”，生成尺寸“0.5×45°”，结果如图 4-5-6 所示。

专业对话

1. 尺寸的上下偏差中间用什么符号连接？
2. 说出常用的三个特殊符号的代码。

拓展活动

完成如图 4-5-8 所示图形的尺寸标注。

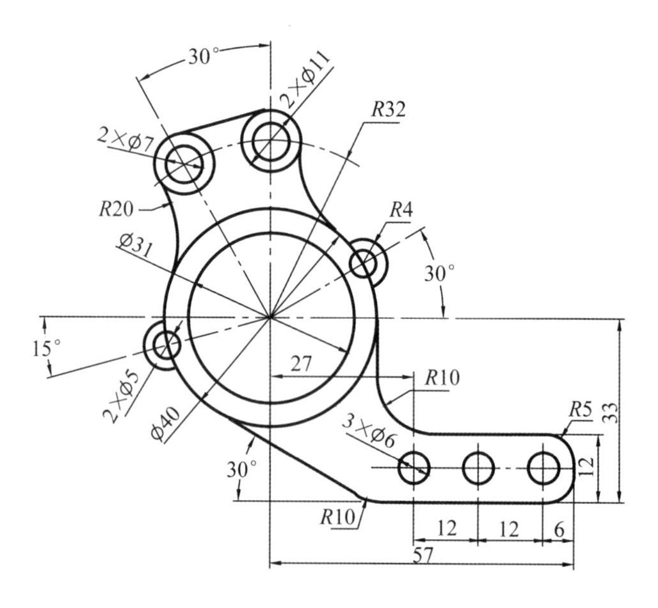

图 **4-5-8** 拓展活动

任务六 绘制偏心气缸摆动轮

任务目标

1. 掌握表面结构代号的创建方法。
2. 完成偏心气缸摆动轮的绘制并标注尺寸与表面结构代号。

学习活动

◇ 表面结构符号、代号

国标 GB/T131—2006 规定了零件表面结构符号、代号。常见的表面结构符号、代号见表 4-6-1。

表 4-6-1　表面结构符号、代号

符号	说明	代号	意义
√	基本符号，表示表面可用任何方法获得	√Ra 3.2	用任何方法获得的表面结构。Ra 上限值为 3.2 μm
	表示表面用去除材料的方法获得，如车、铣、刨、磨等	Ra 3.2	用去除材料的方法获得的表面结构。Ra 上限值为 3.2 μm
	表示表面用不去除材料的方法获得，如铸造、锻造等	Ra 3.2	用不去除材料的方法获得的表面结构。Ra 上限值为 3.2 μm

◇ 表面结构标注要求

(1)表面结构一般注写在可见轮廓线、尺寸线、引出线或它们的延长线上。

(2)符号的尖端必须从材料外指向表面，同时保证代号中的数字方向与尺寸数字方向一致(向上或向左)。

(3)当零件的大部分表面具有相同的表面结构时，对其中使用最多的一种代号可以统一注写在图样的右上角，并加注“其余”两字。

(4)当零件所有表面具有相同的表面结构要求时，其代号可在图样的右上角统一标注。如 Ra 3.2，表示零件上所有表面的结构要求均为 3.2 μm。

◇ AutoCAD 中表面结构代号标注方法

在 AutoCAD 中，用创建带属性的块来标注表面结构代号。

1. 功能

同一符号，不同数值的表面结构代号可用带属性的块来进行快速标注。

2. 命令的调用

(1)定义属性。

命令行：ATTDEF(缩写：ATT)；

菜　单：绘图→块→定义属性；

图　标："插入"子菜单下"块定义"面板。

(2)创建块。

命令行：BLOCK(缩写：B)；

菜　单：绘图→块→创建；

图　标："插入"子菜单下"块定义"面板。

(3)插入块。

命令行：INSERT(缩写：I)；

菜　单：插入→块；

图　标："插入"子菜单下"块"面板插入。

3. 说明

进行创建块前，先画出表面结构的符号，然后定义属性，最后创建块。

4. 创建带属性的块

下面介绍具体步骤。

步骤 1：绘制表面结构符号与轮廓算术平均偏差符号 *Ra*：*Ra*；

根据 GB/T131-2006 相关规定，表面结构代号画法如图 4-6-1 所示。

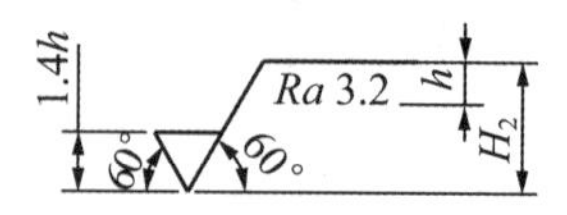

图 **4-6-1**　表面结构代号画法

当字高为 h 时，符号的线宽 $b=0.1h$；H_2(最小值)$=3h$，取决于标注的内容。

步骤 2：定义属性。输入命令 att↙，执行后打开对话框，进行设置，如图 4-6-2 所示。

图 **4-6-2**　属性定义

单击“确定”，将“A. A”放在 *Ra* 的右侧(可用移动命令调整)，如图 4-6-3 所示。

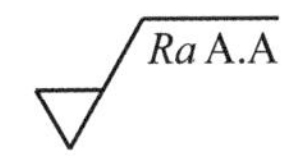

图 **4-6-3**　表面结构代号

步骤 3：创建块。输入命令 b↙，执行命令后打开如图 4-6-4(a)所示对话框。

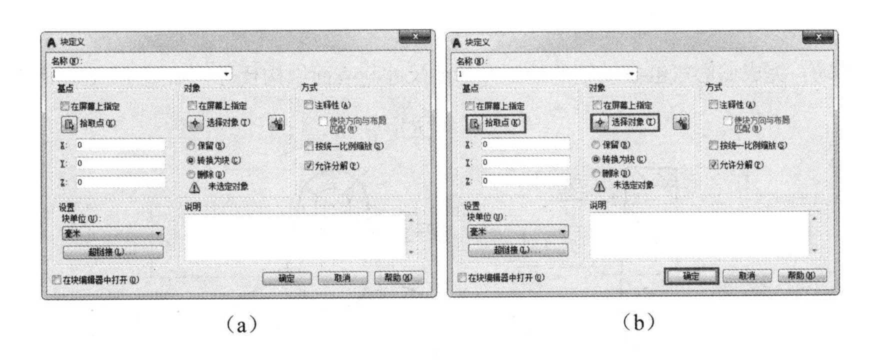

图 **4-6-4**　块定义

①在“名称”文本框输入新块的名称：1。

②在“基点”选项处，单击“拾取点”按钮，在屏幕上选择符号的尖点作为基点，

如图 4-6-5 所示。

③在“对象”选项处，单击“选择对象”按钮，在屏幕上选取 Ra A.A 。

单击“确定”，出现如图 4-6-6 所示的对话框。

图 4-6-5　选择基点

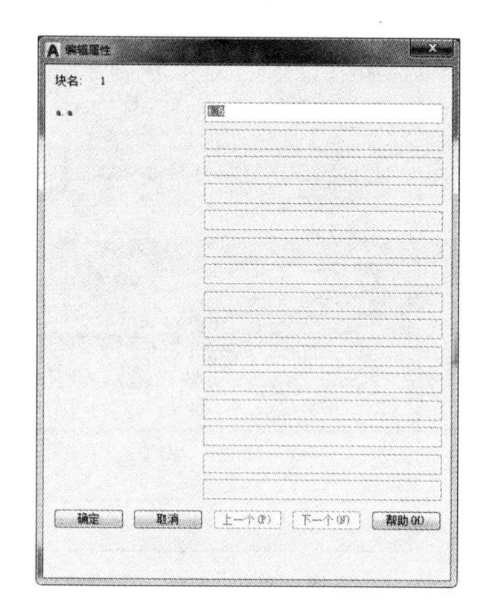

图 4-6-6　编辑属性对话框

单击“确定”即可生成块 1，如图 4-6-7 所示。

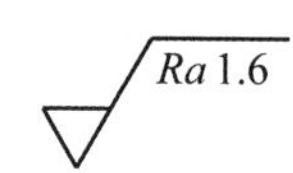

图 4-6-7　块“1”

扫一扫：观看表面结构符号的绘制的学习视频。

实践活动

活动：完成偏心气缸摆动轮的绘制并标注尺寸与表面结构代号，如图 4-6-8 所示。

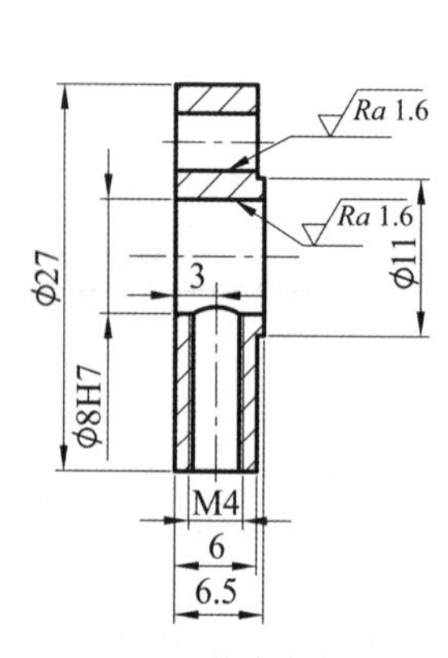

图 4-6-8　偏心气缸摆动轮

1. 绘制偏心气缸摆动轮

步骤 1：设置图层与对象捕捉，如图 4-6-9 所示。

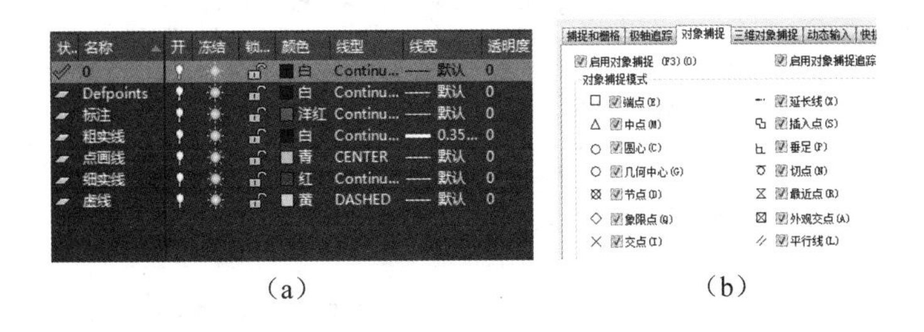

（a）　　　　　　　　（b）

图 **4-6-9**　设置图层和设置对象捕捉

步骤 2：在绘图区按 1∶1 绘制图形。利用前面所学的绘图方法绘制图形，注意将不同的线型放在不同的图层上，如图 4-6-10 所示。

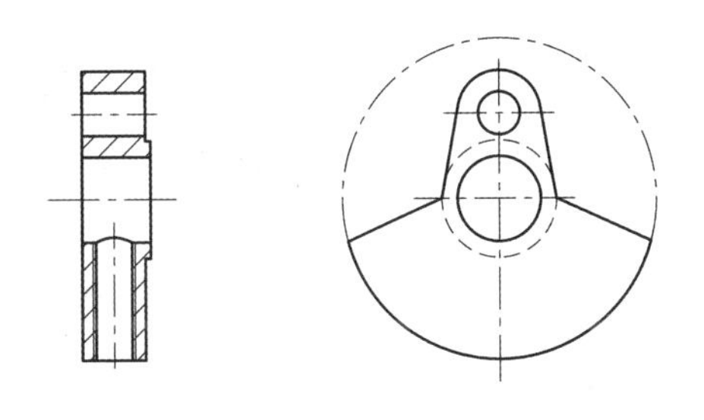

图 **4-6-10**　绘制图形

2. 标注尺寸

步骤 1：设置尺寸文字样式。尺寸文字样式如图 4-6-11 所示。样式名为尺寸数字，字体为 gbeitc. shx，高度为 1. 8，宽度因子为 1。

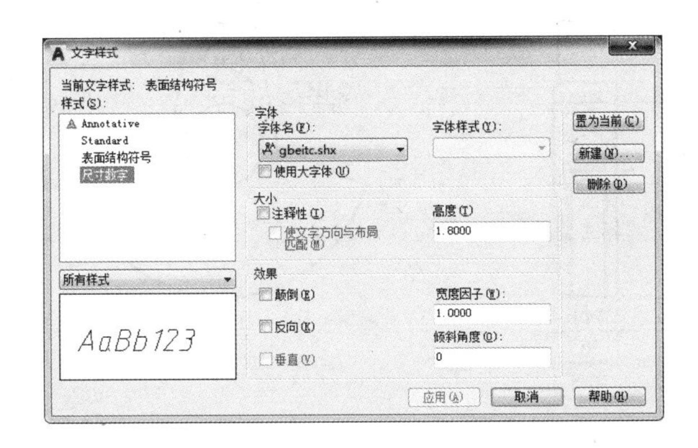

图 **4-6-11**　尺寸文字样式

步骤 2：设置尺寸标注样式如表 4-6-2 所示。

表 **4-6-2** 尺寸标注样式

标注	设置	图示
一般标注	“线”设置	超出尺寸线(X): 1.25 起点偏移量(F): 0.625
	“符号和箭头”设置	箭头大小(I): 1.8
	“文字”设置	文字样式(Y): 尺寸数字 文字对齐(A) ◎ 水平 ◉ 与尺寸线对齐 ◎ ISO 标准
	“调整”设置	调整选项(F) 如果尺寸界线之间没有足够的空间来放置文字和箭头，那么首先从尺寸界线中移出: ◎ 文字或箭头 (最佳效果) ◉ 箭头 ◎ 文字 ◎ 文字和箭头 ◎ 文字始终保持在尺寸界线之间
	“主单位”设置	小数分隔符(C): “.”(句点) 比例因子(E): 1
调整标注	“调整”设置	优化(T) ☑ 手动放置文字(P)

步骤 3：标注尺寸。标注、编辑尺寸，如图 4-6-12 所示。

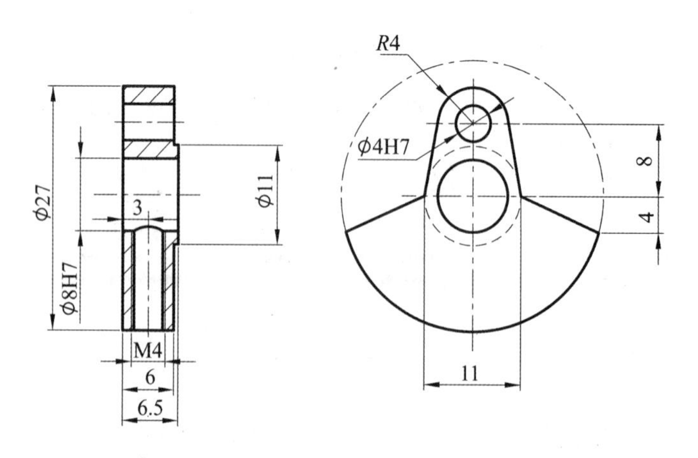

图 **4-6-12** 编辑尺寸

3. 标注表面结构代号

步骤 1：在ϕ8H7 圆柱孔内表面和ϕ4H7 圆柱孔内表面分别使用“LE”命令拉出两条引线。

步骤 2：标注 ϕ 8H7 圆柱孔内表面和 ϕ 4H7 圆柱孔内表面表面结构代号 Ra 1.6 。

在命令行输入 i↙，弹出“插入”对话框，选择块名 1，并选择在屏幕上指定位置旋转复选框“☑在屏幕上指定(C)”。单击“确定”按钮，将表面结构代号移动到引线上方适当位置，按 Enter 键确定方向为 0°，弹出“编辑属性”对话框，单击“确定”，结果如图 4-6-13 所示。重复操作完成两个表面结构代号的标注。

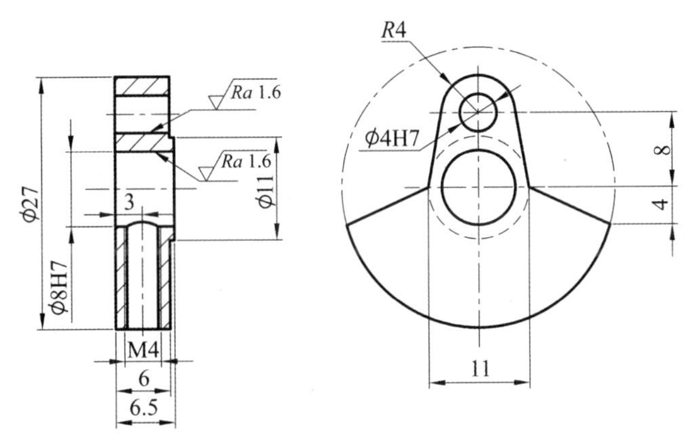

图 **4-6-13**　标注表面结构代号

引线命令为 LE，可由指定位置引出一条带箭头的折弯引线，其内容将在下一任务中进行详细介绍。

专业对话

1. 表面结构代号的绘制有哪几个步骤？

2. 当零件所有表面具有相同的表面结构要求时，表面结构代号如何表达？

拓展活动

完成图 4-6-14 图形的绘制并标注尺寸与表面结构代号。

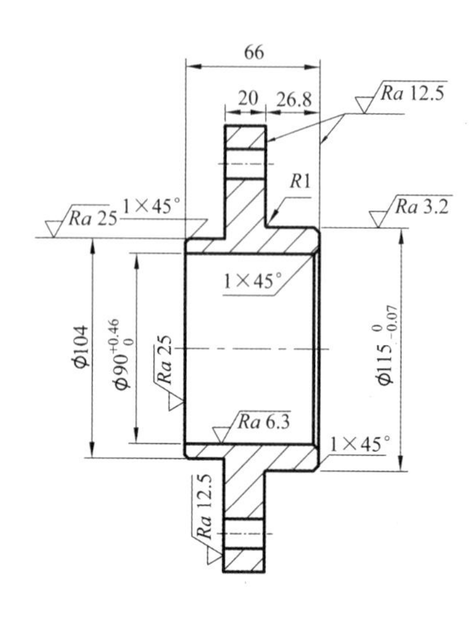

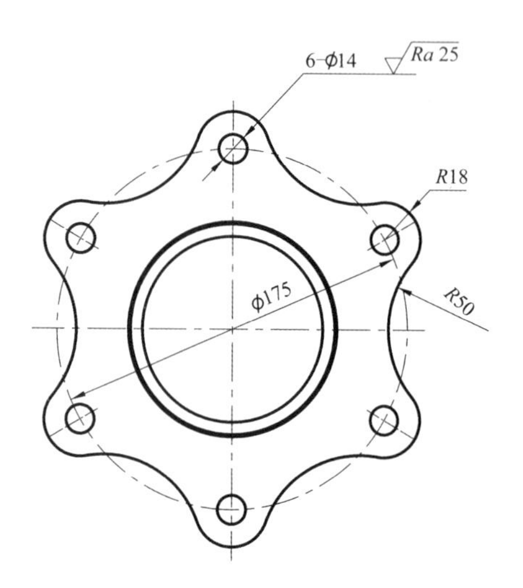

图 4-6-14 拓展活动

任务七 绘制偏心气缸差动杆

任务目标

1. 掌握剖切符号的画法。

2. 掌握几何公差代号及其基准符号的标注方法。

3. 完成偏心气缸差动杆的绘制并标注尺寸与几何公差等技术要求。

学习活动

◇ 多段线

多段线可以理解成两端带有宽度的直线。

1. 命令的调用

命令行：PLINE(缩写：PL)；

菜 单：绘图→多段线；

图 标："绘图"面板。

2. 格式

```
命令：pl↙
指定起点：                                  //输入起点
指定下一个点或[圆弧(A)/半宽(H)/              //输入宽度选项"W"
长度(L)/放弃(U)/宽度(W)]：
指定起点宽度<0.0000>：                      //输入起点宽度
指定端点宽度<0.5000>：                      //输入端点宽度
指定下一个点或[圆弧(A)/半宽(H)/              //输入端点
长度(L)/放弃(U)/宽度(W)]：
指定下一个点或[圆弧(A)/半宽(H)/              //按 Esc 键结束命令
长度(L)/放弃(U)/宽度(W)]：
```

多段线与粗实线相比，在没有开启“线宽”功能的情况下，依然保持设定的宽度不变。

◇ 几何公差（形位公差）

1. 几何公差项目符号

为了统一在零件的设计、加工和检测等过程中对几何公差的认识和要求，国家规定了几何公差标准。在 GB/T 1182-2008 之前的标准中，几何公差又叫做形位公差。现在介绍 GB/T 1182-2008 的相关内容。

标准规定形状、方向、位置、跳动公差共有 19 个项目，其中，形状公差 6 个项目，方向公差 5 个项目，位置公差 6 个项目，跳动公差 2 个项目。各项目的名称和符号见表 4-7-1。

表 4-7-1 几何公差项目符号

公差类型	几何特征	符号	基准要求
形状公差	直线度	—	无
	平面度	⏥	无
	圆度	○	无
	圆柱度	⌭	无
	线轮廓度	⌒	无
	面轮廓度	⌓	无

续表

公差类型	几何特征	符号	基准要求
方向公差	平行度	//	有
	垂直度	⊥	有
	倾斜度	∠	有
	线轮廓度	⌒	有
	面轮廓度	⌓	有
位置公差	位置度	⌖	有或无
	同心度 (用于中心点)	◎	有
	同轴度 (用于轴线)	◎	有
	对称度	⌯	有
	线轮廓度	⌒	有
	面轮廓度	⌓	有
跳动公差	圆跳动	↗	有
	全跳动	⌰	有

2. 几何公差代号

(1)几何公差代号。由指引线、框格、几何公差项目符号、几何公差值、基准字母和其他符号组成，如图4-7-1所示。

(2)基准符号。对有位置公差要求的零件，在图样上必须标明基准。基准用一个大写字母标注在基准方格内，与一个涂黑的或者空白的正三角形相连以表示基准，涂黑的与空白的基准三角形含义相同，如图4-7-2所示。当字高为h时，符号及字体的线宽$b=0.1h$，$H=2h$。

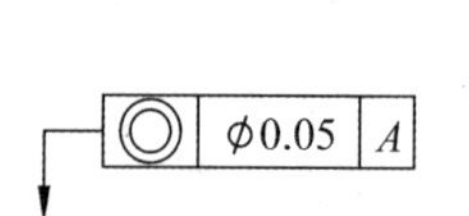

图 4-7-1 几何公差代号

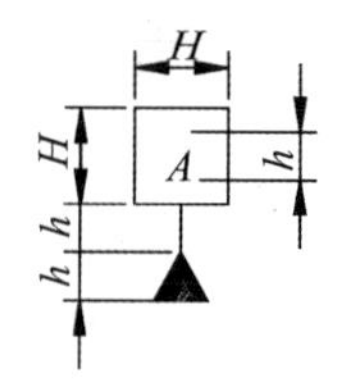

图 4-7-2 基准符号

无论基准符号在图样中的方向如何，基准方格内的字母都应水平书写。为了避免误解，基准字母不得采用 *E*、*I*、*J*、*M*、*O*、*P*、*L*、*R*、*F*。当字母不够用时可加脚注，如 A1、*A*2 等。

3. 几何公差的标注要求(见表 4-7-2)

表 **4-7-2**　几何公差的标注要求

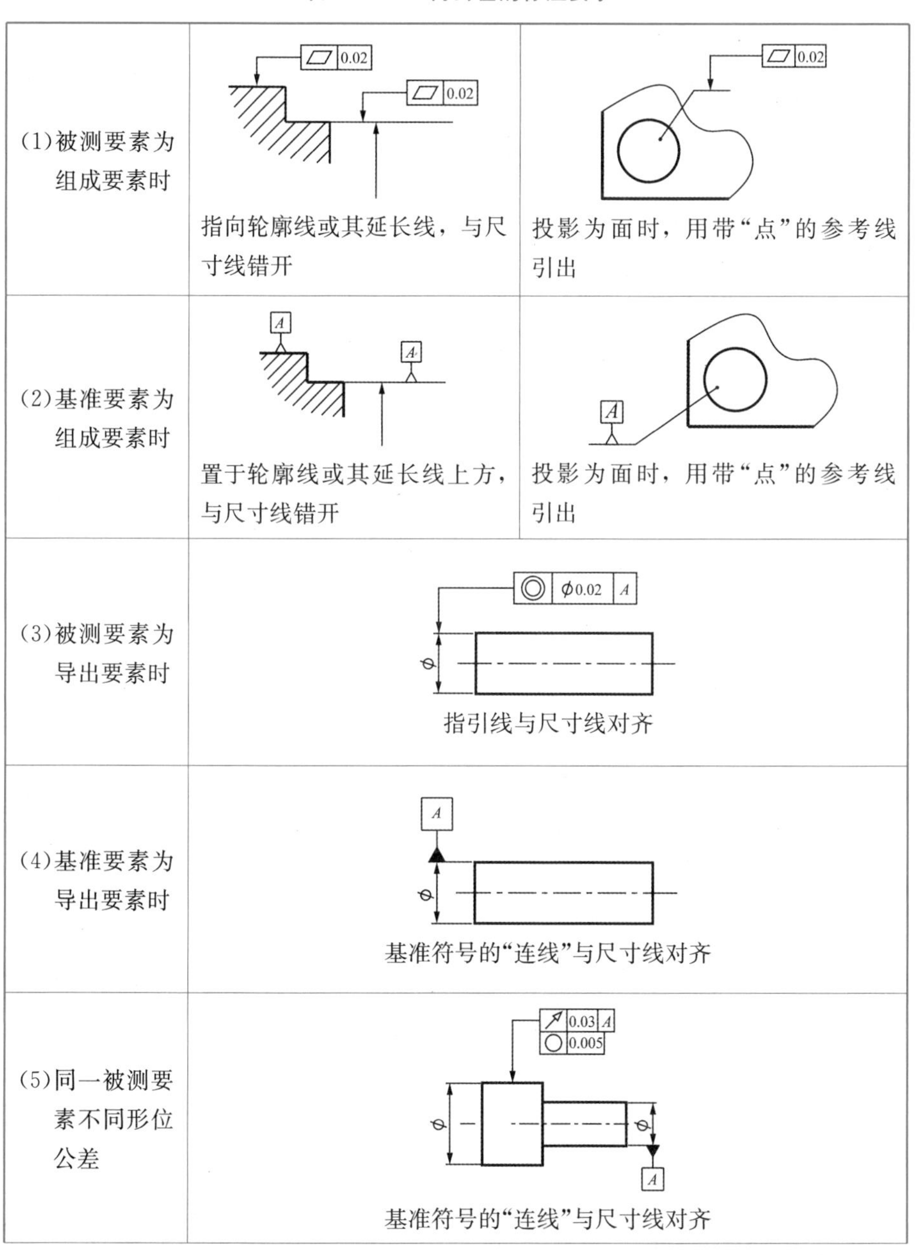

(1)被测要素为组成要素时	指向轮廓线或其延长线，与尺寸线错开	投影为面时，用带“点”的参考线引出
(2)基准要素为组成要素时	置于轮廓线或其延长线上方，与尺寸线错开	投影为面时，用带“点”的参考线引出
(3)被测要素为导出要素时	指引线与尺寸线对齐	
(4)基准要素为导出要素时	基准符号的“连线”与尺寸线对齐	
(5)同一被测要素不同形位公差	基准符号的“连线”与尺寸线对齐	

续表

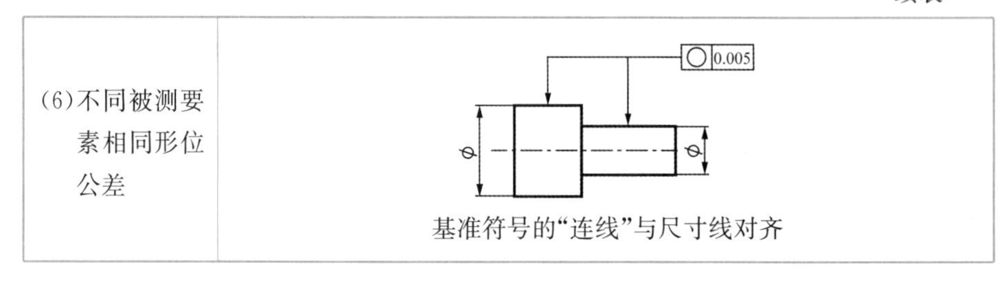

(6)不同被测要素相同形位公差	基准符号的"连线"与尺寸线对齐

◇ 几何公差在 AutoCAD 中的标注方法

在 AutoCAD 中，几何公差代号的标注有对应的命令。

1. 命令的调用

(1)指引线部分：用引线命令 Qleader(缩写：LE)。

(2)公差框格部分：用公差命令 Tolerance(缩写：TOL)。

操作时，可将两者连起来，方法如下。

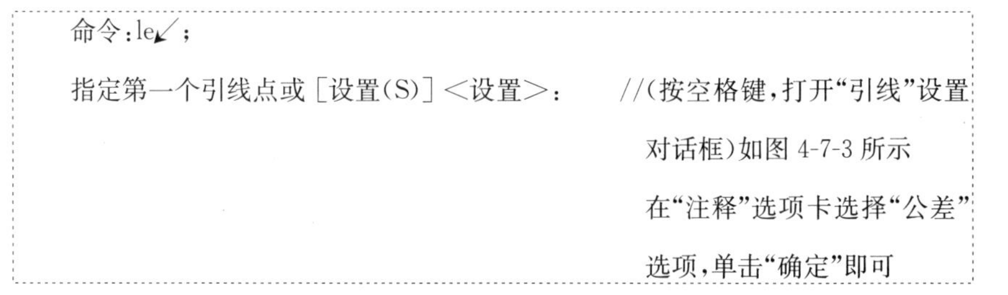

命令：le↙；

指定第一个引线点或 [设置(S)] <设置>：　//(按空格键，打开"引线"设置对话框)如图 4-7-3 所示
在"注释"选项卡选择"公差"选项，单击"确定"即可

图 4-7-3　"引线设置"对话框

2. 说明

点数：在"引线设置"对话框的"引线和箭头"选项中，可设置公差引线的转折数，

如图 4-7-4 所示。

图 4-7-5 所示公差引线转折数为 3。图 4-7-6 所示公差引线转折数为 2。

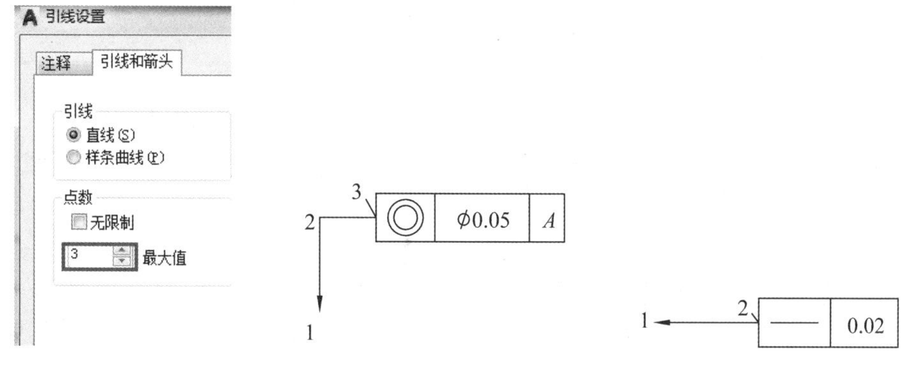

图 4-7-4　引线设置　　　图 4-7-5　点数为 3　　　图 4-7-6　点数为 2

在 AutoCAD 软件中，沿用了几何公差的原名形位公差。

“形位公差”对话框如图 4-7-7 所示。

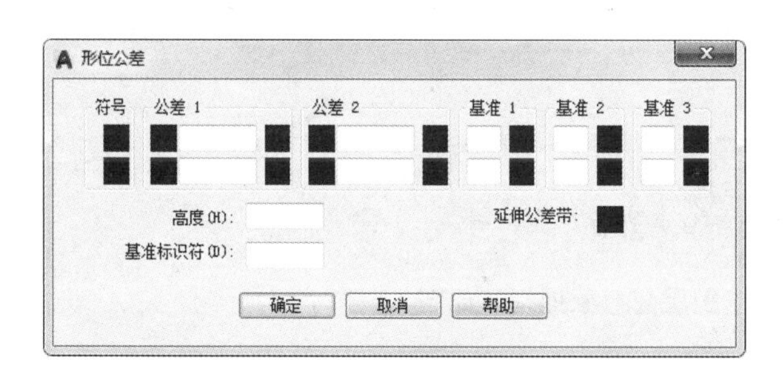

图 4-7-7　“形位公差”对话框

“符号”选项组：单击“符号”下方的黑框格，打开图 4-7-8 所示的“特征符号”对话框，在该对话框里选择需要的几何公差项目符号。

“公差 1”“公差 2”选项组：在中间的白色文本框中输入公差值，当公差值有符号“φ”时，点击前面的黑框格。当公差值后有附加条件时，点击后面的黑框格，打开图 4-7-9所示的“附加符号”对话框，选择相应的符号即可。如果只有一个公差，则填一项即可。

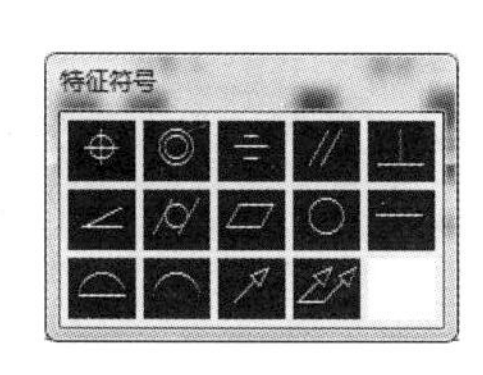

图 4-7-8　特征符号　　　图 4-7-9　附加符号

“基准 1”“基准 2”“基准 3”选项组：有基准的公差，在白色文本框输入基准字母。当有附加条件时，点击后面的黑框格，也将打开如图 4-7-9 所示的“附加符号”对话框。

扫一扫

扫一扫：观看形位公差的标注的学习视频。

实践活动

活动：完成偏心气缸差动杆的绘制并标注尺寸与几何公差等技术要求，如图 4-7-10 所示。

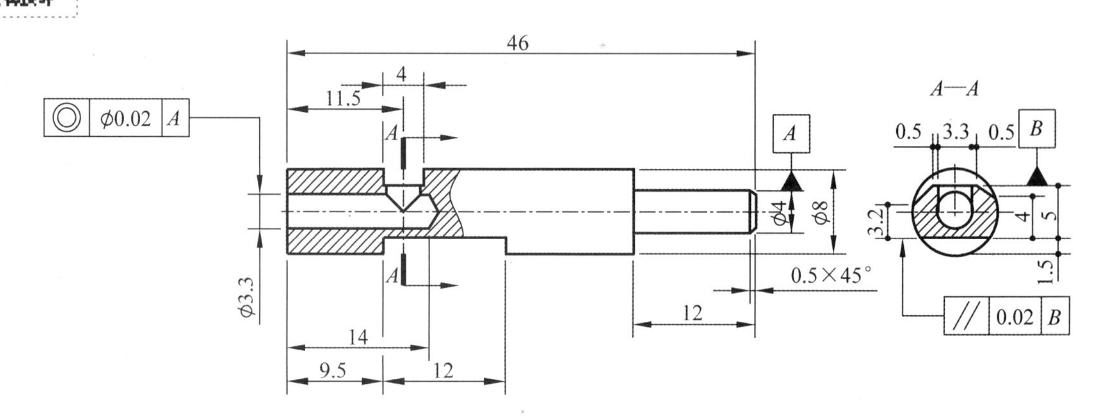

图 **4-7-10**　偏心气缸差动杆

1. 绘制偏心气缸差动杆

步骤 1：设置图层与对象捕捉，如图 4-7-11 所示。

状..	名称	开	冻结	锁..	颜色	线型	线宽	透明度
✓	0				白	Continu...	默认	0
	Defpoints				白	Continu...	默认	0
	标注				洋红	Continu...	默认	0
	粗实线				白	Continu...	0.35...	0
	点画线				青	CENTER	默认	0
	细实线				红	Continu...	默认	0
	虚线				黄	DASHED	默认	0

（a）设置图层

（b）设置对象捕捉

图 **4-7-11**　设置图层和设置对象捕捉

步骤 2：在绘图区按 1∶1 绘制图形。利用前面所学的绘图方法绘制图形，注意将不同的线型放在不同的图层上，如图 4-7-12 所示。

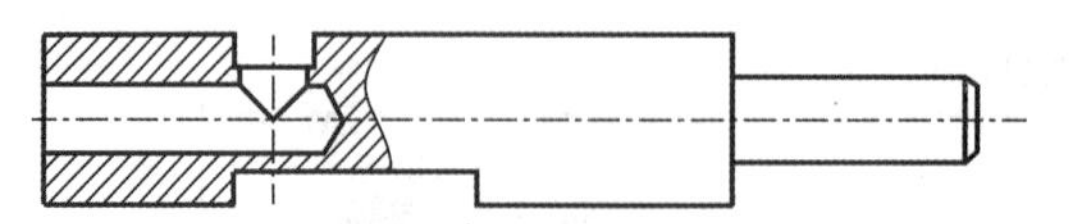

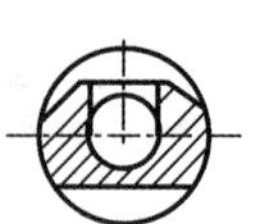

图 **4-7-12**　绘制图形

2. 标注尺寸

步骤 1：设置尺寸文字样式。尺寸文字样式如图 4-7-13 所示。样式名为尺寸数字，字体为 gbeitc. shx，高度为 1. 8，宽度因子为 1。

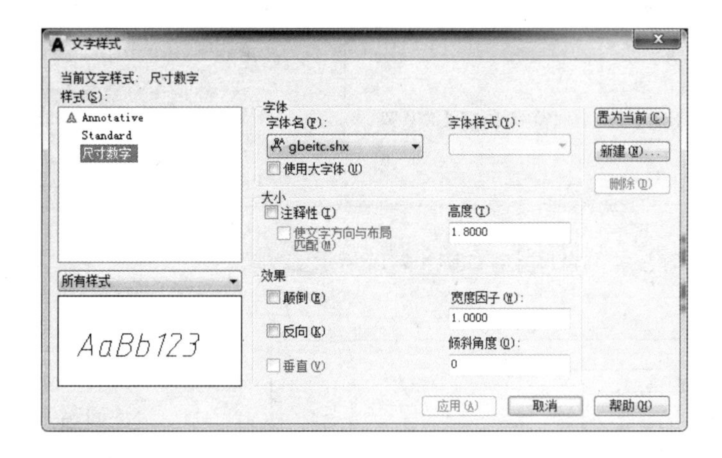

图 **4-7-13**　尺寸文字样式

步骤 2：设置尺寸标注样式如表 4-7-3 所示。

表 **4-7-3**　尺寸标注样式

标注	设置	图示
一般标注	“线”设置	超出尺寸线(X)：1.25 起点偏移量(F)：0.625
	“符号和箭头”设置	箭头大小(I)： 2.1
	“文字”设置	文字样式(Y)：尺寸数字 文字对齐(A) 水平 与尺寸线对齐 ISO 标准
	“调整”设置	调整选项(F) 如果尺寸界线之间没有足够的空间来放置文字和箭头，那么首先从尺寸界线中移出： 文字或箭头（最佳效果） 箭头 文字 文字和箭头 文字始终保持在尺寸界线之间

续表

标注	设置	图示
一般标注	“主单位”设置	小数分隔符(C): “.”(句点) 比例因子(E): 1
小点箭头标注	“符号和箭头”设置	箭头 第一个(I): ● 小点 第二个(D): ● 小点 引线(L): ▶实心闭合

步骤 3：标注、编辑尺寸，如图 4-7-14 所示。

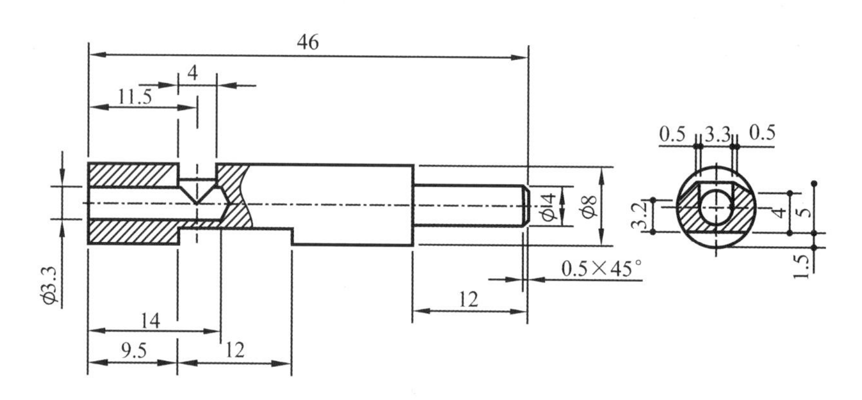

图 **4-7-14** 编辑尺寸

3. 标注几何公差、剖切符号

步骤 1：标注几何公差。注意几何公差代号和基准符号摆放的位置，结果如图 4-7-15 所示。

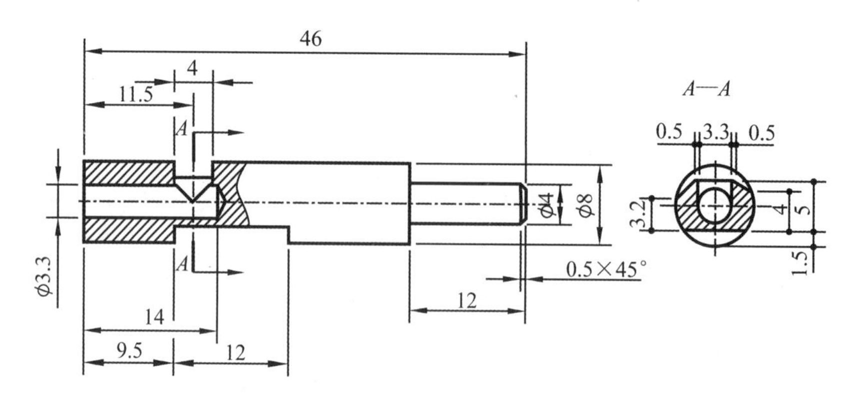

图 **4-7-15** 标注几何公差

步骤 2：标注剖切符号。运用多段线命令绘制剖切符号的粗线部分，运用引线命令绘制剖切符号的箭头部分，运用文本命令输入字母“A、A-A”，结果如图 4-7-16 所示。

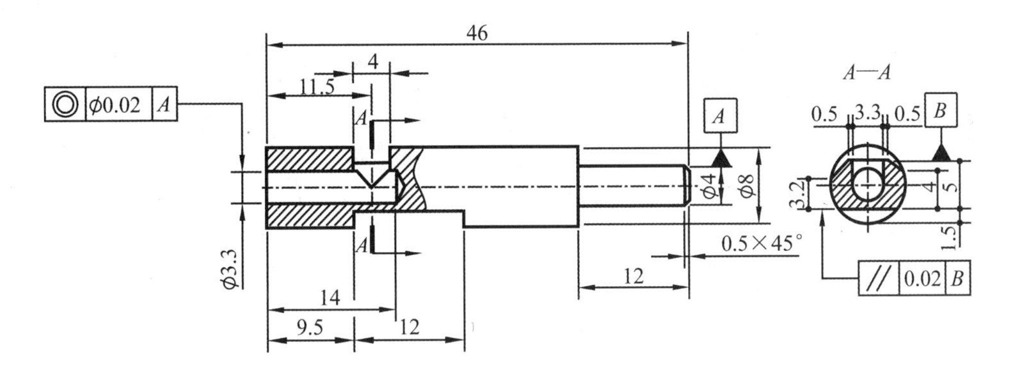

图 4-7-16　标注剖切符号

专业对话

1. 多段线命令与直线命令有何区别？

2. 几何公差代号标注时，被测要素分别为导出要素和组成要素时，应该注意什么？

拓展活动

如图 4-7-17 所示，完成图形的绘制并标注尺寸与几何公差等技术要求。

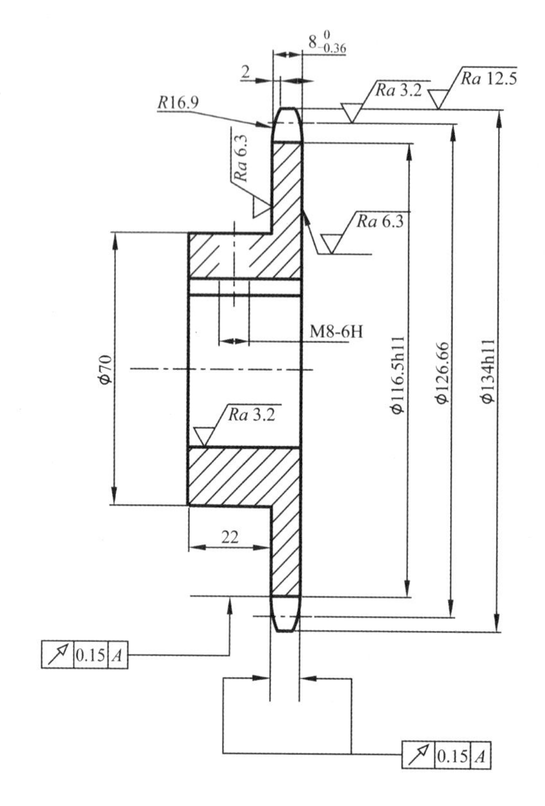

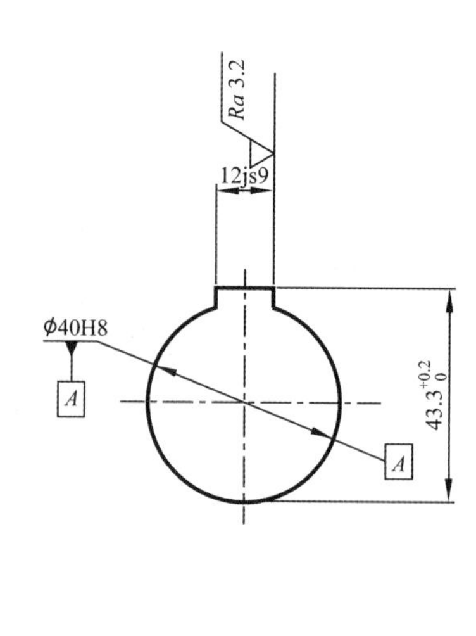

图 **4-7-17** 拓展活动

任务八 绘制偏心气缸缸架零件图

任务目标

1. 掌握零件图的组成部分。

2. 了解图幅、标题栏的画法。

3. 完成偏心气缸缸架零件图的绘制。

学习活动

◇ 图纸幅面及图框格式

为便于图样管理，图纸幅面的大小和格式必须遵循机械制图的有关规定。这里介绍 GB/T 14689-1993 中的规定。

1. 图纸的幅面有基本幅面和加长幅面之分

基本幅面有 5 种，如表 4-8-1 所示。

表 4-8-1 基本幅面及图框尺寸

<table>
<tr><th>代号</th><th>B×L</th><th>a</th><th>c</th><th>e</th></tr>
<tr><td>A0</td><td>841×1189</td><td rowspan="5">25</td><td rowspan="3">10</td><td rowspan="2">20</td></tr>
<tr><td>A1</td><td>594×841</td></tr>
<tr><td>A2</td><td>420×594</td><td rowspan="3">10</td></tr>
<tr><td>A3</td><td>297×420</td><td rowspan="2">5</td></tr>
<tr><td>A4</td><td>210×297</td></tr>
</table>

加长幅面的尺寸为基本幅面的短边成整数倍增加。如 A3×3 的尺寸为：420×(297×3)＝420×891。一般情况下优先选用基本幅面。

2. 图框格式

图框的线型为粗实线。图框有两种格式。

(1)留装订边。留装订边的图纸图框格式如图 4-8-1(a)(b)所示。

(2)不留装订边。不留装订边的图纸图框格式如图 4-8-1(c)(d)所示。同一产品的图样应采用同一格式。图框的尺寸如表 4-8-1 所示。

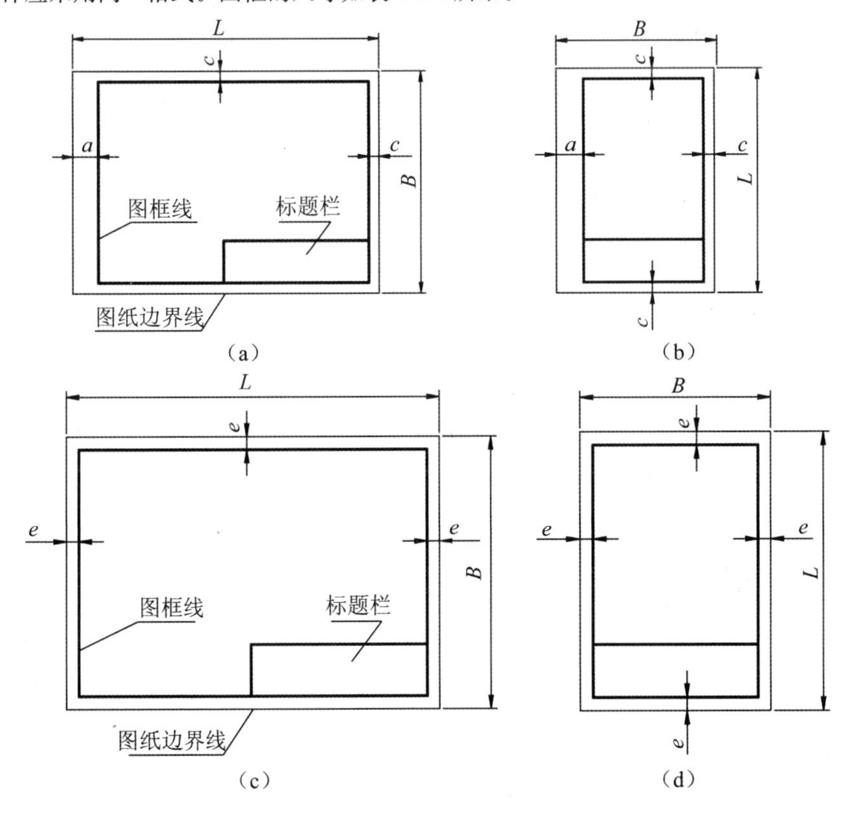

图 4-8-1 图框格式

◇ 标题栏

标题栏指示看图的方向，位于图纸的右下角。国家标准对标题栏的基本内容、尺寸与格式做了明确的规定。在机械制图作业中，常采用图 4-8-2 所示的简化格式。

标题栏四周的线为粗实线，内部线为细实线。

标题栏中文字的字体为仿宋体，宽度因子为 0.7。“零件名”“单位”栏文字高度为 5，其余各栏文字高度为 3.5。

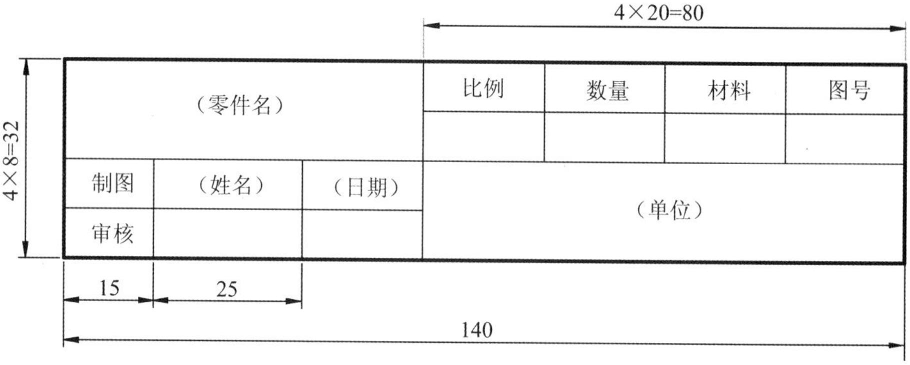

4×20=80

<table>
<tr><td colspan="3" rowspan="2">（零件名）</td><td>比例</td><td>数量</td><td>材料</td><td>图号</td></tr>
<tr><td></td><td></td><td></td><td></td></tr>
<tr><td>制图</td><td>（姓名）</td><td>（日期）</td><td colspan="4" rowspan="2">（单位）</td></tr>
<tr><td>审核</td><td></td><td></td></tr>
</table>

4×8=32

15　25

140

图 **4-8-2**　标题栏简化格式

◇ 比例

国家标准《技术制图比例》(GB/T 14690-1993)对技术图样的比例做了相关的规定。

1. 比例的概念

(1)比例：指图纸上的图形与其实物相应要素的线性尺寸之比。

(2)原值比例：比值为 1 的比例，即 1∶1。

(3)放大比例：比值大于 1 的比例，如 2∶1、5∶1 等。

(4)缩小比例：比值小于 1 的比例，如 1∶2、1∶5 等。

不论采用哪种比例，图形中所标注的尺寸数值必须是实物的实际大小，与图形的比例无关，如图 4-8-3 所示。

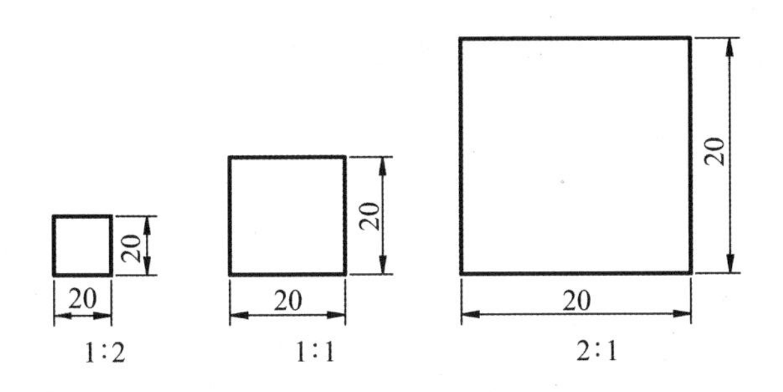

图 **4-8-3** 不同比例绘制的同一个图形

2. 比例系列

绘制图样时，应优先采用表 4-8-2 中规定的比例系列。

表 **4-8-2** 比例系数(一)

种类	比例		
原值比例	1∶1		
放大比例	5∶1 5×10*n*∶1	2∶1 2×10*n*∶1	 1×10*n*∶1
缩小比例	1∶2 1∶2×10*n*	1∶5 1∶5×10*n*	1∶10 1∶10×10*n*

注：*n* 为正整数。

必要时，也允许选取表 4-8-3 中的比例。

表 **4-8-3** 比例系数(二)

种类	比例				
放大比例	4∶1 4×10*n*∶1	2.5∶1 2.5×10*n*∶1			
缩小比例	1∶1.5 1∶1.5×10*n*	1∶2.5 1∶2.5×10*n*	1∶3 1∶3×10*n*	1∶4 1∶4×10*n*	1∶6 1∶6×10*n*

3. 选择比例的原则

(1)一般采用原值比例。

(2)当表达对象的尺寸较大时，采用缩小比例，但要保证复杂部位清晰可读。

(3)当表达对象的尺寸较小时，采用放大比例，使各部位清晰可读。

(4)尽量选用表 4-8-2 中的比例。由于表达对象的特点，必要时才选用表 4-8-3 中的比例。

(5)应结合图纸幅面的尺寸选择比例，综合考虑最佳的表达效果和图面的整体美感。

◇ 图幅、标题栏绘制

按留装订边的格式绘制 A3 幅面和标题栏。步骤如下：

步骤 1：用“rec”命令画出图纸边界线(420×297)，如图 4-8-4 所示。

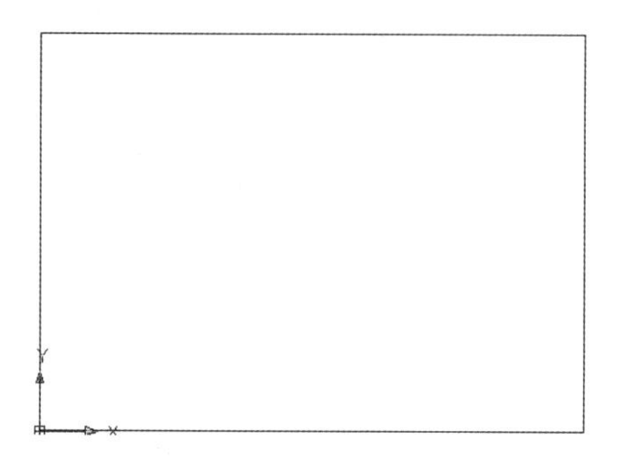

图 **4-8-4** 画图纸边界线

步骤 2：用“o”命令画出图框线(c=5)，如图 4-8-5 所示。

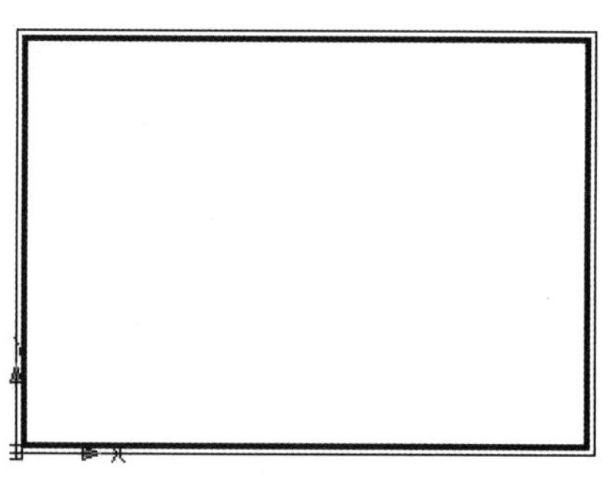

图 **4-8-5** 画图框线

步骤 3：用“x”“o”“tr”命令画出左边图框线(a=25)，如图 4-8-6 所示。

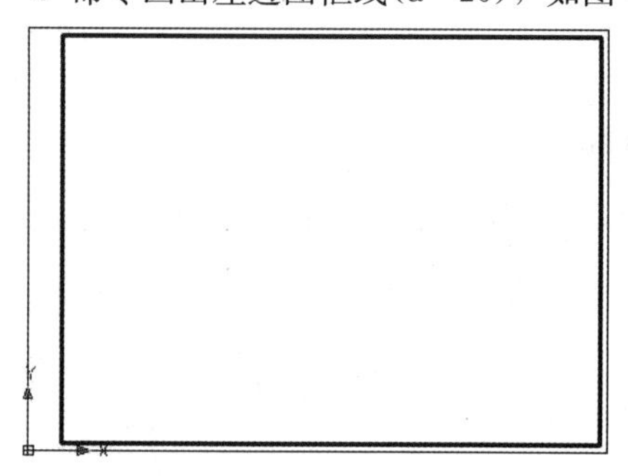

图 **4-8-6** 画左边图框线

步骤 4：用“rec”命令画出标题栏的边界线，如图 4-8-7 所示。

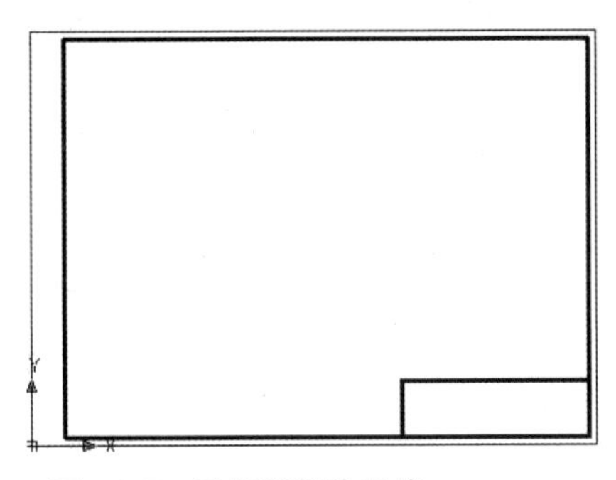

图 **4-8-7**　画标题栏边界线

步骤 5：用“x”“o”“tr”命令画出标题栏里面分隔线，如图 4-8-8 所示。

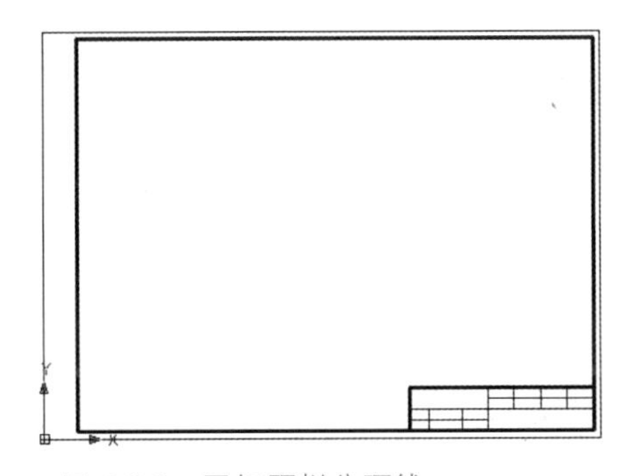

图 **4-8-8**　画标题栏分隔线

实践活动

绘制偏心气缸缸架的零件图，如图 4-8-9 所示。

步骤 1：设置图层等绘图环境。设置图层与设置对象捕捉，如图 4-8-10 所示。

步骤 2：在绘图区按 1∶1 绘制图形。利用前面所学的绘图方法绘制图形，注意将不同的线型放在不同的图层上，如图 4-8-11 所示。

步骤 3：绘制图幅和标题栏。绘制 A4 图框和标题栏，注意读图方向，如图 4-8-12 所示。

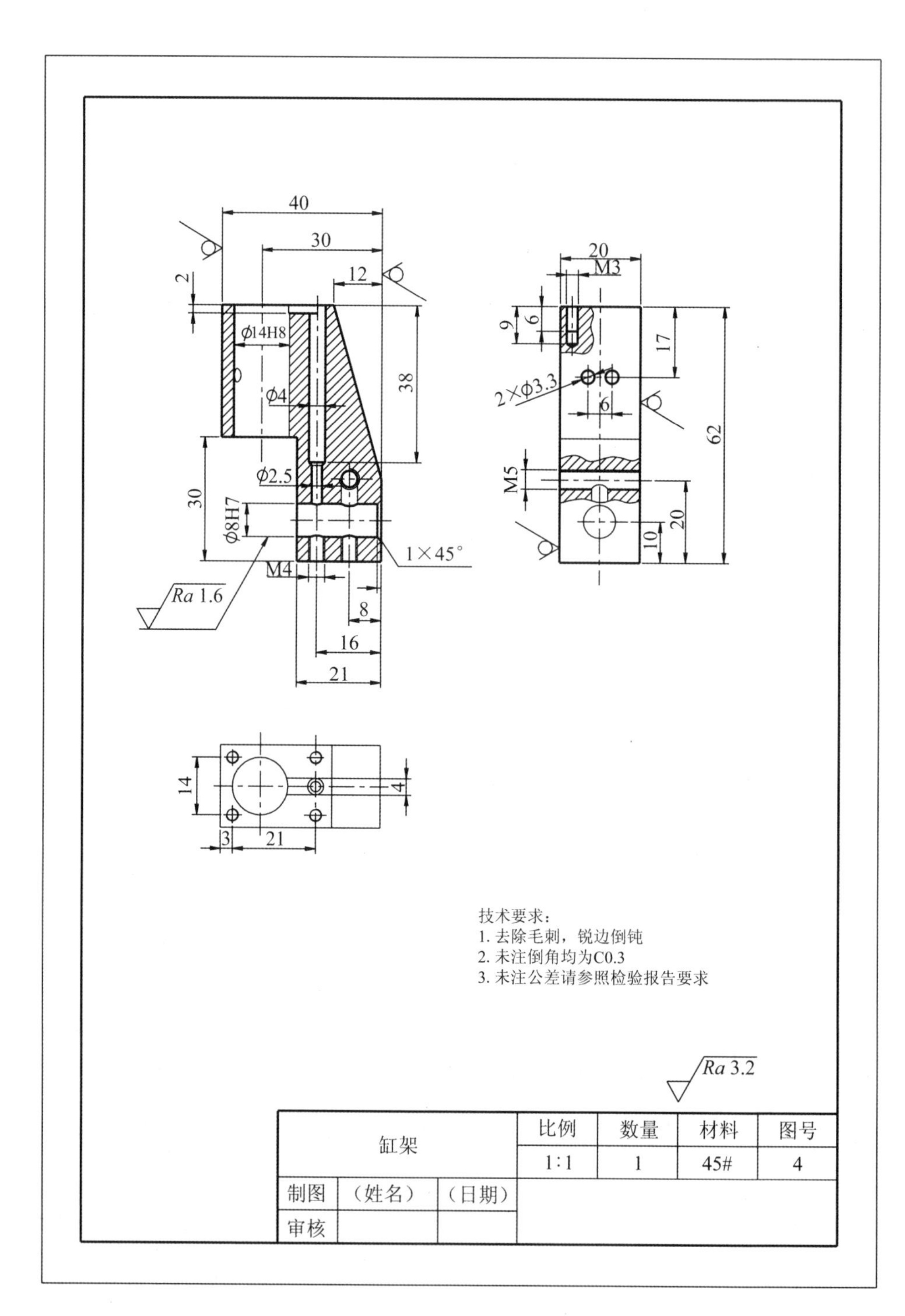

图 **4-8-9** 偏心气缸缸架零件图

（a）设置图层

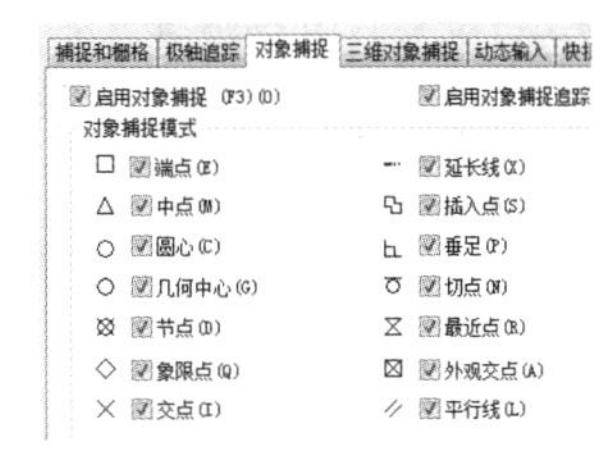

（b）设置对象捕捉

图 4-8-10　设置图层和设置对象捕捉

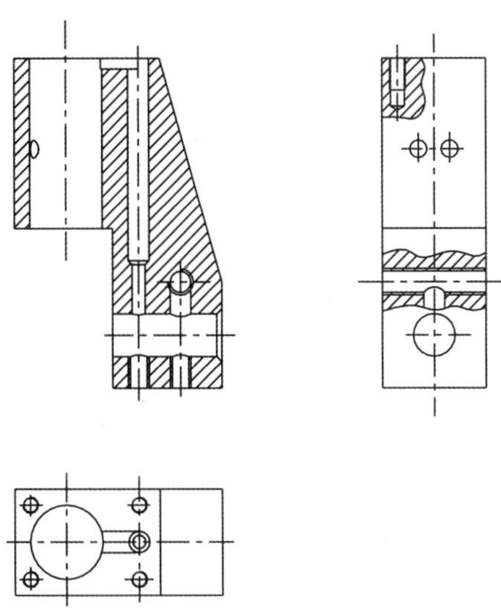

图 4-8-11　绘制图形

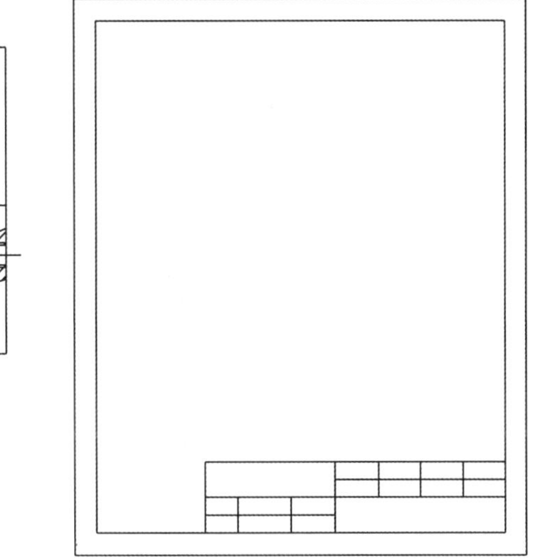

图 4-8-12　绘制图框和标题栏

步骤 4：设置尺寸文字样式。尺寸文字样式如图 4-8-13 所示。样式名为尺寸数字，字体为 gbeitc. shx，高度为 1. 8，宽度因子为 1。

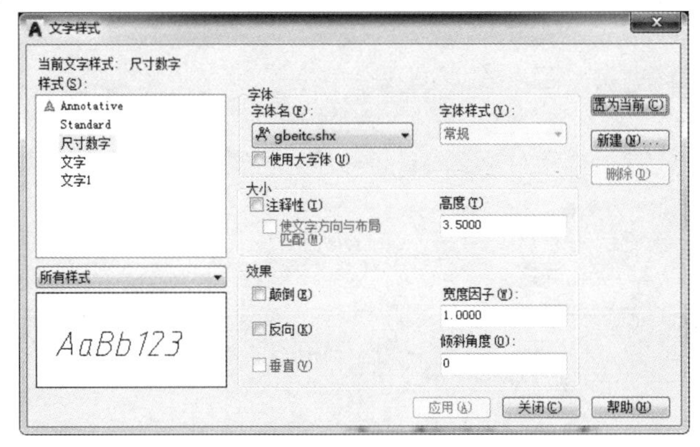

图 4-8-13　尺寸文字样式

步骤 5：设置尺寸标注样式，如表 4-8-4 所示。

表 4-8-4 尺寸标注样式

标注	设置	图示
一般标注	“线”设置	超出尺寸线(X): 1.25 起点偏移量(F): 0.625
	“符号和箭头”设置	箭头大小(I): 2.5
	“文字”设置	文字样式(Y): 尺寸数字 文字对齐(A) 水平 与尺寸线对齐 ISO 标准
	“调整”设置	调整选项(F) 如果尺寸界线之间没有足够的空间来放置文字和箭头，那么首先从尺寸界线中移出: 文字或箭头（最佳效果） 箭头 文字 文字和箭头 文字始终保持在尺寸界线之间 若箭头不能放在尺寸界线内，则将其消除
	“主单位”设置	小数分隔符(C): “.”（句点） 比例因子(E): 1

步骤 6：标注、编辑尺寸，如图 4-8-14 所示。

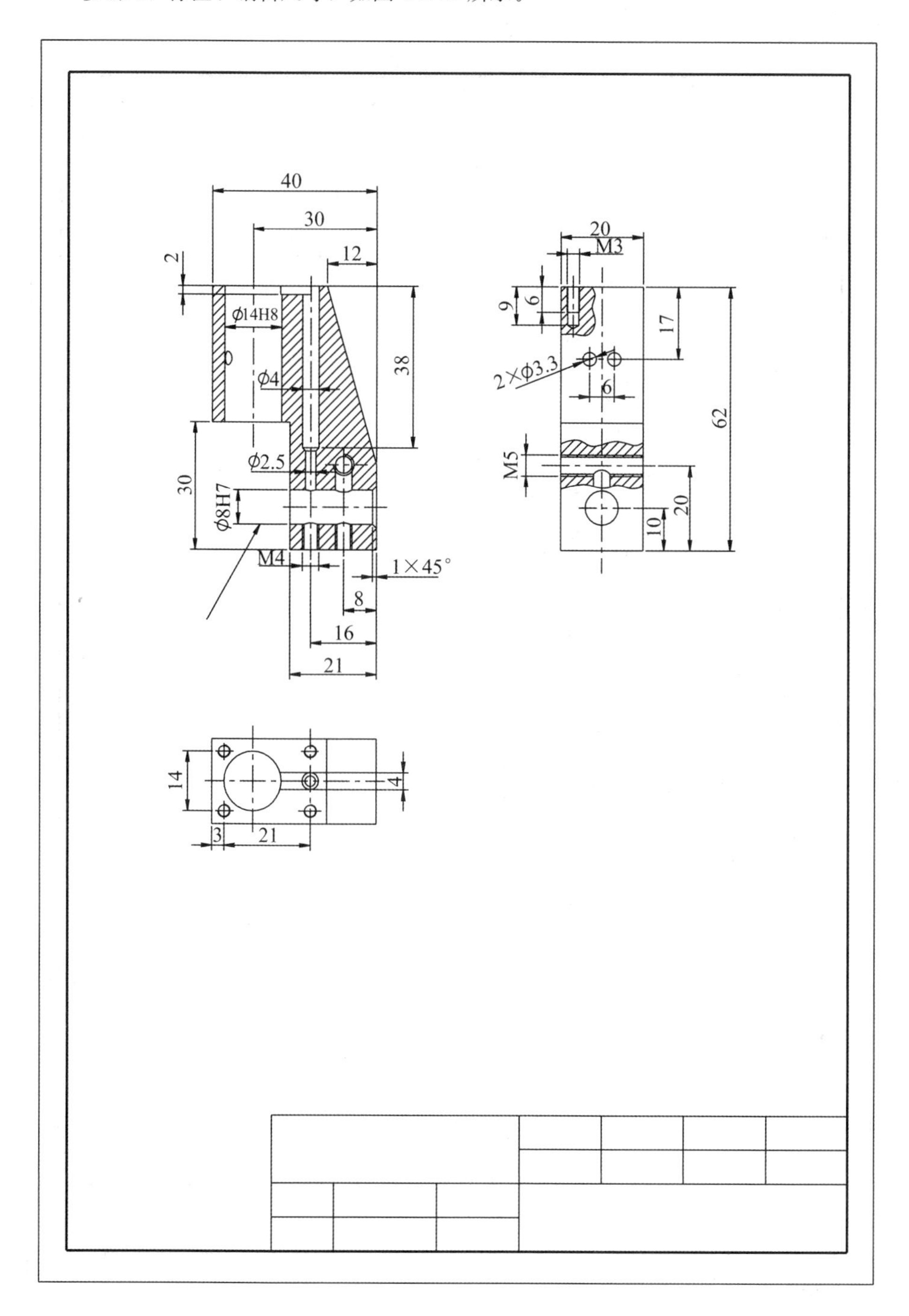

图 4-8-14　编辑尺寸

步骤 7：标注表面结构要求，如图 4-8-15 所示。

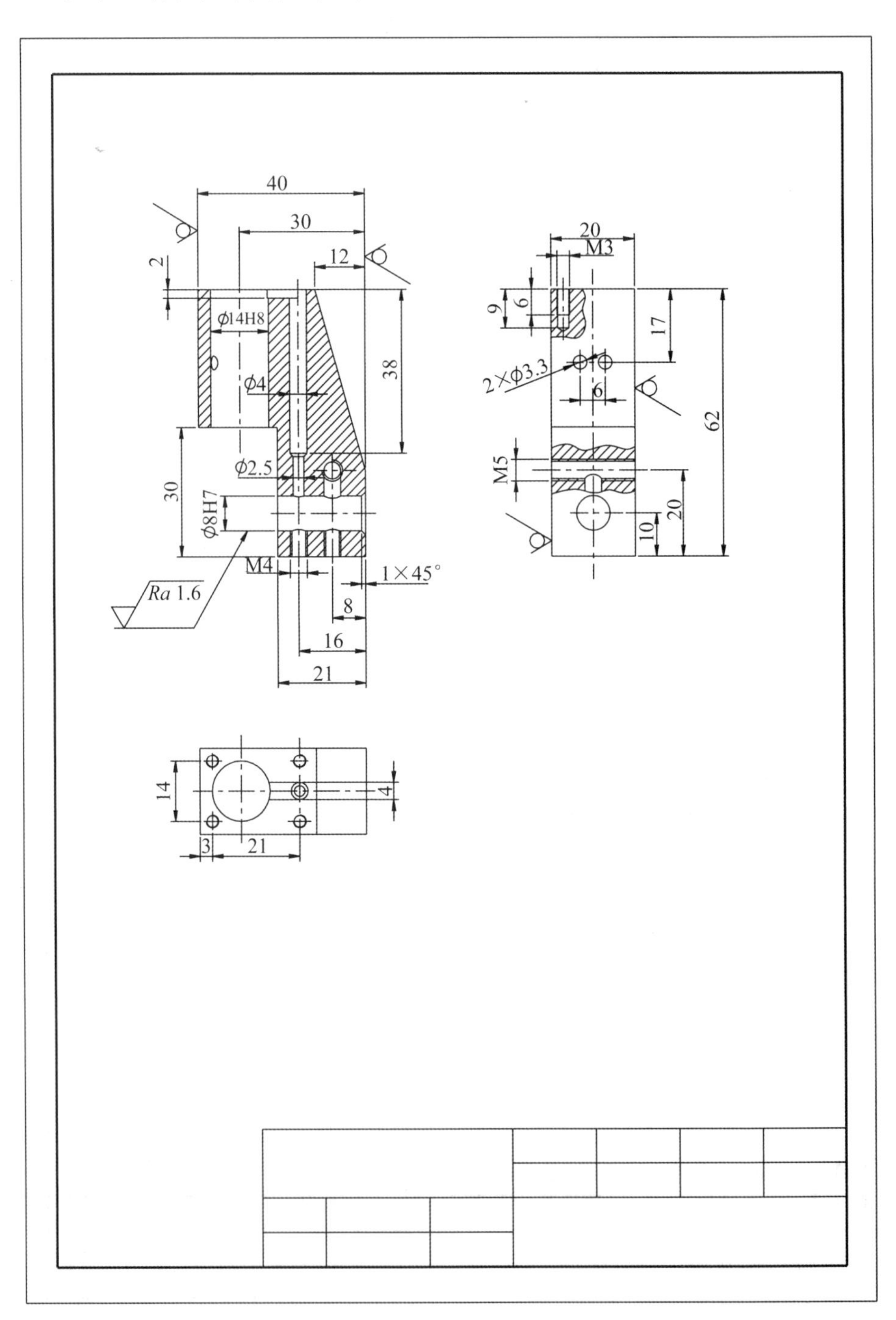

图 4-8-15 标注表面结构要求

步骤 8：填写标题栏、技术要求。

样式名：文字。字体为仿宋体，高度为 5，宽度因子为 0.7，应用于“零件名”“单位”栏。

样式名：文字。字体为仿宋体，高度为 3.5，宽度因子为 0.7，应用于其余各栏与技术要求，结果如图 4-8-9 所示。

专业对话

1. 零件图由哪几部分组成？

2. 零件图的图幅如何选择，有哪些注意点？

拓展活动

如图 4-8-16 所示，完成图形的绘制并标注尺寸与几何公差等技术要求。

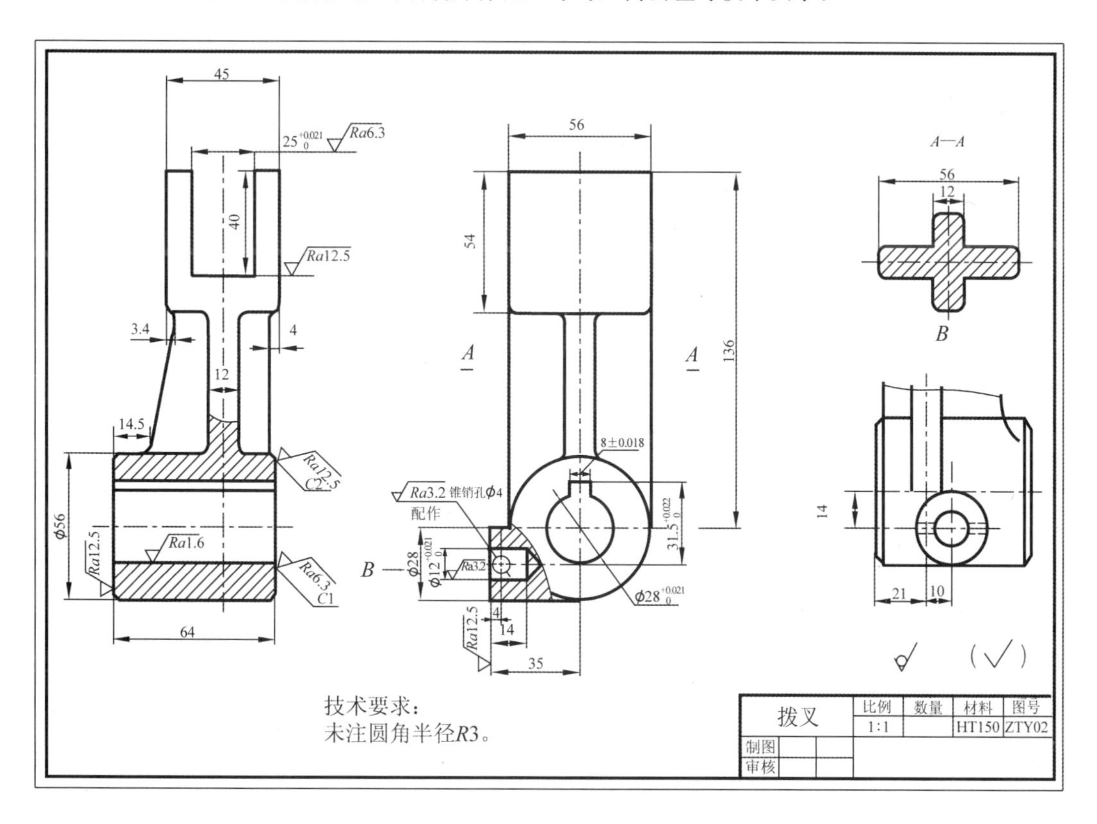

图 4-8-16　拓展活动

项目五
绘制装配图

项目导航

装配图是表达机器(或部件)的图样，在生产过程中，工人先根据零件图进行零件加工，然后再依照装配图将零件装配成部件或机器。因此，装配图是表达设计思想、指导生产和交流技术的重要技术文件。

通过本项学习，读者将了解如何利用 AutoCAD 方便地进行装配设计、绘制标准件以及用零件图拼画装配图的方法。

学习要点

1. 了解用零件图组合装配图。
2. 了解标准件、零件序号、明细栏的画法。
3. 完成偏心气缸的装配图绘制。

任务一 认识装配图

任务目标

1. 了解装配图与零件图的区别。
2. 掌握装配图明细栏的绘制。

学习活动

一台机器或一个零件，都是由若干个零件按一定的装配关系和技术要求装配起来的。表达机器或部件的图样，称为装配图。

◇ 装配图与零件图的区别

从表达内容上来看，零件图表示零件的结构形状、尺寸大小和技术要求，并根据它加工制造零件；装配图表示机器或部件的装配关系、工作原理、主要零件的结构形状、技术要求等。

从组成上来看，装配图比零件图多了明细栏和零件序号。因此绘制装配图时，需要注意这部分内容的表达。本任务先介绍明细栏相关知识，零件序号将在后续任务中讲解。

◇ 明细栏

明细栏放在标题栏上方，并与标题栏对齐，由下向上排列。当标题栏上方位置不够时，可在标题栏左方继续列表由下向上排列。在 AutoCAD 中可以使用复制、粘贴、修改文字的方法填写明细栏，也可以以行为单位创建带属性的块来一行行插入明细表。

实践活动

活动：完成偏心气缸装配图明细栏绘制，结果如图 5-1-1 所示。

16	圆柱内六角螺钉	M4×16（6.8级）	4		GB/T 70.1-2008
15	锥口螺钉		1	45	
14	缺口销		1	45	
13	缸体		1	45	
12	顶盖		1	45	
11	开槽圆头螺钉		4		GB/T 819.2-2000
10	摆动轮		1	45	
9	差动杆		1	45	
8	带轮		1	45	
7	活塞		1	45	
6	圆柱销钉	ϕ3×14	1		GB/T 119-2000
5	连接杆		1	45	
4	开口挡圈	M3	2		GB/T 896-1986
3	圆柱内六角螺钉	M4×6（6.8级）	2		GB/T 70.1-2008
2	支撑架		1	45	
1	底座		1	45	
序号	名称	规格	数量	材料	备注

图 **5-1-1**　偏心气缸装配图明细栏

步骤 1：打开 AutoCAD 软件，创建图层，建立粗实线(黑色、线宽 0.35 mm)、细实线(红色)、文字(蓝色)三个图层，如图 5-1-2 所示。

状..	名称	开	冻结	锁...	颜色	线型	线宽	透明度
	0				白	Continu...	—— 默认	0
	Defpoints				白	Continu...	—— 默认	0
	粗实线				白	Continu...	—— 0.35...	0
✓	细实线				红	Continu...	—— 默认	0
	文字				蓝	Continu...	—— 默认	0

图 5-1-2　建立图层

步骤 2：创建文字样式，字体为仿宋，字高为 3.5 mm，宽度因子为 0.7，如图 5-1-3 所示。

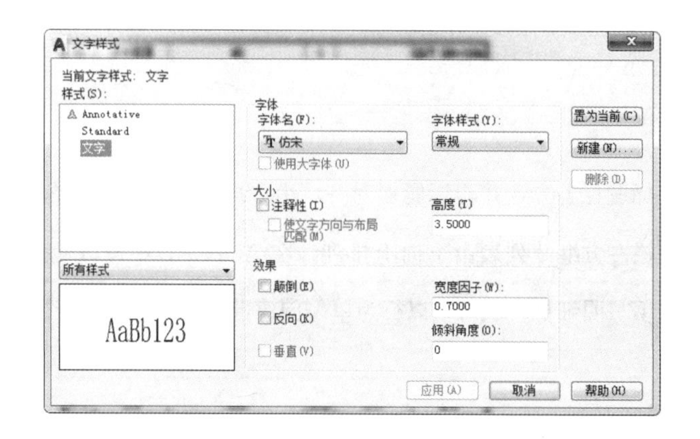

图 5-1-3　创建文字样式

步骤 3：利用“偏移”命令绘制出明细表，如图 5-1-4 所示。

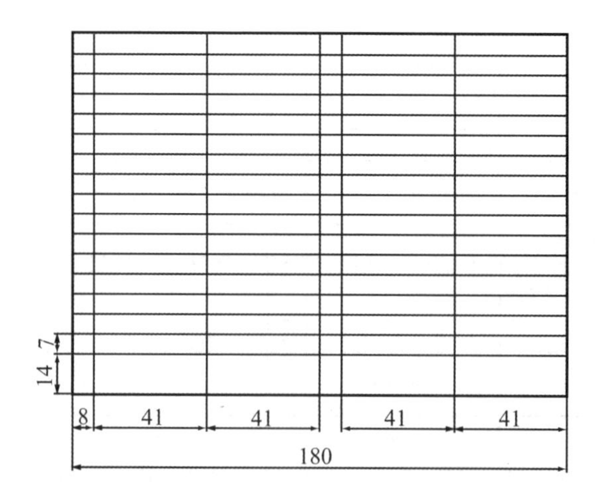

图 5-1-4　绘制明细表

序号	名称	规格	数量	材料	备注
序号	名称	规格	数量	材料	备注
序号	名称	规格	数量	材料	备注
序号	名称	规格	数量	材料	备注
序号	名称	规格	数量	材料	备注
序号	名称	规格	数量	材料	备注
序号	名称	规格	数量	材料	备注
序号	名称	规格	数量	材料	备注
序号	名称	规格	数量	材料	备注
序号	名称	规格	数量	材料	备注
序号	名称	规格	数量	材料	备注
序号	名称	规格	数量	材料	备注
序号	名称	规格	数量	材料	备注
序号	名称	规格	数量	材料	备注
序号	名称	规格	数量	材料	备注
序号	名称	规格	数量	材料	备注
序号	名称	规格	数量	材料	备注

图 **5-1-5**　复制文字

步骤 4：在明细表底行，填写序号等信息，如图 5-1-6 所示。

序号	名称	规格	数量	材料	备注

图 **5-1-6**　底行信息

步骤 5：利用复制命令，将底行的文字复制到其他各行，如图 5-1-5 所示。

步骤 6：在需要修改的地方双击文字进行修改即可。空白处直接删除文字，结果如图 5-1-1 所示。

专业对话

1. 明细栏绘制过程中，若标题栏上方空间不够，则如何处理?

2. 零件图和装配图有何区别?

拓展活动

完成图 5-1-7 所示明细栏的绘制。

<table>
<tr><td>6</td><td>螺钉M10×20</td><td>2</td><td colspan="2">Q235A</td><td>GB/T 5782</td></tr>
<tr><td>5</td><td>压盖</td><td>1</td><td colspan="2">HT200</td><td></td></tr>
<tr><td>4</td><td>填料</td><td>若干</td><td colspan="2">石棉</td><td></td></tr>
<tr><td>3</td><td>垫圈3</td><td>1</td><td colspan="2">Q235A</td><td>GB/T 97.1</td></tr>
<tr><td>2</td><td>阀体</td><td>1</td><td colspan="2">HT200</td><td></td></tr>
<tr><td>1</td><td>锥形塞</td><td>1</td><td colspan="2">45</td><td></td></tr>
<tr><td>序号</td><td>名称</td><td>数量</td><td colspan="2">材料</td><td>备注</td></tr>
<tr><td colspan="3" rowspan="2">旋塞</td><td>比例</td><td>重量</td><td>第　张</td></tr>
<tr><td></td><td></td><td>共　张</td></tr>
<tr><td>制图</td><td></td><td></td><td colspan="3"></td></tr>
<tr><td>审核</td><td></td><td></td><td colspan="3"></td></tr>
</table>

图 **5-1-7**　明细栏绘制练习

任务二 标准件处理

任务目标

1. 掌握标准件调用方法。
2. 掌握标准件的编辑方法。
3. 掌握创建标准件块的方法。

学习活动

在设计过程中，有大量反复使用的标准件，如螺栓、螺钉、轴承等。同一类型的标准件，其结构形状是相同的，只是规格、尺寸有所不同。在 AutoCAD 软件中，内置了部分标准件，可以直接调用，编辑成我们所需要的尺寸，需要时插入即可。当库里没有所需标准件时，可以通过创建块的方法，生成标准件块，也可以去网上下载标准件库，放入到软件相应文件夹中，重启软件即可进行调用。这里介绍标准件处理的前两种方法。

◇ 标准件的调用

1. 命令的调用

快捷键：Ctrl＋3；

菜　单：工具→选项板→工具选项板；

图　标："视图"子菜单下"选项板"面板。

机械制图的标准件位于“工具选项板”下“机械”选项卡，如图 5-2-1 所示。

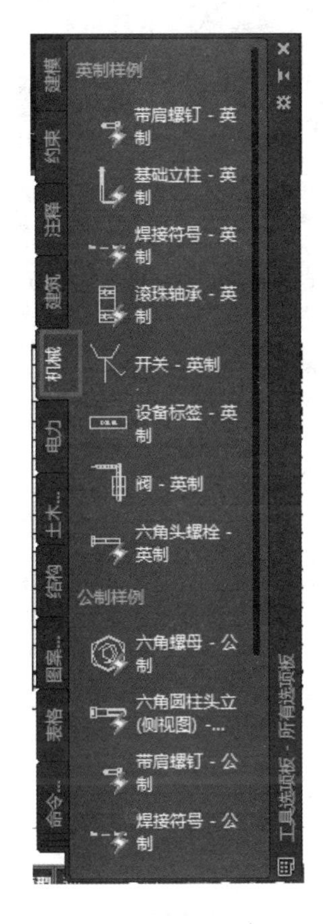

图 **5-2-1**　“机械”选项卡

2. 标准件的调用

“机械”选项卡下共有“英制”和“公制”两种样例，可以根据实际需求进行选择。以“六角螺母—公制”为例，单击“六角螺母—公制”按钮，光标上出现对应的图样，再单击绘图区空白处，即可将图样放置到绘图区，如图 5-2-2 所示。

图 **5-2-2**　标准件的调用

◇ 标准件的编辑

(1)单击“六角螺母—公制”图样，右方出现尺寸选择按钮，如图 5-2-3 所示。

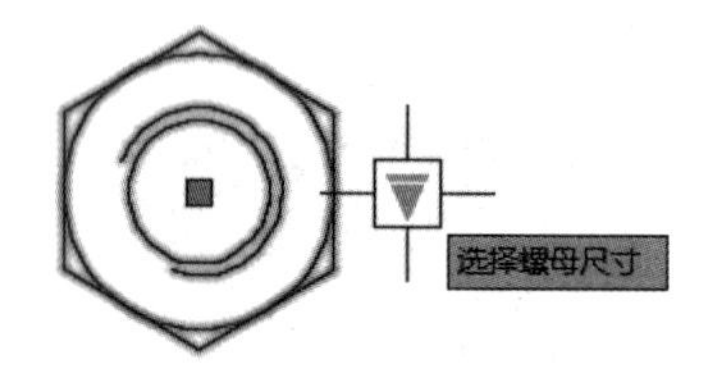

图 5-2-3　尺寸选择按钮

(2)单击尺寸选择按钮，选择所需尺寸即可，如图 5-2-4 所示。

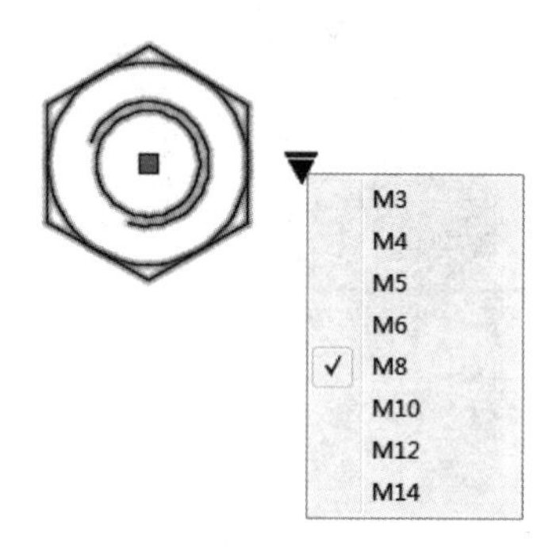

图 5-2-4　选择螺母尺寸

◇ 创建标准件块

以图 5-2-5 所示螺钉为例，创建标准件块。

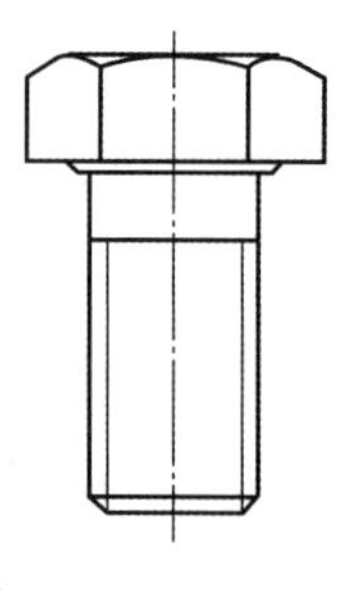

图 5-2-5　螺钉

步骤 1：按有关标准查出螺钉的尺寸，并将它画出，如图 5-2-5 所示。

步骤 2：在命令行输入 B↙，打开图 5-2-6 所示的“块定义”对话框。

步骤 3：定义标准件块。在“名称”文本框中输入块名：螺钉 M10。在“基点”选项处，单击“拾取点”按钮，选取 *A* 点作为插入的基点，如图 5-2-7 所示。在“对象”选项处，单击“拾取点”按钮，选取螺钉图形，单击“确定”按钮即可。

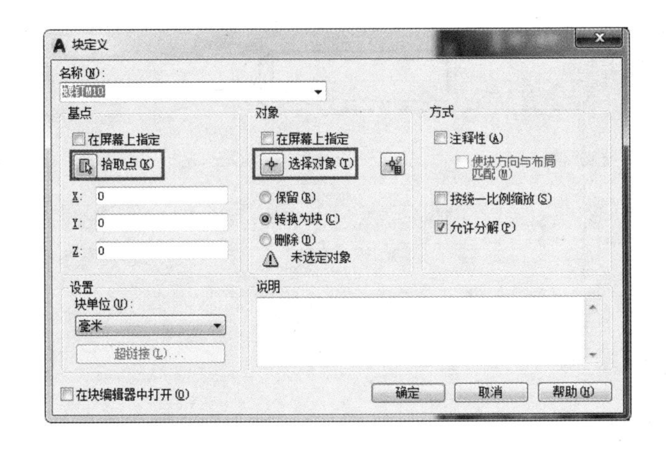

图 5-2-6　“块定义”对话框

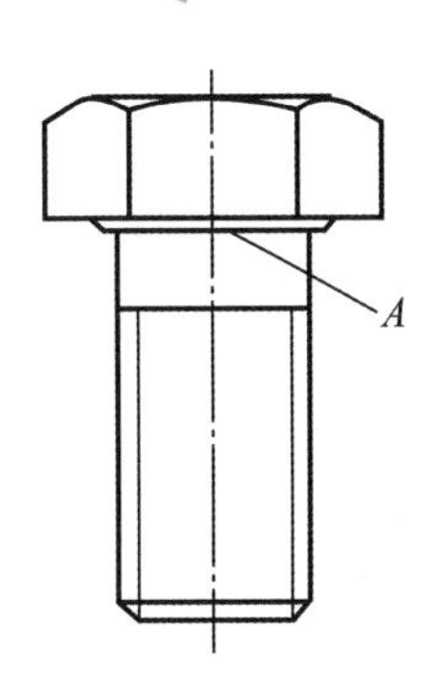

图 5-2-7　插入基点

创建完成后，可通过指令 I 进行调用，方法同表面结构符号块的调用，在此不再赘述。

实践活动

活动：完成偏心气缸标准件 M4×16 圆柱内六角螺钉块的生成。

AutoCAD 软件提供了圆柱内六角螺钉的标准件，但是公称直径为 M4 的圆柱内六角螺钉的尺寸无法满足我们的需求，所以我们需要对标准件进行处理，重新生成新的标准件块。

步骤 1：按快捷键 Ctrl＋3，弹出“工具选项板”，单击“机械”选项卡中的 六角圆柱头立(侧视图)-... 按钮，放置到绘图区，如图 5-2-8 所示。

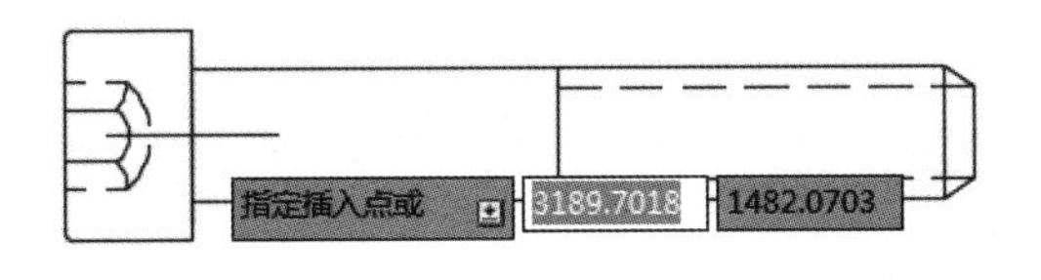

图 5-2-8　圆柱内六角螺钉

步骤 2：单击圆柱内六角螺钉左侧按钮，选择所需公称直径 M4，如图 5-2-9 所示。

步骤 3：查表知 M4×16 圆柱内六角螺钉头部直径 d_k 为 $\phi 7$，头部高度 k 为 4，内六角对角间距离 e 为 3.44，内六角深度为 t 为 2，螺钉长度为 16，所以需要对标准件进行修改，修改后如图 5-2-10 所示。

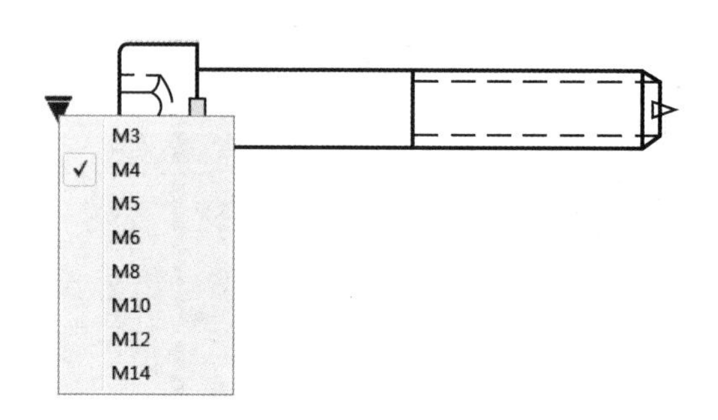

图 **5-2-9**　选择尺寸

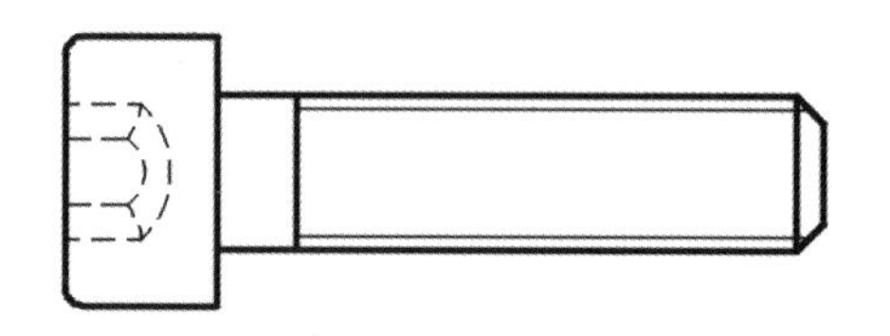

图 **5-2-10**　**M4×16** 圆柱内六角螺钉

步骤 4：输入命令 B↙，进入“块定义”对话框，将修改后的标准件设置为块，名称为 M4×16，并指定基点，如图 5-2-11 所示，单击“确定”生成块。

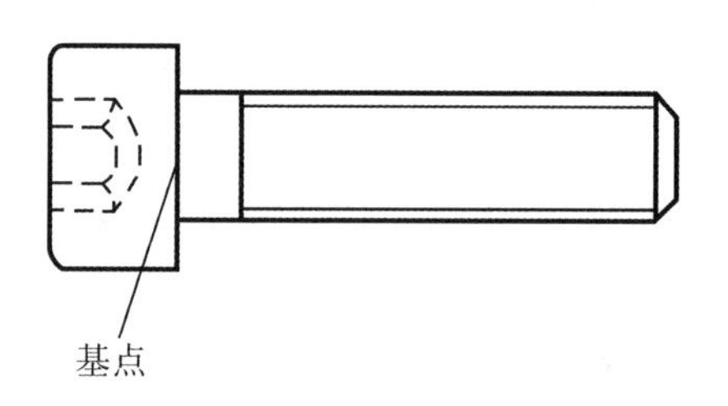

图 **5-2-11**　基点

步骤 5：当需要调用时，用 INSERT 命令(缩写 I)插入图块到相应位置即可。

专业对话

1. 标准件有几种处理方法?

2. 在创建标准件块的过程中，有什么困惑?

拓展活动

完成 M4×6 圆柱内六角螺钉标准件的处理。

任务三　绘制偏心气缸装配图

任务目标

1. 掌握由零件图组合装配图的方法。

2. 掌握零件序号的标注。

3. 完成偏心气缸的装配图。

学习活动

◇ 零件图组合装配图

在设计过程中，或者是在绘制装配图的过程中，如果已经绘制了机器(或部件)的所有零件图，则可以通过复制、粘贴的方法拼画出装配图。避免重复劳动，提高工作效率。

具体步骤我们在实践活动中以偏心气缸为案例进行讲解。

◇ 标注零件序号

为便于看图、管理图样和组织生产，装配图上需对每个不同的零部件进行编号，这种编号称为序号。

在 AutoCAD 软件中，可以使用 MLEADER 命令(“注释”面板 多重引线)方便地创建带下划线形式的零件序号。生成序号后，可以通过 MLEADERALIGN 命令(图标)对齐序号。

实践活动

完成偏心气缸的装配图。

步骤 1：新建一个 . dwg 文件，命名为“偏心气缸装配图”。

步骤 2：打开图形“底座. dwg”，补全俯视图，如图 5-3-1 所示。

步骤 3：关闭“标注”“文字”图层，复制俯视图与左视图到装配图，调整位置，并适当编辑，如图 5-3-2 所示。

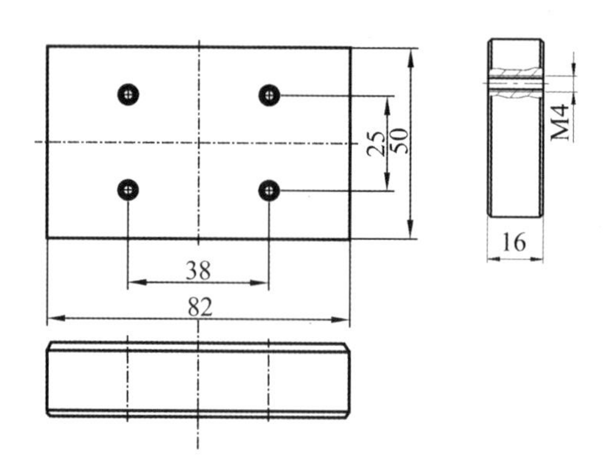

图 **5-3-1**　底座

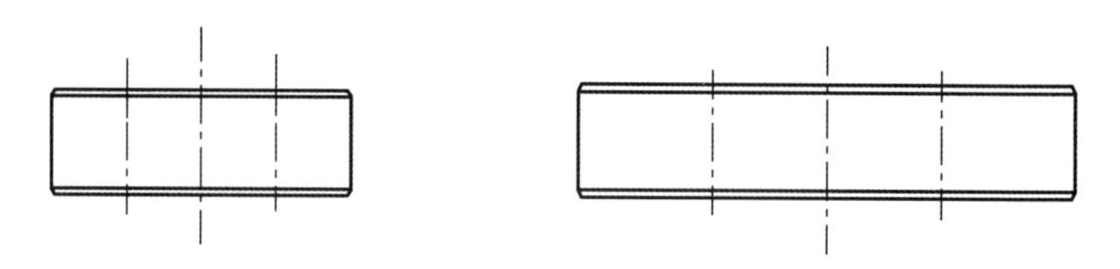

图 **5-3-2**　粘贴底座到装配图

步骤 4：打开“支撑架. dwg”，选择主视图，在窗口中单击右键，在弹出的快捷菜单中选择“带基点复制”选项，如图 5-3-3 所示。选择一个适当的基点(如图 5-3-3 中的 A 点)，将它粘贴到装配图中，指定插入点 B，如图 5-3-4 所示。

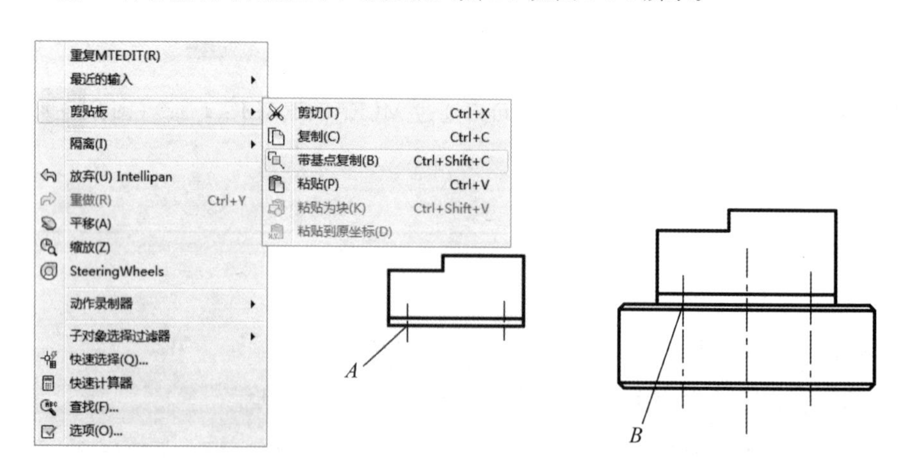

图 **5-3-3**　带基点复制支撑架主视图　　　图 **5-3-4**　在指定点粘贴支撑架主视图

步骤 5：继续选择支撑架左视图，选择“带基点复制”，以 C 点为基点，如图 5-3-5 所示。粘贴到装配图中，指定插入点 D，如图 5-3-6 所示。

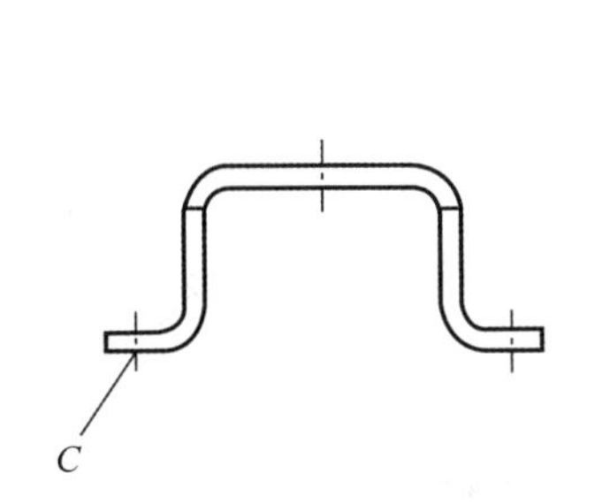

图 **5-3-5** 带基点复制支撑架左视图

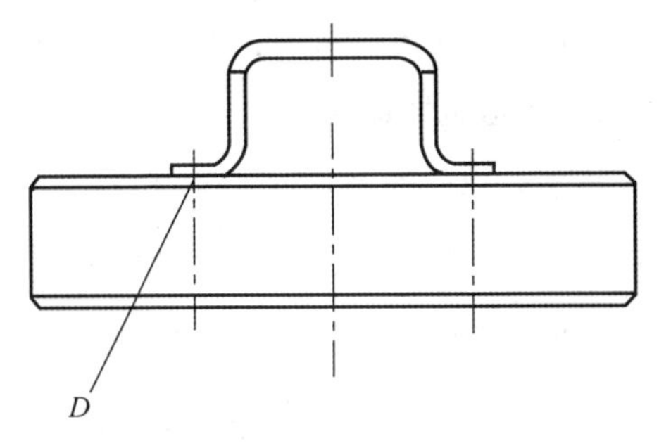

图 **5-3-6** 在指定点粘贴支撑架左视图

步骤 6：用类似的方法，插入其他的零件，再进行适当的编辑即可，完成后的结果如图 5-3-7 所示。

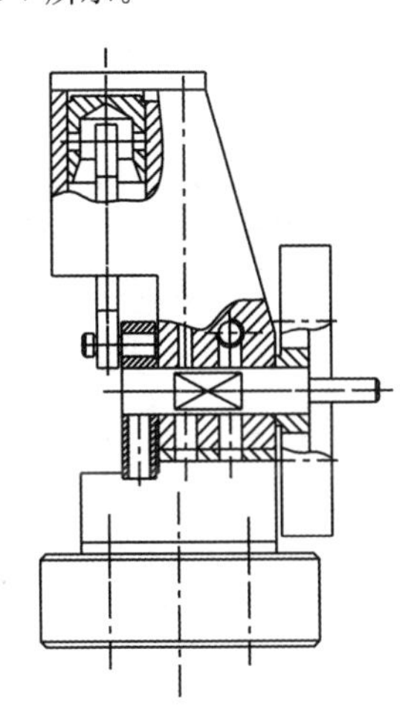
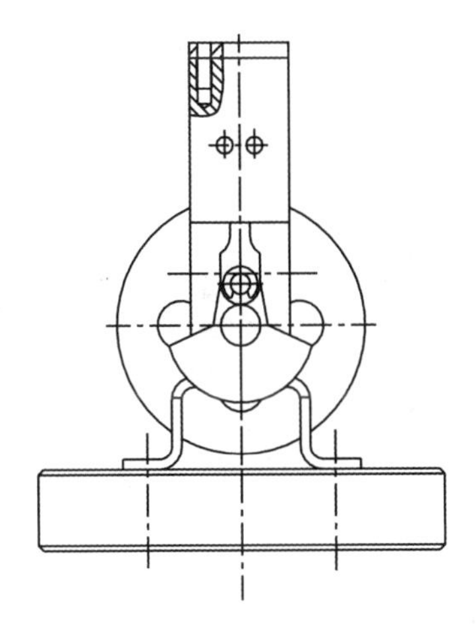

图 **5-3-7** 偏心气缸装配

步骤 7：插入各标准件，如图 5-3-8 所示。

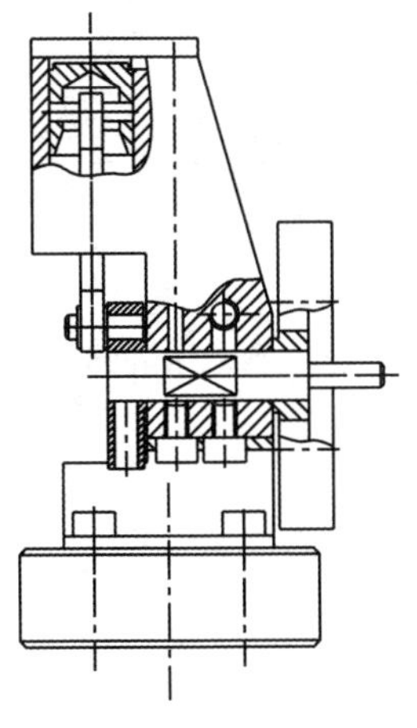
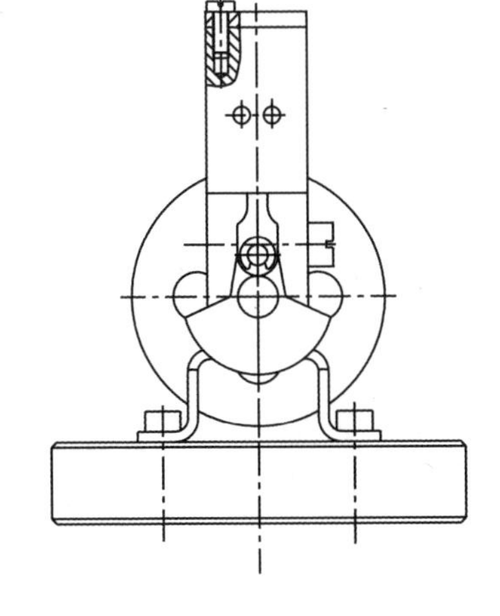

图 **5-3-8** 插入标准件

步骤 8：用多段引线命令 MLEADER 插入标注序号，并用对齐命令 MLEADERALIGN 对齐序号。

步骤 9：点击菜单栏中的“格式”选项，在下拉菜单中选择“多重引线样式”，以“序号”样式为基础样式，新建样式“序号圆点”，如图 5-3-9 所示。将“引线格式”选项卡下的“箭头”改为“ · 小点”，如图 5-3-10 所示。

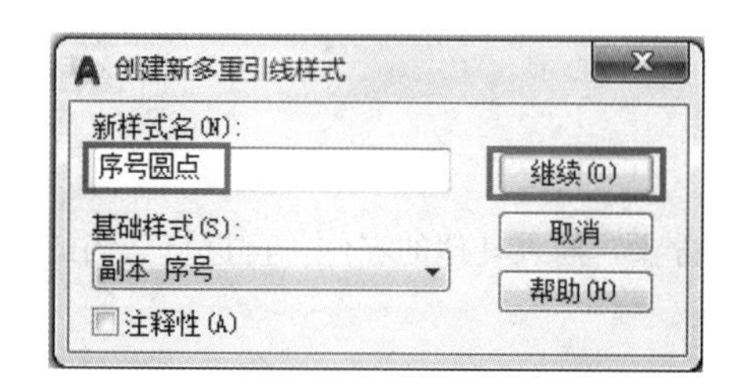

图 **5-3-9** 创建多重引线样式

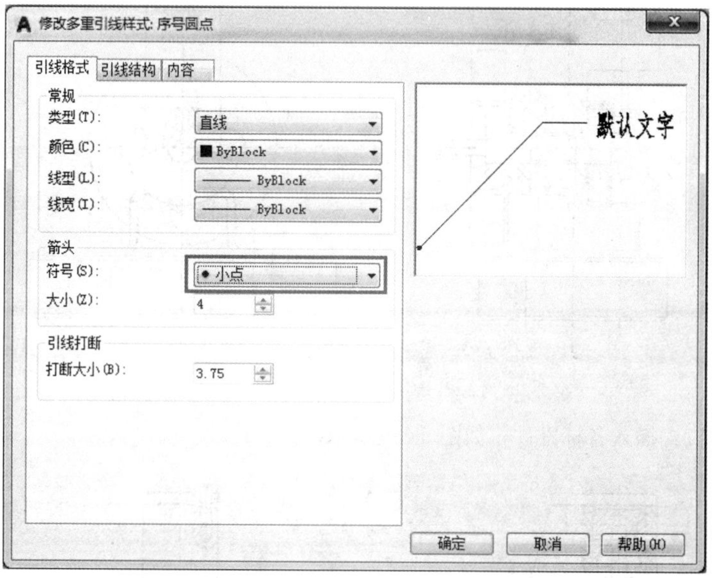

图 **5-3-10** 修改引线格式

步骤 10：将除序号 4 外的所有序号的样式改为“序号圆点”，同时将序号 4 的箭头平移到轮廓线上。如图 5-3-11 所示。

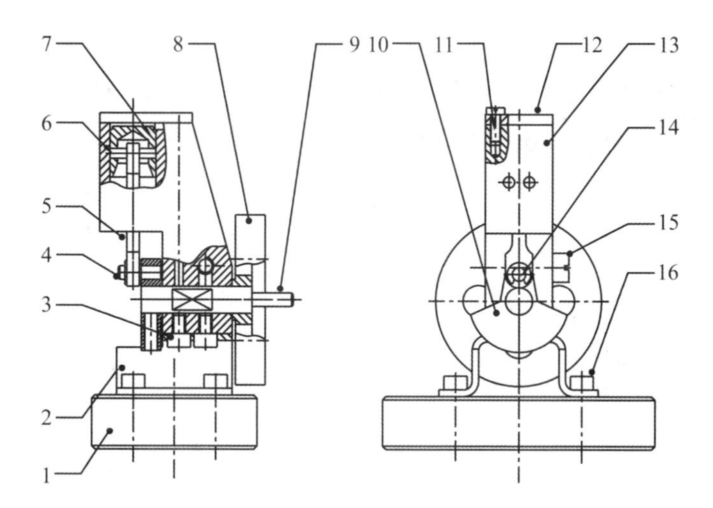

图 **5-3-11**　调整序号样式

步骤 11：绘制标题栏与明细栏，填入相关信息，如图 5-3-12 所示。

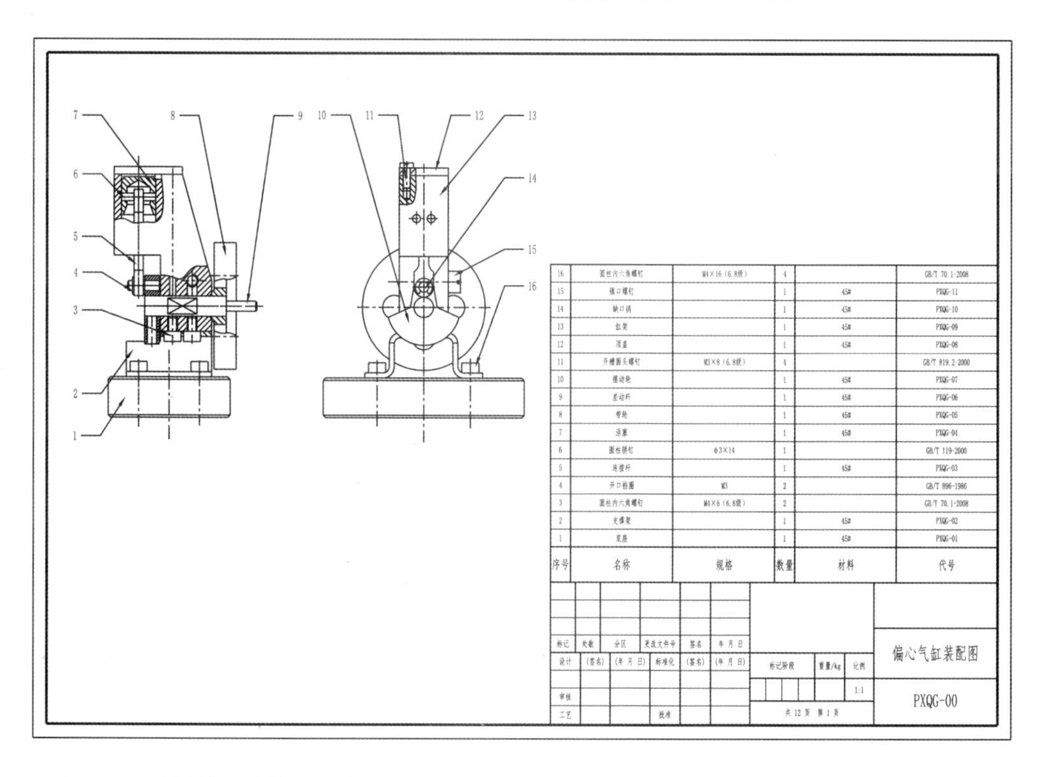

16	圆柱内六角螺钉	M4×16（6.8级）	4		GB/T 70.1-2008
15	锥口螺钉		1	45#	PXQG-11
14	缺口销		1	45#	PXQG-10
13	缸架		1	45#	PXQG-09
12	顶盖		1	45#	PXQG-08
11	开槽圆头螺钉	M3×8（6.8级）	4		GB/T 819.2-2000
10	摆动轮		1	45#	PXQG-07
9	摆动杆		1	45#	PXQG-06
8	带轮		1	45#	PXQG-05
7	活塞		1	45#	PXQG-04
6	圆柱销钉	Φ3×14	1		GB/T 119-2000
5	连接杆		1	45#	PXQG-03
4	开口挡圈	M3	2		GB/T 896-1986
3	圆柱内六角螺钉	M4×6（6.8级）	2		GB/T 70.1-2008
2	支撑架		1	45#	PXQG-02
1	底座		1	45#	PXQG-01
序号	名称	规格	数量	材料	代号

图 **5-3-12**　绘制标题栏与明细栏

专业对话

1. 绘制装配图与绘制零件图有什么区别?

2. 绘制装配图过程中你有哪些困惑?

拓展活动

判断题:

1. 标注序号可以任意放置,只要对齐就好。( )

2. 粘贴零件图时,直接用 Ctrl+C 命令复制,再用 Ctrl+V 命令粘贴到装配图即可。( )

项目六
三维造型

项目导航

前面的各个项目主要学习了二维图形的创建、绘制和编辑。在 AutoCAD 中还可以创建三维模型。三维模型建立在平面和二维设计的基础上，是让设计目标更立体化、形象化的一种设计方法。

通过本项学习，读者将对 AutoCAD 的三维造型模块的基础知识，如三维坐标、视图、视口等有一个整体的认识；通过绘制缺口销、摆动轮和带轮的三维造型，掌握长方体、圆柱体、球体等简单三维实体的绘制方法，掌握用拉伸和旋转命令来创建实体。

学习要点

1. 了解三维绘图基本知识。

2. 掌握创建简单三维实体的方法，绘制缺口销三维模型。

3. 用拉伸命令绘制摆动轮三维造型。

4. 用旋转命令绘制带轮三维造型。

任务一 三维造型基础知识

任务目标

1. 认识三维造型工作界面。

2. 了解三维坐标系。

3. 掌握通过视图对三维模型进行查看，如何更改视图样式。

学习活动

◇ 三维造型工作界面

AutoCAD专门提供了用于三维造型的工作界面，即三维建模工作空间。从二维草图与注释工作界面切换到三维造型工作界面的方法：选择"工具→工作空间→三维建模"命令。进入AutoCAD时默认界面并没有显示工具栏，单击快速启动栏的按钮▼，在下拉菜单中单击"显示菜单栏"命令。或在快速启动栏的按钮▼，单击"工作空间"命令，选择"三维建模"。图6-1-1是AutoCAD的三维造型工作界面，其中界面启用了栅格功能。

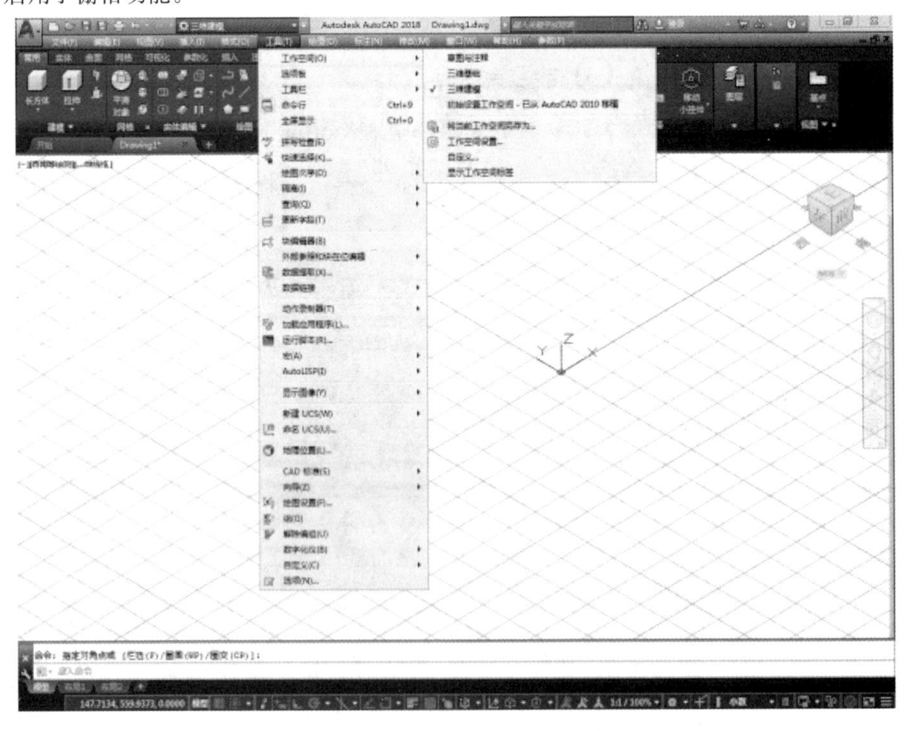

图 6-1-1　三维造型工作界面

三维建模工作界面由坐标系图标、建模界面和控制面板等组成。控制面板是执行AutoCAD的常用三维操作，用户可以像二维绘图一样，通过菜单栏和命令行执行AutoCAD的三维命令，但利用控制面板可以方便地执行AutoCAD的大部分三维操作。

◇ AutoCAD 三维坐标系

在AutoCAD中，三维坐标系可分为世界坐标系(WCS)和用户坐标系(UCS)两种形式。

世界坐标系是在二维世界坐标系的基础上增加Z轴而形成的，三维世界坐标系又叫通用坐标系或绝对坐标系，是其他三维坐标系的基础，不能对其重新定义，输入三维坐标系(X，Y，Z)与输入二维坐标系(X，Y)相似。

为便于绘制三维图形，AutoCAD允许用户定义自己的坐标系，用户定义的坐标系称为用户坐标系(UCS)。新建UCS的命令是"UCS"，在实际绘图中，利用AutoCAD界面右上角的ViewCube下方WCS下拉菜单(图6-1-2)或工具栏(图6-1-3)可创建UCS。

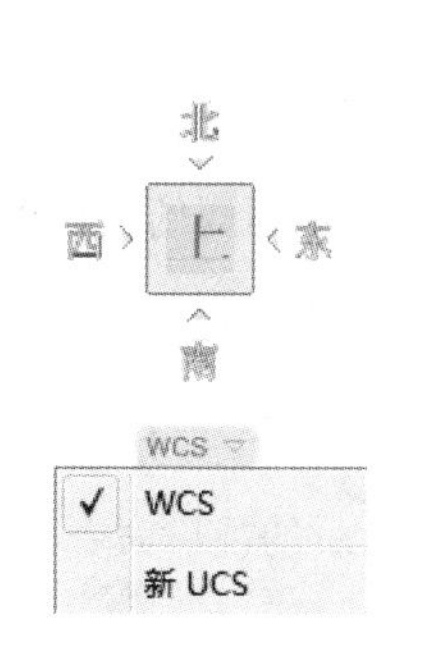

图 6-1-2　ViewCube

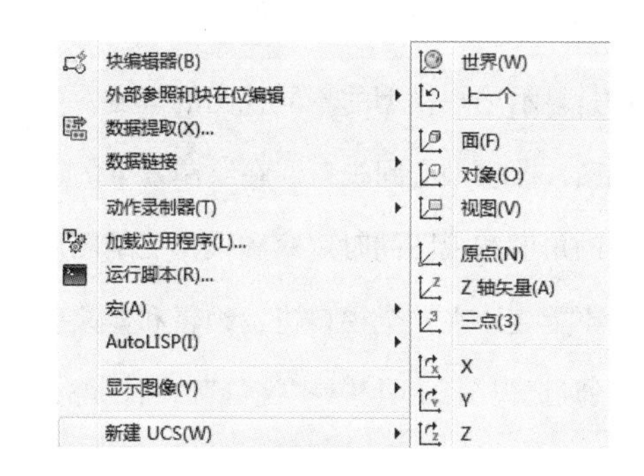

图 6-1-3　新建 UCS 菜单命令

◇ 视图和视口

通过"视图面板"或"视图"工具栏→"三维视图"选项可以对三维模型进行不同角度的观察，通过ViewCube工具在模型的标准视图和等轴测视图之间进行切换。

右击ViewCube工具，可以选择"透视模式"选项，将视图切换到透视模式；选择"ViewCube设置"选项，可在弹出的对话框中对其各项参数进行自定义设置，如图6-1-4所示。

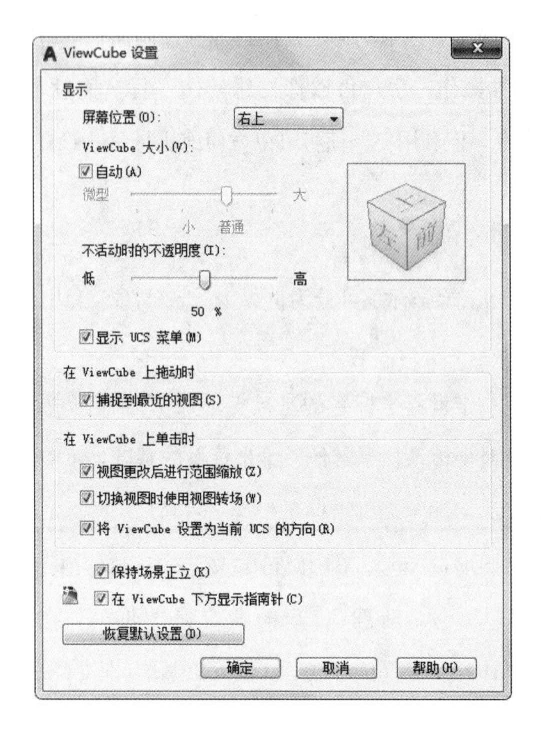

图 **6-1-4** **ViewCube** 设置

视口是显示用户模型的不同视图的区域。可以将绘图区域拆分成一个或多个相邻的矩形视图，即模型空间视口。在绘制复杂的三维图形时，显示不同的视口可以方便通过不同的角度和视图同时观察和操作三维图形。创建的视口充满整个绘图区域并且相互之间不重叠，在一个视口进行编辑和修改后，其他视觉会立即更新。

可以通过“视图”工具栏→“视口”选项，得到如图 6-1-5 所示的视口命令。

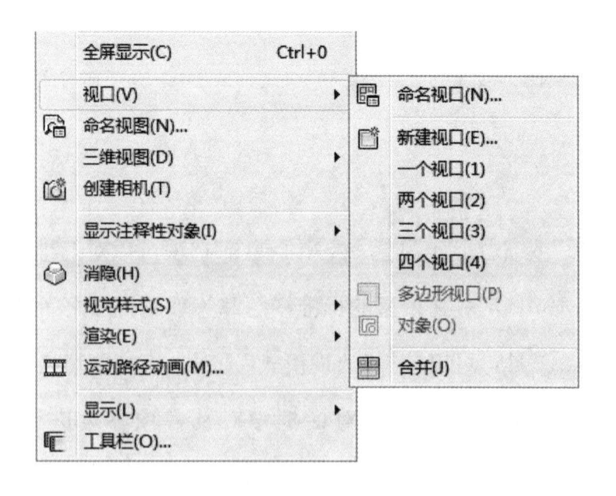

图 **6-1-5** 视口命令

◇ 视觉样式和视觉样式管理器

用于设置视觉样式的命令是 VSCURRENT，利用“视图”面板中下拉列表、“视觉样式”菜单或“视觉样式”工具栏，可以方便地设置视觉样式。“视图控制台”下拉列表是一些图像按钮，从左到右、从上到下依次为二维线框、概念、隐藏、真实、着色、带边缘着色、灰度、勾画、线框和 X 射线，如图 6-1-6 所示。

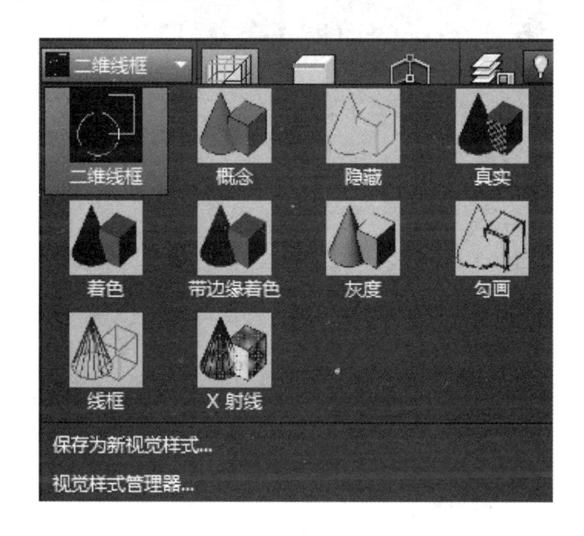

图 **6-1-6**　视觉样式

“视觉样式管理器”选项板用于管理视觉样式，对其面、环境、边、光源等特性进行自定义设置。通过“视图控制台”中下拉列表或者“视觉样式”工具栏下方的“视觉样式管理器”选项，可以打开视觉样式管理器，如图 6-1-7 所示。

实践活动

活动：进入 AutoCAD“三维建模”工作界面，认识工作界面，熟悉 ViewCube 导航工具，并对如图 6-1-8 所示的三维模型进行以下操作：设置两个视口，垂直放置，分别以“概念”“俯视图”和“线框”“左视图”视觉样式呈现。

步骤 1：打开文件。执行“文件→打开”命令，进入“三维建模”工作空间。

步骤 2：设置两个视口。单击“视图→视口→两个视口”，选择“垂直”，如图 6-1-9 所示。

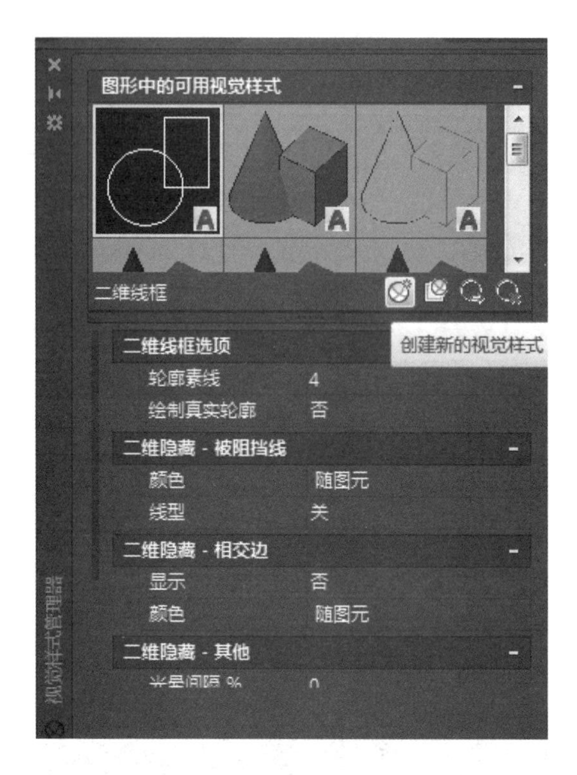

图 6-1-7　视觉样式管理器

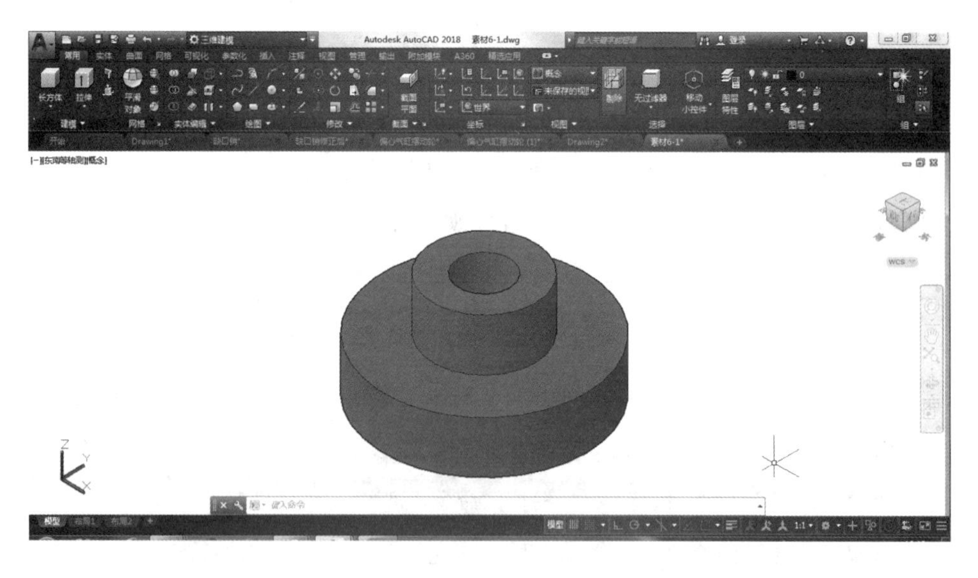

图 6-1-8　三维模型

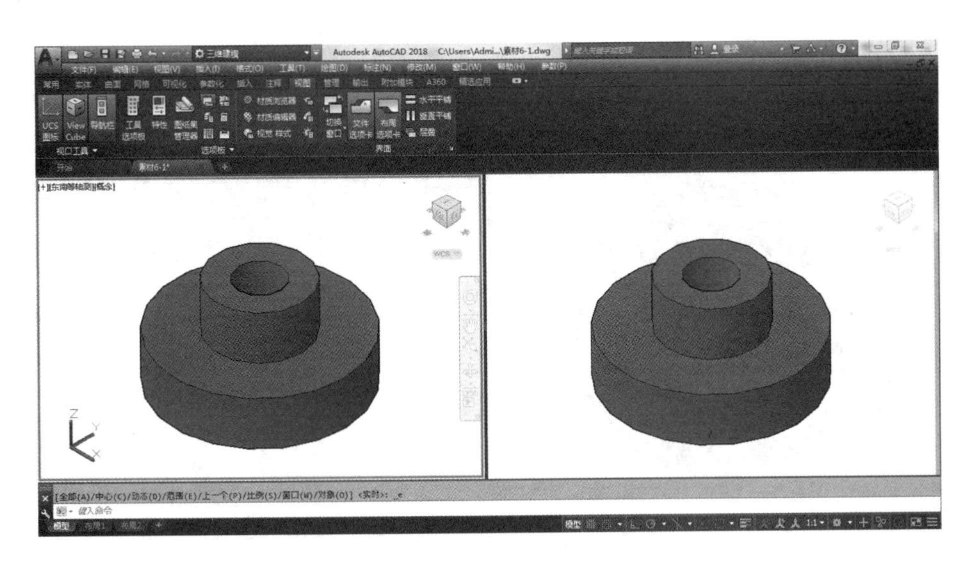

图 **6-1-9**　设置两个视口

步骤 3：设置视口 1。选择左边视口，单击“视图”面板“视觉样式”下拉菜单，选择图标概念；在“视图”下拉菜单中，选择图标俯视，如图 6-1-10 所示。

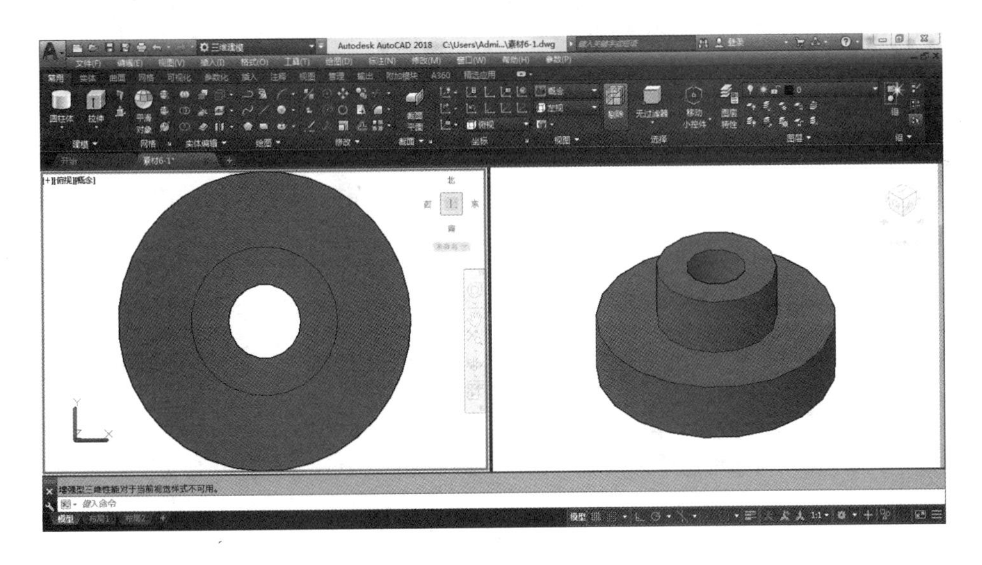

图 **6-1-10**　设置视口 **1**

步骤 4：选择右边视口，单击“视图”面板“视觉样式”下拉菜单，选择图标；在“视图”下拉菜单中，选择图标左视，如图 6-1-11 所示。

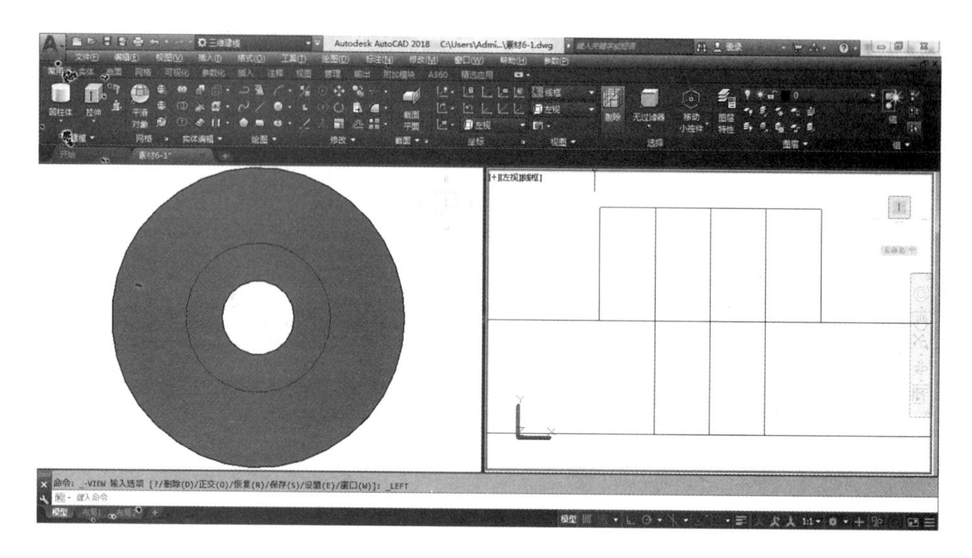

图 6-1-11 设置视口 2

扫一扫：观看视口和视觉样式的设置的学习视频。

专业对话

1. 谈一谈你对三维造型的理解。

2. 谈一谈视口在三维造型应用中的优点。

拓展活动

1. 读者可以采用按下________键再按下________键并拖曳的快速方法对模型进行全方位的观察。

2. UCS 是 AutoCAD 中的(　　)。

A. 世界坐标系　　B. 用户坐标系　　C. 视图坐标系　　D. 父系坐标系

3. 创建以(100，100，100)，(100，200，300)为原点的 UCS。

4. 对图 6-1-8 三维模型进行以下操作：创建 4 个视口，分别以“真实”“前视图”“线框”“俯视图”“着色”“东南等轴测”和“灰度”“西北等轴测”视觉样式呈现。

任务二 绘制缺口销三维造型

任务目标

1. 掌握绘制三维基本几何体的方法。

2. 学会使用三维基本几何体命令绘制缺口销三维造型。

学习活动

◇ 绘制三维基本几何体

利用三维实体工具栏可以快速地创建基本的三维实体，“建模”面板左侧下拉菜单可以直接创建基本的三维实体：长方体、圆柱体、圆锥体、球体、棱锥体、楔体、圆环体。

表 6-2-1 为“建模”面板基本图标的含义。

表 6-2-1 “建模”面板基本图标的含义

按钮	功能	操作方法
	创建长方体	指定长方体的一个角点，再输入另一个角点的相对坐标
	创建圆柱体	指定圆柱体底部的中心点，输入圆柱体半径及高度
	创建圆锥体	指定圆锥体底面的中心点，输入锥体底面半径及锥体高度
	创建球体	指定球心，输入球半径
	创建棱锥体	指定棱锥体底面边数及中心点，输入锥体底面半径及锥体高度
	创建楔体	指定楔体的一个角点，再输入另一个对角点的相对坐标
	创建圆环体	指定圆环中心点，输入圆环体半径及圆管半径

一、长方体

1. 功能

长方体命令用于创建实体长方体。

2. 命令的调用

命令行：BOX；

菜　单：绘图→建模→长方体；

图　标：“建模”面板。

执行命令后，命令提示行提示如下：

```
指定第一个角点或[中心点(C)]：                    //单击鼠标确定一点
指定其他角点或[立方体(C)/长度(L)]：               //输入 L
指定长度：                                        //输入 50
指定宽度：                                        //输入 40
指定高度：                                        //输入 30
```

此时在绘图区中生成如图 6-2-1 所示的图形。若未出现下图实体，则执行“视图→三维视图→东南等轴测”命令可以看到生成的长方体。

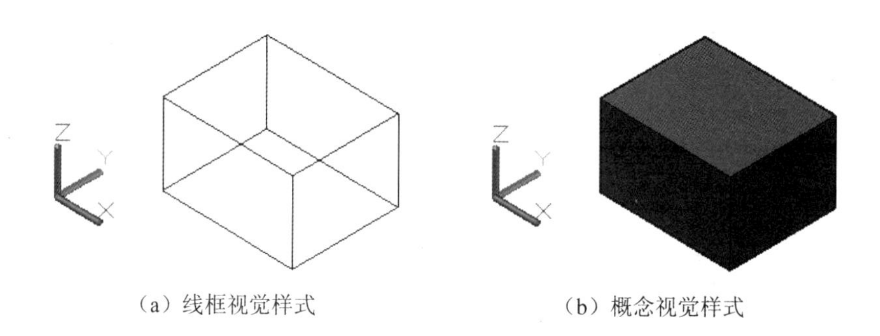

（a）线框视觉样式　　（b）概念视觉样式

图 **6-2-1**　长方体

扫一扫：观看绘制长方体的学习视频。

二、 圆柱体

1. 功能

圆柱体命令用于以圆或椭圆作为底面创建圆柱体。

2. 命令的调用

命令行：CYLINDER；

菜　单：绘图→建模→圆柱体；

图　标：“建模”面板。

执行命令后，命令提示行提示如下。

```
指定底面的中心点或[三点(3P)两点(2P)切点、切点、半径(T)椭圆(E)]：
                                                  //单击鼠标确定一点
指定底面的半径或[直径(D)]：                       //输入 30
指定圆柱体高度或[两点(2P)轴端点(A)]：             //输入 60
```

此时在绘图区中生成如图 6-2-2 所示的图形。

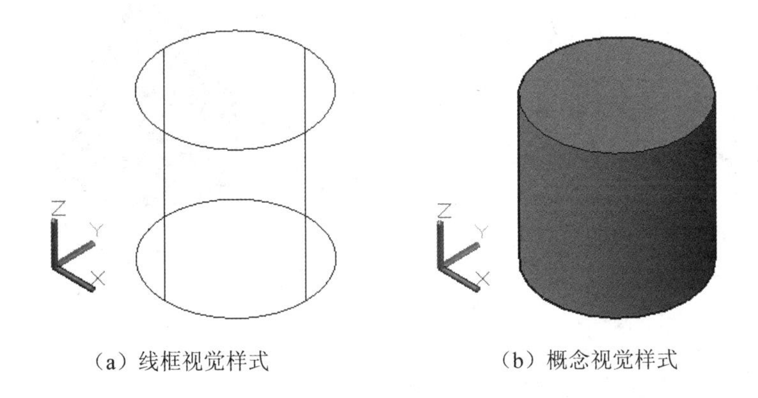

（a）线框视觉样式　　（b）概念视觉样式

图 6-2-2　圆柱体

扫一扫：观看绘制圆柱体的学习视频。

三、 圆锥体

1. 功能

圆锥体命令用于创建三维实体圆锥、圆台或椭圆锥。

2. 命令的调用

命令行：CONE；

菜　单：绘图→建模→圆锥体；

图　标：“建模”面板。

执行命令后，命令提示行提示如下。

指定底面的中心点或[三点(3P)两点(2P)切点、切点、半径(T)椭圆(E)]：
//单击鼠标确定一点
指定底面半径或 [直径(D)]：　//输入 30
指定高度或 [两点(2P)/轴端点(A)/顶面半径(T)]：　//输入 60

此时在绘图区中生成如图 6-2-3 所示的图形。

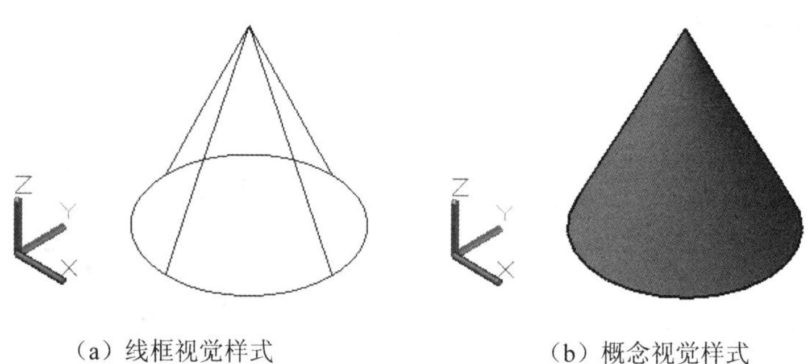

（a）线框视觉样式　　（b）概念视觉样式

图 **6-2-3**　圆锥体

扫一扫：观看绘制圆锥体的学习视频。

四、 球体

1. 功能

球体命令用于创建三维实体球体。

2. 命令的调用

命令行：SPHERE；

菜　单：绘图→建模→球体；

图　标："建模"面板 。

执行命令后，命令提示行提示如下。

```
指定中心点或[三点(3P)两点(2P)切点、切点、半径(T)]:
                                        //单击鼠标确定一点
指定半径或[直径(D)]:                     //输入 30
```

球体上每个面的轮廓线的数目太小(默认数值为 4)，可以通过 ISOLINES 变量来改变每个面的轮廓线的数目。在命令行中输入 ISOLINES，按 Enter 键，输入数值 15。这时在绘图区中生成如图 6-2-4 所示的图形。

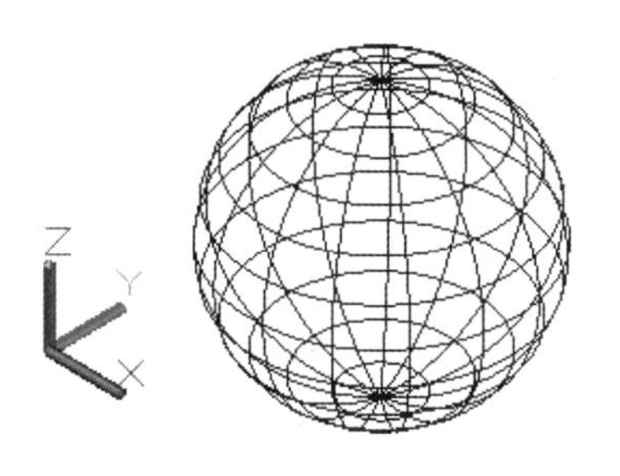

(a) 线框视觉样式

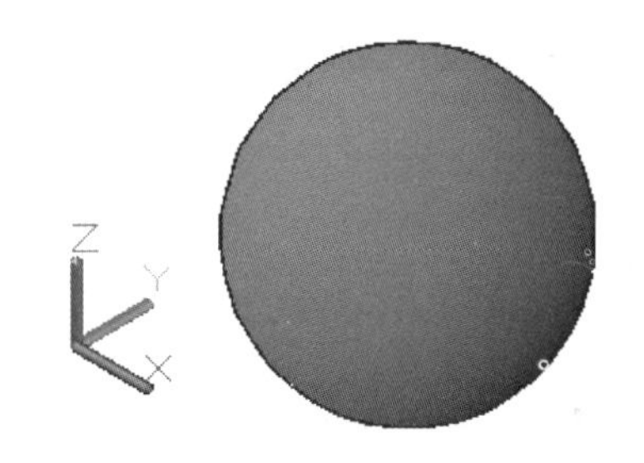

(b) 概念视觉样式

图 **6-2-4**　球体

扫一扫：观看绘制球体的学习视频。

五、 棱锥体

1. 功能

棱锥体命令用于创建棱锥体。

2. 命令的调用

命令行：prramid；

菜　单：绘图→建模→球体；

图　标：“建模”面板。

执行命令后，命令提示行提示如下。

指定底面的中心点或［边(E)/侧面(S)］：　　　　//单击鼠标确定一点

指定半径或［内接(I)］：　　　　//输入 30

指定高度或［两点(2P)/轴端点(A)/顶面半径(T)］：//输入 60

此时在绘图区中生成如图 6-2-5 所示的图形。

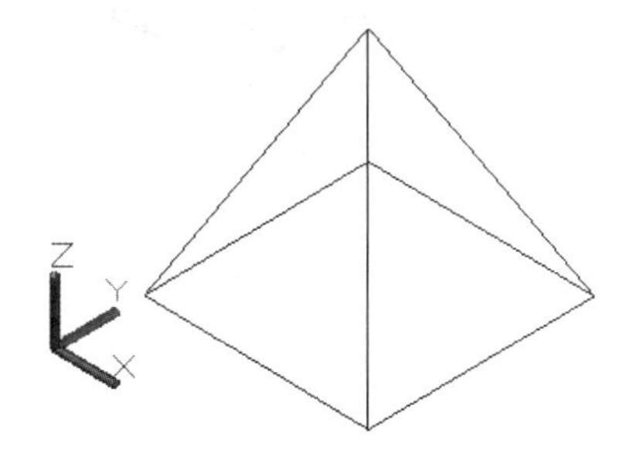

(a) 线框视觉样式

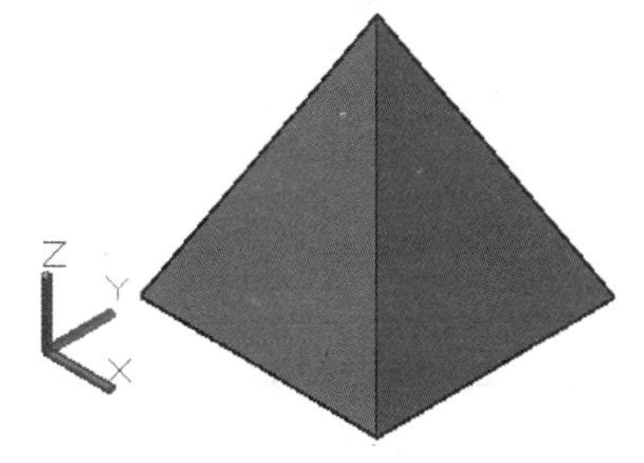

(b) 概念视觉样式

图 **6-2-5**　棱锥体

扫一扫：观看绘制棱锥体的学习视频。

六、楔体

1. 功能

楔体命令用于沿 X 轴创建具有倾斜面锥体形式的三维实体。

2. 命令的调用

命令行：WEDGE；

菜　单：绘图→建模→楔体；

图　标："建模"面板。

执行命令后，命令提示行提示如下。

指定第一个角点或[中心(C)]：	//单击鼠标确定一点
指定其他角点或[立方体(C)/长度(L)]：	//输入 L
指定长度：	//输入 40
指定宽度：	//输入 30
指定高度：	//输入 50

此时在绘图区中生成如图 6-2-6 所示的图形。

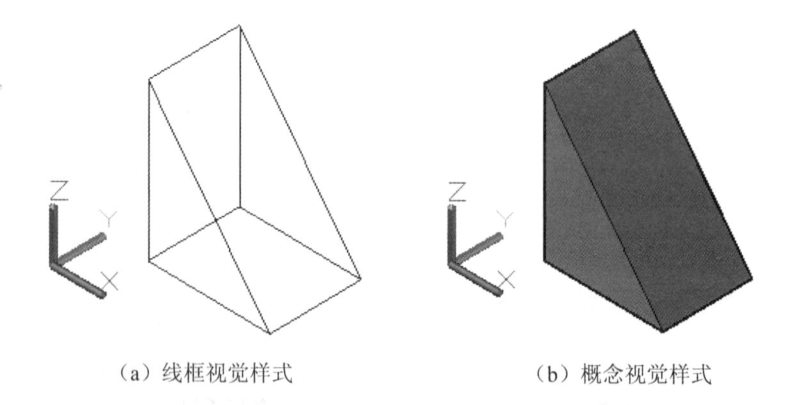

（a）线框视觉样式　　（b）概念视觉样式

图 6-2-6　楔体

扫一扫：观看绘制楔体的学习视频。

七、 圆环体

1. 功能

圆环体命令用于创建圆环形实体。

2. 命令的调用

命令行：TORUS；

菜　单：绘图→建模→圆环体；

图　标："建模"面板。

执行命令后，命令提示行提示如下。

```
指定中心点或[三点(3P)两点(2P)切点、切点、半径(T)]：
                                        //单击鼠标确定一点
指定半径或[直径(D)]：                    //输入 30
指定圆管半径或[直径(D)]：                //输入 10
```

此时在绘图区中生成如图 6-2-7 所示的图形。

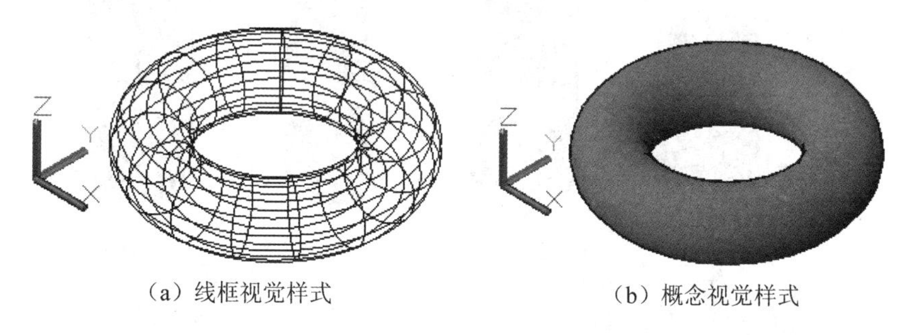

（a）线框视觉样式　　（b）概念视觉样式

图 6-2-7　圆环体

扫一扫：观看绘制圆环体的学习视频。

实践活动

根据如图 6-2-8 所示的二维图形绘制缺口销三维实体。

分析：首先使用圆柱体工具创建轴身，然后绘制小圆柱创建缺口，再创建与轴身半径相等的圆柱体，最后创建圆锥台即可得缺口销三维实体。具体步骤如下。

步骤 1：新建文件。执行"文件→新建"命令，创建一个新图形，进入"三维建模"

工作空间。

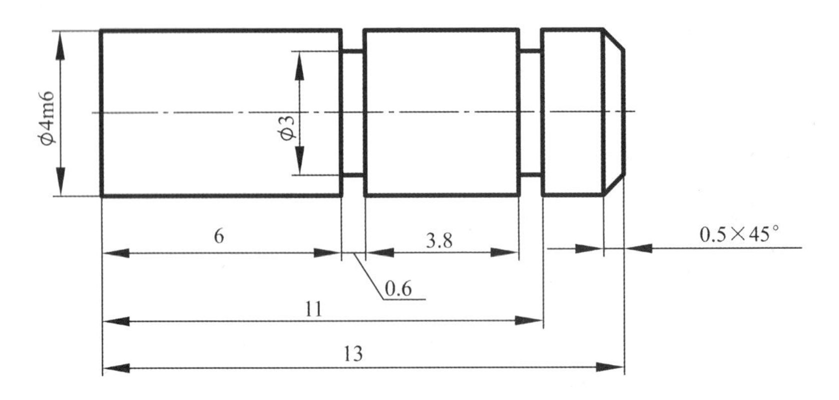

图 **6-2-8** 缺口销二维图形

步骤 2：创建轴身。单击“建模”面板图标或输入命令“CYLINDER”，选择任意一点，创建半径为 2、高度为 6 的圆柱体，如图 6-2-9(a)所示。

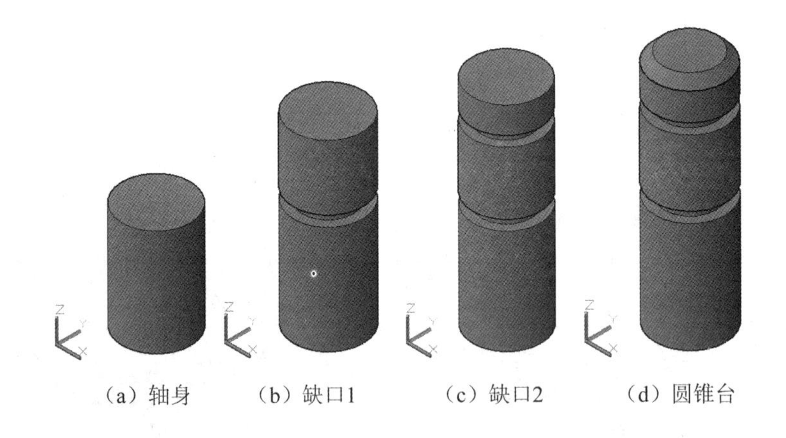

图 **6-2-9** 缺口销三维实体创建过程

步骤 3：创建缺口 1。单击“建模”面板图标或输入命令“CYLINDER”，选择轴身上端面圆心，创建半径为 1.5、高度为 0.6 的圆柱体。重复创建圆柱体命令，选择缺口圆柱上端面圆心，创建半径为 2、高度为 3.8 的圆柱体，如图 6-2-9(b)所示。

步骤 4：创建缺口 2。单击“建模”面板图标或输入命令“CYLINDER”，选择轴身上端面圆心，创建半径为 1.5、高度为 0.6 的圆柱体。重复创建圆柱体命令，选择缺口圆柱上端面圆心，创建半径为 2、高度为 1.5 的圆柱体，如图 6-2-9(b)所示。

步骤 5：创建圆锥台。单击“建模”面板图标或输入命令“CONE”，选择实体上端面圆心，创建底面半径为 2、顶面半径为 1.5、高度为 0.5 的圆锥台。注意底面半径输入以后，选择顶面半径(T)，如图 6-2-9(c)所示。

扫一扫：观看绘制缺口销三维实体的学习视频。

扫一扫

专业对话

1. 谈一谈基本几何体绘制的应用场合。
2. 谈一谈在缺口销绘制的过程中遇到的问题及解决方法。

拓展活动

完成图 6-2-10 至图 6-2-13 三维实体的造型。

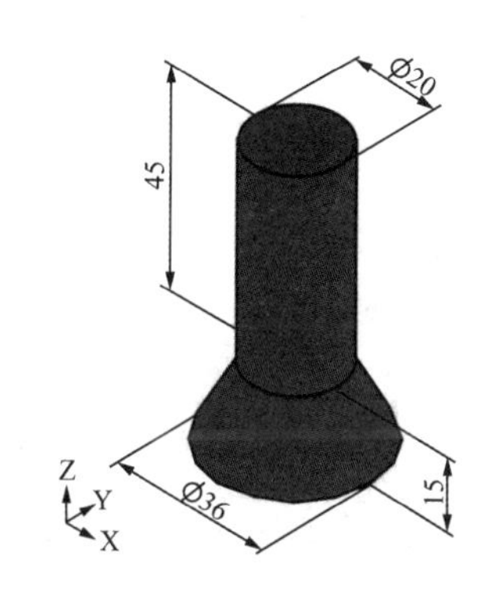

图 6-2-10　三维实体 1

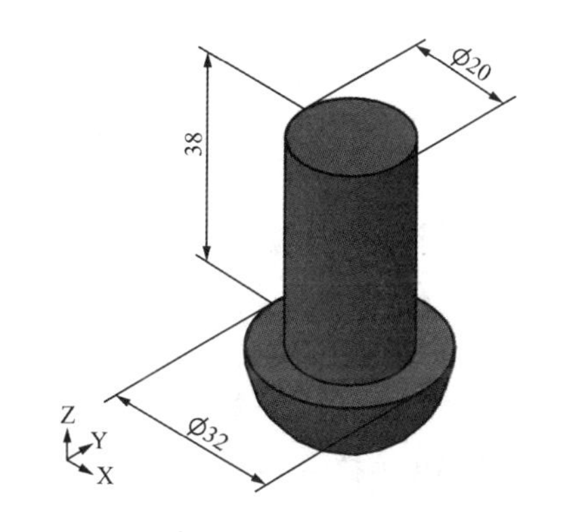

图 6-2-11　三维实体 2

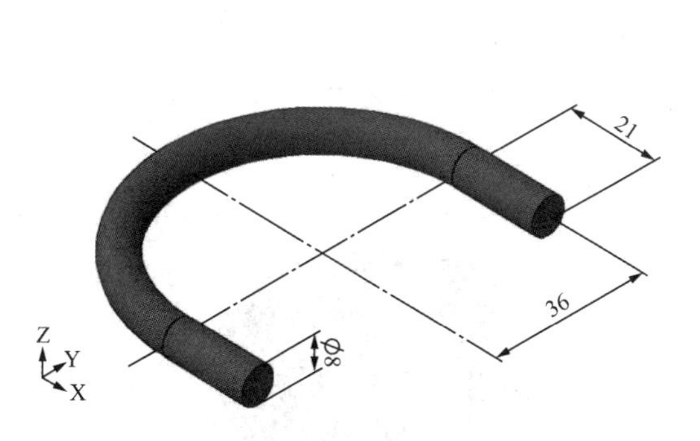

图 6-2-12　三维实体 3

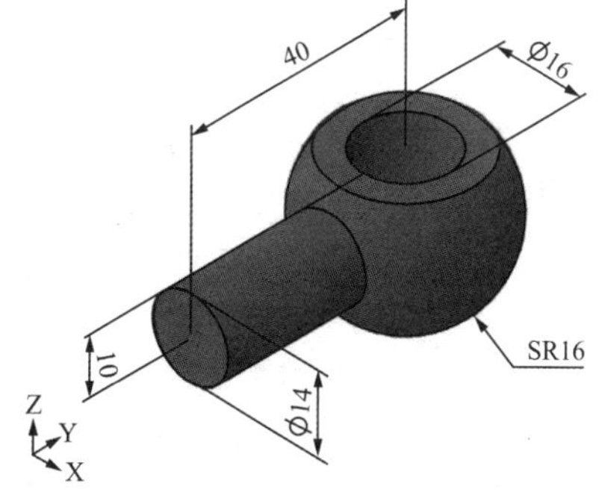

图 6-2-13　三维实体 4

任务三 绘制摆动轮三维造型

任务目标

1. 掌握拉伸和布尔运算命令。

2. 学会使用拉伸命令布尔运算绘制摆动轮三维造型。

学习活动

◇ 拉伸命令

1. 功能

拉伸命令用于拉伸二维对象来创建实体。

2. 命令的调用

命令行：EXTRUDE(缩写：EXT)；

菜 单：绘图→建模→拉伸；

图 标："建模"面板 。

(1)指定高度值拉伸。绘制如图 6-3-1 所示的封闭图形，执行拉伸命令后，命令提示行提示如下。

选择要拉伸的对象或[模式(MO)]： //选择二维闭合图形，按 Enter 键

指定拉伸高度或 [方向(D)路径(P)倾斜角(T)表达式(E))]：

//输入 20，按 Enter 键

此时在绘图区中生成如图 6-3-2 所示的图形。

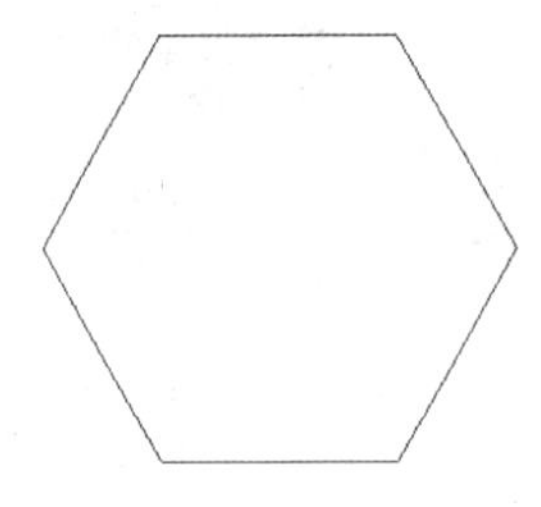

图 6-3-1 二维闭合图形

图 6-3-2 拉伸一

扫一扫：观看指定高度值拉伸的学习视频。

(2)指定高度和倾斜角度值拉伸。绘制如图 6-3-1 所示的封闭图形，执行拉伸命令后，命令提示行提示如下。

```
选择要拉伸的对象或[模式(MO)]：　　//选择二维闭合图形,按 Enter 键
指定拉伸高度或 [方向(D)路径(P)倾斜角(T)表达式(E))]：
　　　　　　　　　　　　　　　　　//输入 T
指定拉伸倾斜角度或 [表达式(E)]<0>：
　　　　　　　　　　　　　　　　　//输入 10
指定拉伸高度或 [方向(D)路径(P)倾斜角(T)表达式(E))]：
　　　　　　　　　　　　　　　　　//输入 20,按 Enter 键
```

此时在绘图区中生成如图 6-3-3 所示的图形。

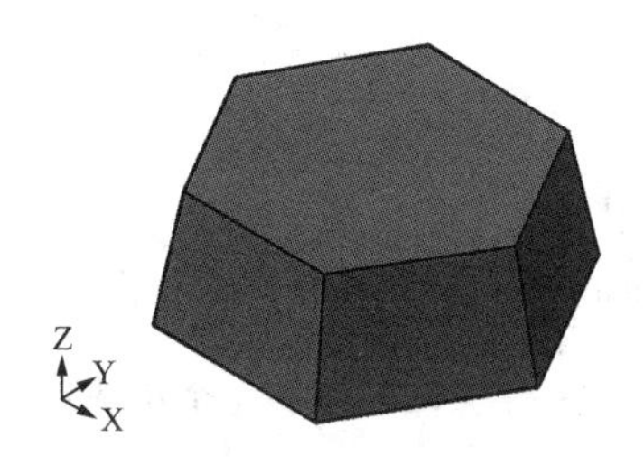

图 **6-3-3**　拉伸二

扫一扫：观看指定高度和倾斜角度值拉伸的学习视频。

(3)指定路径拉伸。绘制如图 6-3-4 所示的封闭图形和弧线，执行拉伸命令后，命令提示行提示如下。

```
选择要拉伸的对象或[模式(MO)]：　　　//选择二维闭合图形,按 Enter 键
指定拉伸高度或 [方向(D)路径(P)倾斜角(T)表达式(E))]：
　　　　　　　　　　　　　　　　　　//输入 P
指定拉伸路径或 [倾斜角(T)]：　　　　//选择弧线,按 Enter 键
```

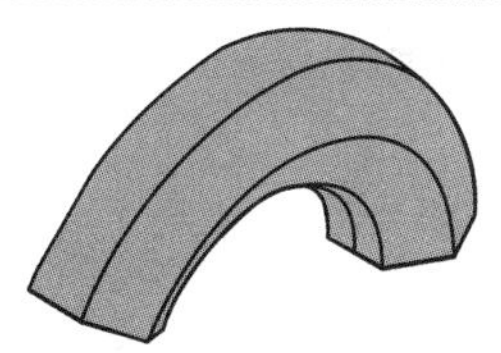

图 **6-3-4**　沿路径曲线拉伸

此时在绘图区中生成如图 6-3-4 所示的实体。其中路径曲线不能和拉伸轮廓共面，拉伸轮廓处处与路径曲线垂直。

扫一扫

扫一扫：观看指定路径拉伸的学习视频。

◇ 布尔运算（布尔值）

一、 并集

1. 功能

并集命令用于对所选择的三维实体进行求并运算，可将两个或两个以上的实体进行合并，从而形成一个整体。

2. 命令的调用

命令行：UNION(缩写：UNI)；

菜 单：修改→实体编辑→并集；

图 标："实体编辑"面板。

利用三维实体工具栏创建一个大圆柱体和一个小圆柱体，如图 6-3-5 所示。执行并集命令后，命令提示行提示如下。

```
选择对象：                                    //选择大圆柱、小圆柱，按 Enter 键
```

此时在绘图区中生成如图 6-3-6 所示的图形。

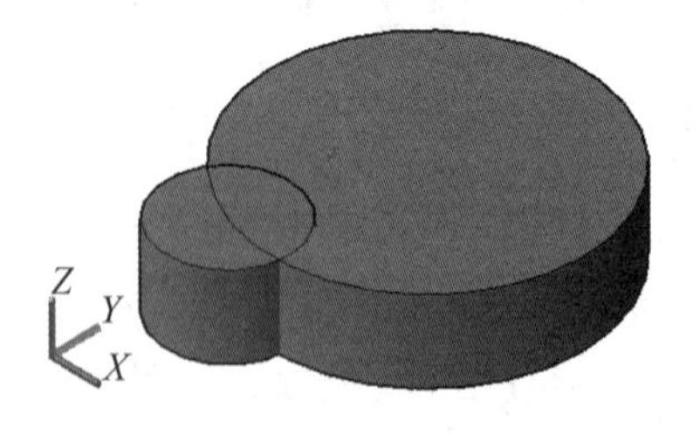

图 6-3-5 原图

图 6-3-6 求并集后的三维实体

扫一扫

扫一扫：观看并集命令的学习视频。

二、 差集

1. 功能

差集命令用于对三维实体或面域进行求差运算，实际上就是从一个实体中减去另

一个实体，最终得到一个新的实体。

2. 命令的调用

命令行：SUBTRACT(缩写：SU)；

菜　单：修改→实体编辑→差集；

图　标："实体编辑"面板。

利用三维实体工具栏创建一个大圆柱体和一个小圆柱体，如图 6-3-5 所示。执行差集命令后，命令提示行提示如下。

```
选择对象(要从中减去的实体、曲面和面域)：　//选择大圆柱，按 Enter 键
选择对象(要减去的实体、曲面和面域)：　　　//选择小圆柱，按 Enter 键
```

此时在绘图区中生成如图 6-3-7 所示的图形。

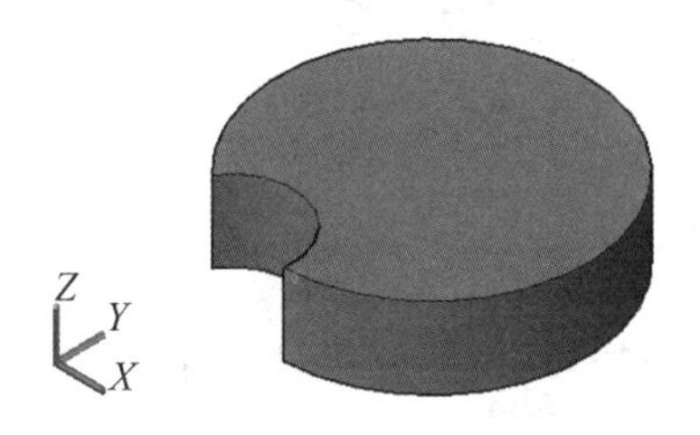

图 **6-3-7**　求差集后的三维实体

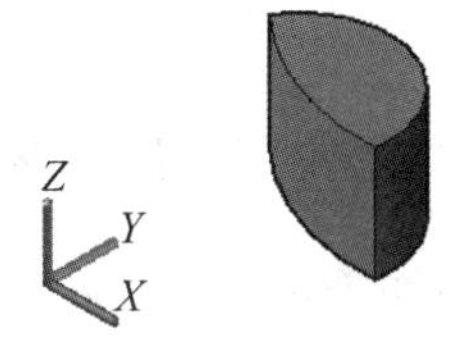

图 **6-3-8**　求交集后的三维实体

扫一扫：观看差集命令的学习视频。

三、 交集

1. 功能

交集命令用于对两个或两上以上的实体进行求交运算，将会得到这些实体的公共部分，而每个实体的非公共部分便会被删除。

2. 命令的调用

命令行：INTERSECT(缩写：IN)；

菜　单：修改→实体编辑→交集；

图　标："实体编辑"面板。

利用三维实体工具栏创建一个大圆柱体和一个小圆柱体，如图 6-3-5 所示。执行交集命令后，命令提示行提示如下。

```
选择对象：　　　　　　　　　　//选择大圆柱、小圆柱，按 Enter 键
```

此时在绘图区中生成如图 6-3-8 所示的图形。

扫一扫

扫一扫：观看交集命令的学习视频。

实践活动

根据图 6-3-9 所示的二维图形绘制摆动轮三维实体。

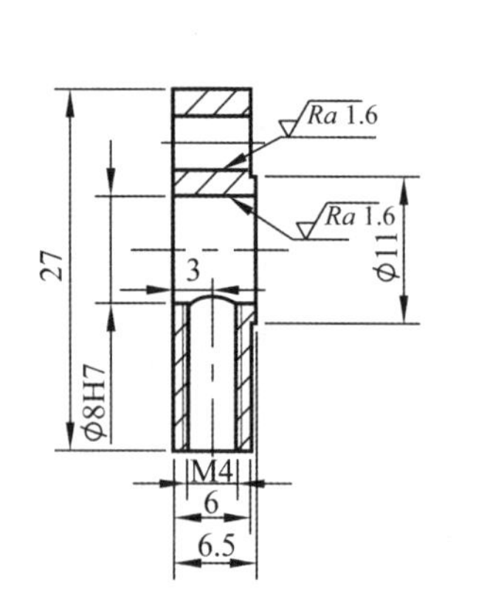

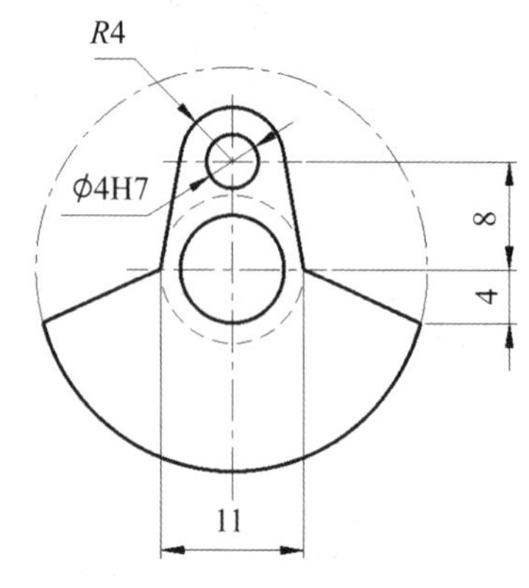

图 **6-3-9**　摆动轮二维图形

分析：首先通过二维轮廓图形拉伸得到摆动轮，然后通过差集处理得到两个圆孔，最后差集处理得到底部通孔。具体步骤如下。

步骤 1：新建文件。执行“文件→新建”命令，创建一个新图形，进入“三维建模”工作空间。

步骤 2：绘制二维图形。绘制如图 6-3-10 所示二维轮廓图形。

步骤 3：编辑多段线，单击“修改”面板图标，将所作的草图合并为一个闭合的图形。

步骤 4：拉伸三维实体，单击“建模”面板图标，选择封闭二维图形，拉伸高度 6，得到三维实体。

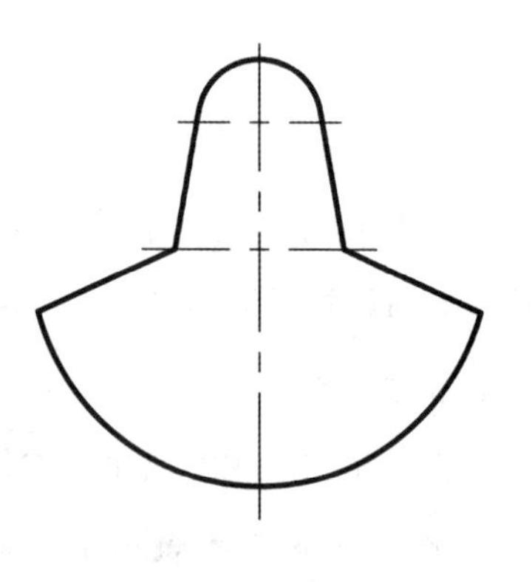

图 **6-3-10**　二维轮廓图形

步骤 5：创建三维实心圆柱体。单击“建模”面板图标或输入命令“CYLINDER”，选择圆心，创建 ϕ11 圆柱、ϕ8 圆柱和 ϕ4 圆柱，拉伸高度分别为 6.5 和 6。

步骤 6：并集处理。单击按钮或命令“union”，选中摆动轮和 ϕ11 圆柱，按 enter 键得到合并后的三维实体。

步骤 7：差集处理。单击按钮或命令“subtract”，选中摆动轮为保存对象，选中两圆柱实体为消去对象，按 Enter 键得到求差后的三维实体，如图 6-3-11 所示。

步骤 8：底部通孔。绘制 ϕ3.2 圆柱，拉伸长度 15，以摆动轮为保存对象做差集处理，得到如图 6-3-12 所示图形。

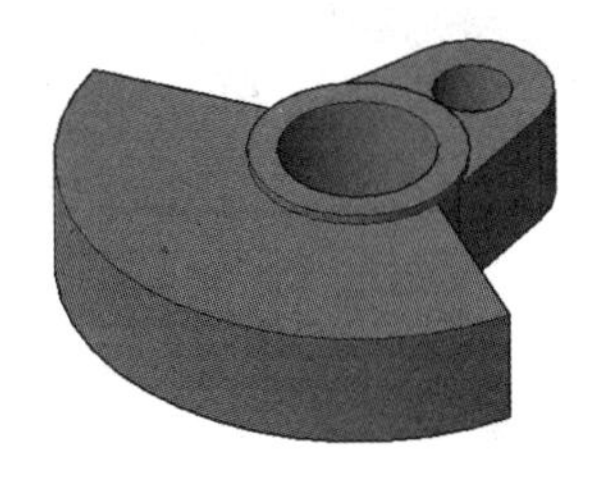

图 **6-3-11**　差集处理实体

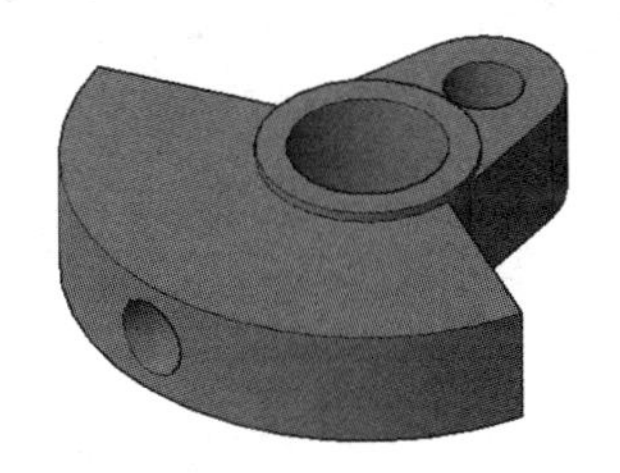

图 **6-3-12**　底部通孔

扫一扫：观看绘制摆动轮三维实体的学习视频。

专业对话

1. 谈一谈拉伸和布尔运算命令的应用场合。
2. 谈一谈在绘制摆动轮三维造型时所遇到的问题和解决方案。

拓展活动

完成图 6-3-13 至图 6-3-15 三维实体的创建。

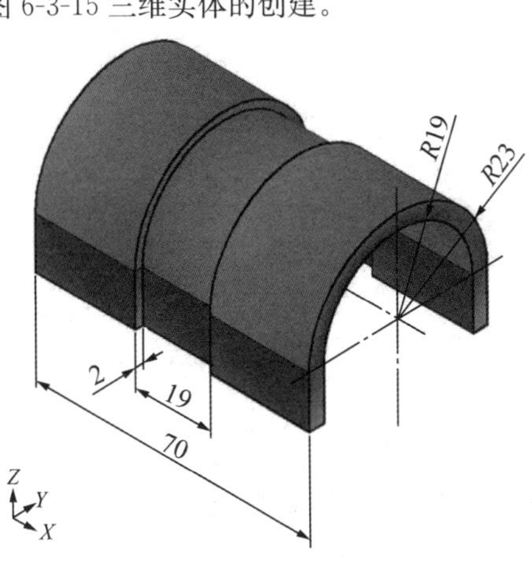

图 **6-3-13**　三维实体 **1**

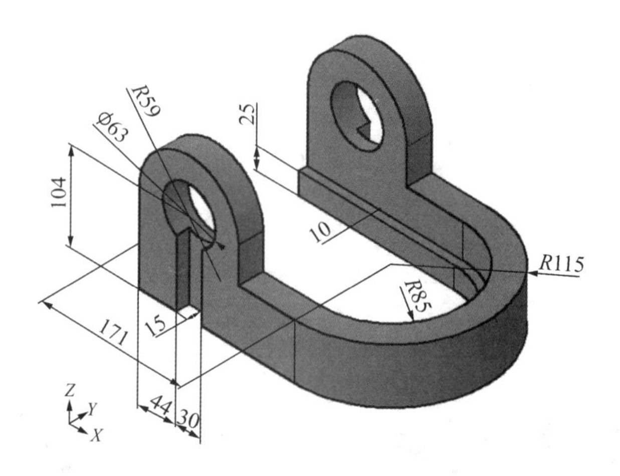

图 6-3-14 三维实体 2

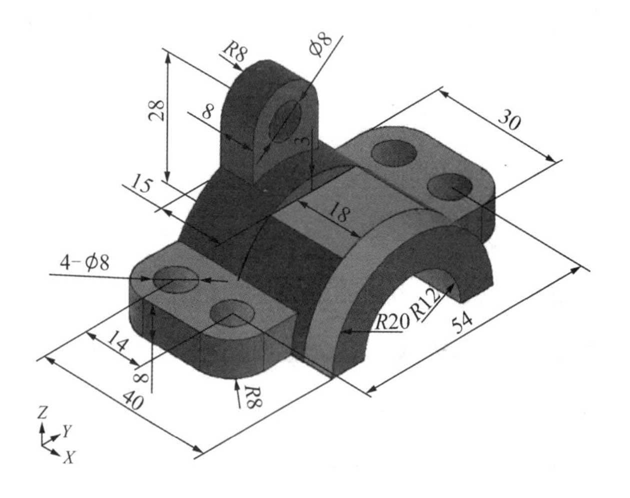

图 6-3-15 三维实体 3

任务四 绘制带轮三维造型

任务目标

1. 掌握三维实体基本编辑方法。

2. 学会使用旋转命令绘制带轮三维造型。

学习活动

◇ 旋转命令

1. 功能

旋转命令用于通过绕轴旋转二维对象来创建实体。

2. 命令的调用

命令行：REVOLVE(缩写：REV)；

菜　单：绘图→建模→旋转；

图　标："建模"面板。

绘制如图 6-4-1 所示的二维封闭图形和直线 AB、直线 CD，执行旋转命令后，命令提示行提示如下。

```
选择要旋转的对象或[模式(MO)]：            //选择二维闭合图形,按 Enter 键
根据轴起点或根据以下选项之一定义轴 [对象(O)XYZ]：
                                          //选择 A 点
选择轴端点：                               //选择 B 点
指定旋转角度或 [起点角度(ST)翻转(R)表达式(EX))]＜360＞：
                                          //按 Enter 键
```

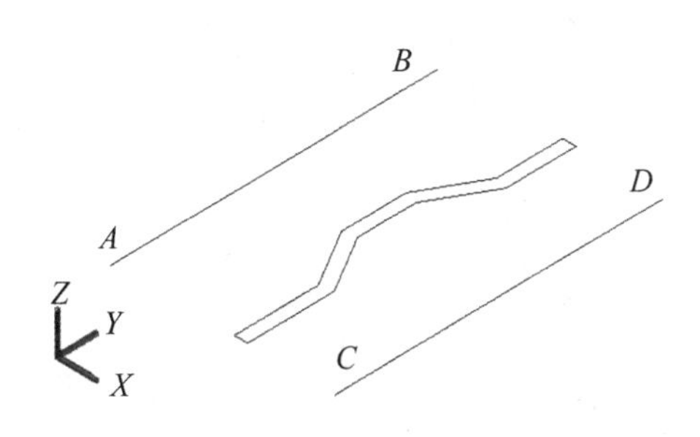

图 6-4-1　绘制的二维图形

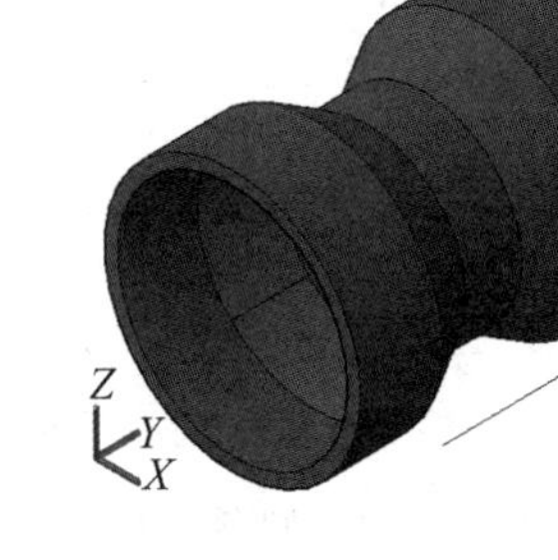

图 6-4-2　以 *AB* 为旋转轴

此时在绘图区中生成如图 6-4-2 所示的图形。以直线 CD 作为旋转轴旋转二维图形，输入旋转角度 360°，得到如图 6-4-3 所示的效果。

以直线 AB 作为旋转轴旋转二维图形，此时输入旋转角度 90°，得到如图 6-4-4 所示的效果。

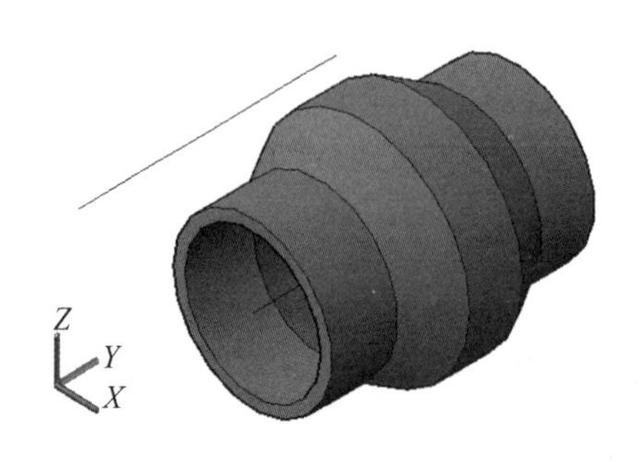

图 6-4-3 以 *CD* 为旋转轴

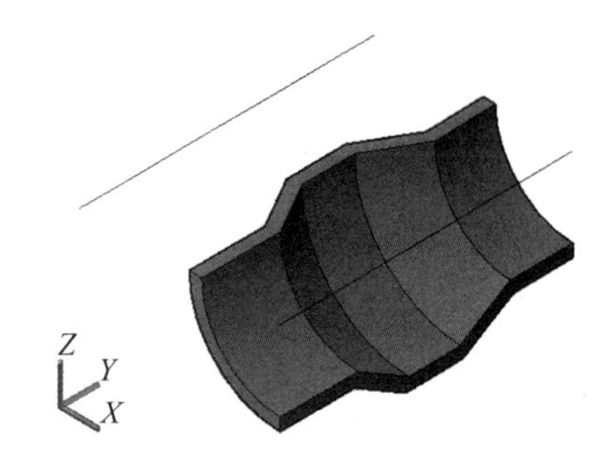

图 6-4-4 以 *AB* 为旋转轴旋转 90°

扫一扫：观看旋转命令的学习视频。

◇ 圆角边和倒角边

一、 圆角边

1. 功能

对实体对象的边制作圆角。

2. 命令的调用

命令行：FILLETEDGE；

菜 单：修改→实体编辑→圆角边；

图 标："实体编辑"面板。

创建如图 6-4-5 所示圆柱体，执行圆角边命令后，命令提示行提示如下。

```
选择边或[链(C)环(L)半径(R)]：              //选择圆柱上底面圆周，按 Enter 键
按 Enter 键接受或圆角或[半径(R)]：          //输入 R
指定半径或[表达式(E)]：                     //输入 1，按 Enter 键
按 Enter 键或接受圆角或[半径(R)]：          //按 Enter 键
```

此时在绘图区中生成如图 6-4-6 所示的图形。

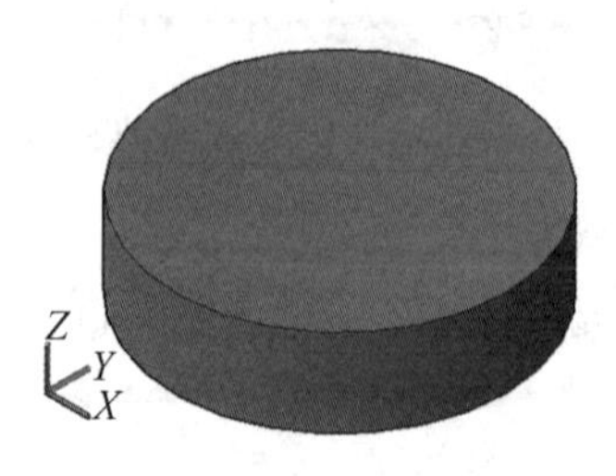

图 6-4-5 创建图柱

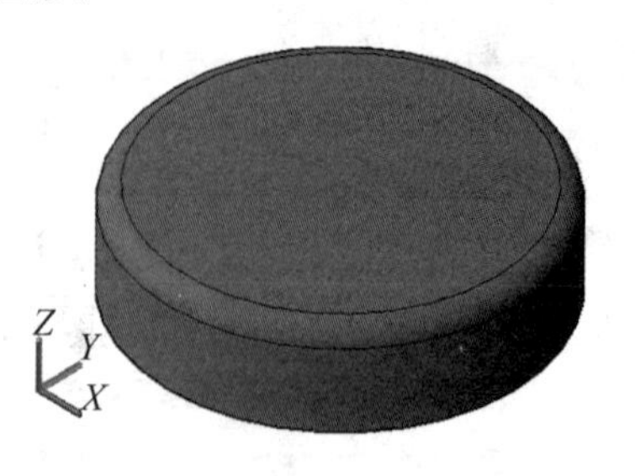

图 6-4-6 圆角边后的圆柱体

扫一扫：观看圆角边的学习视频。

二、倒角边

1. 功能

对实体对象的边制作倒角。

2. 命令的调用

命令行：CHAMFEREDGE；

菜　单：修改→实体编辑→倒角边；

图　标："实体编辑"面板 。

创建如图 6-4-5 所示圆柱体，执行圆角边命令后，命令提示行提示如下。

选择一条边或[环(L)距离(D)]：　　//选择圆柱上底面圆周
选择同一个面上的其他边或[环(L)距离(D)]：　　//按 Enter 键
按 Enter 键接受或圆角或[距离(D)]：　　//输入 D
指定基面倒角边距离或[表达式(E)]：　　//输入 1,按 Enter 键
指定其他曲面倒角边距离或[表达式(E)]：　　//输入 1,按 Enter 键
按 Enter 键或接受圆角或[半径(R)]：　　//按 Enter 键

此时在绘图区中生成如图 6-4-7 所示的三维实体。

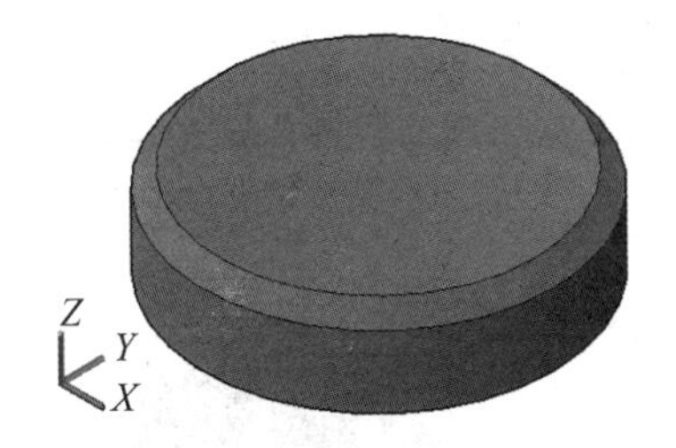

图 **6-4-7**　倒角边后的圆柱体

扫一扫：观看倒角边的学习视频。

实践活动

活动：根据图 6-4-8 所示二维图形绘制带轮三维实体。

分析：首先通过二维轮廓图形旋转得到带轮，然后通过差集处理得到四个圆孔，最后运用倒角边和圆角边得到带轮三维实体。具体步骤如下。

步骤 1：新建文件。执行“文件→新建”命令，创建一个新图形，进入“三维建模”工作空间。

步骤 2：绘制二维图形。绘制如图 6-4-9 所示的二维轮廓图形。

步骤 3：编辑多段线。单击“修改”面板图标，将所作的草图合并为一个闭合的图形。

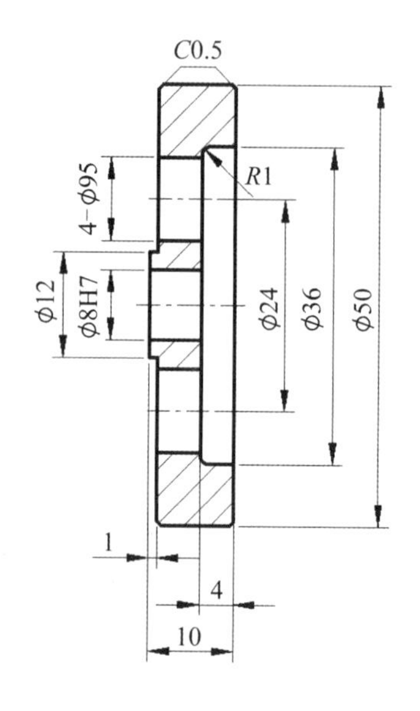

图 6-4-8　带轮三维实体图

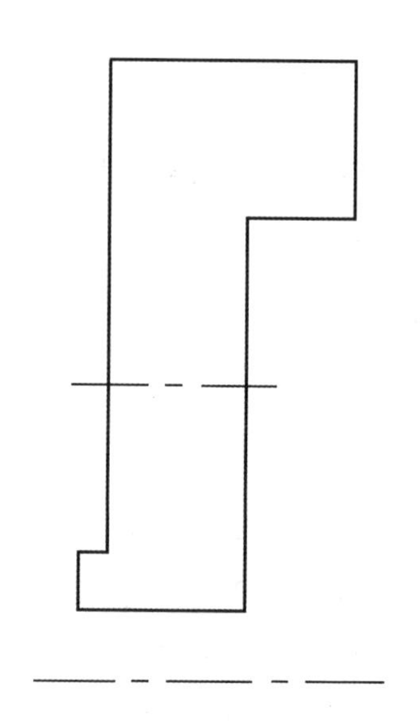

图 6-4-9　二维草图

步骤 4：旋转创建实体。单击“建模”面板中的“旋转”工具，选择二维图形，按 Enter 键，捕捉虚线的两端点作为旋转轴，输入旋转角度 360°，得到旋转后的图形，如图 6-4-10 所示。

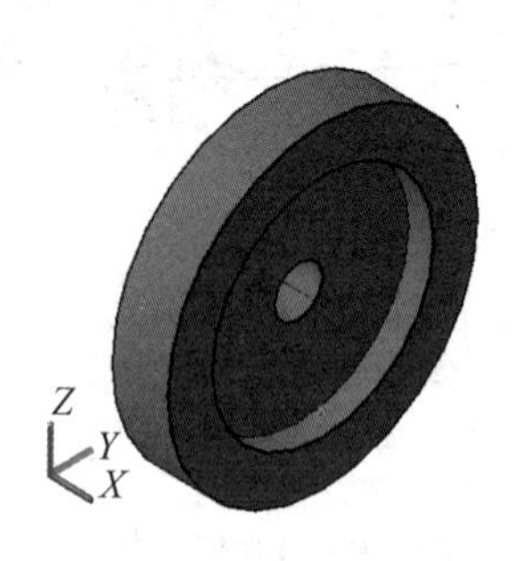

图 6-4-10　摆动轮三维实体

步骤 5：创建三维实心圆柱体。单击“建模”面板图标或输入命令

“CYLINDER”，选择圆心，创建四个ϕ9.5 圆柱，拉伸高度为 5，如图 6-4-11 所示。

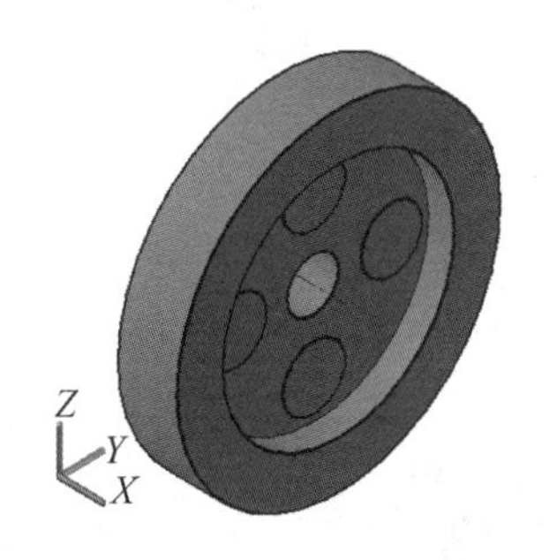

图 **6-4-11**　二维轮廓图形

步骤 6：差集处理。单击按钮或命令“subtract”，选中带轮为保存对象，选中四个圆柱实体为消去对象，按 Enter 键确认得到圆角边的三维实体，如图 6-4-12 所示。

步骤 7：倒角边和圆角边。单击“实体编辑”面板“倒角边”工具，然后选择带轮两端面圆周，按 Enter 键确认，输入 D，指定基面倒角边距离为 1，指定其他曲面倒角边距离为 1，按 Enter 键确认得到圆角边的三维实体；单击“实体编辑”面板“圆角边”工具，然后选择带轮孔内测圆周，按 Enter 键确认，然后输入 R，半径值为 2，按 Enter 键确认得到圆角边的三维实体，如图 6-4-13 所示。

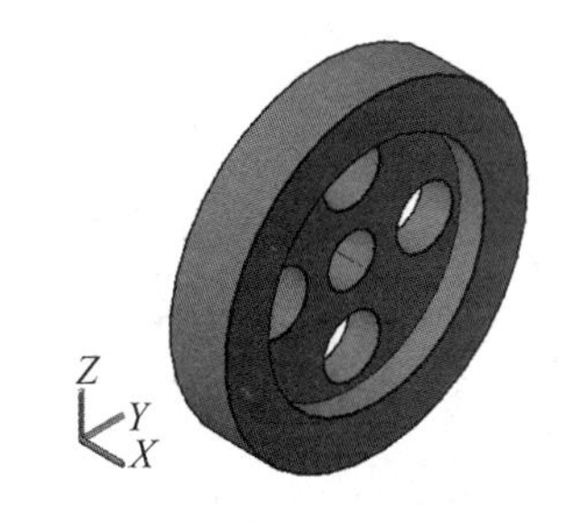

图 **6-4-12**　差集处理实体

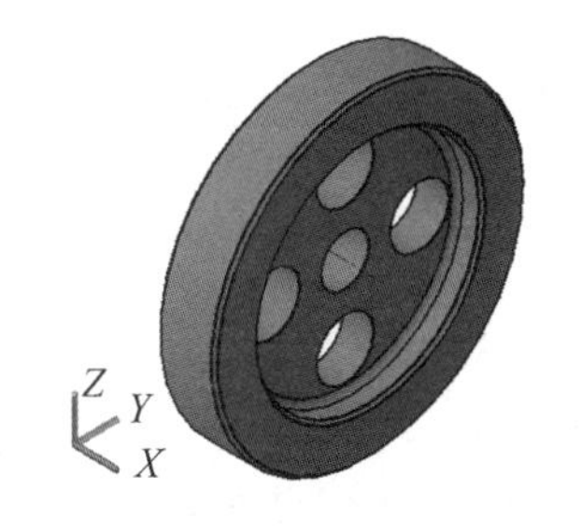

图 **6-4-13**　倒圆角边后带轮造型

扫一扫：观看绘制带轮三维实体的学习视频。

专业对话

1. 谈一谈旋转命令的适用场合。

2. 谈一谈倒角边和圆角边的作用。

3. 谈一谈在绘制带轮三维造型时遇到的问题及解决方法。

拓展活动

完成图 6-4-14、图 6-4-15 三维实体的创建。

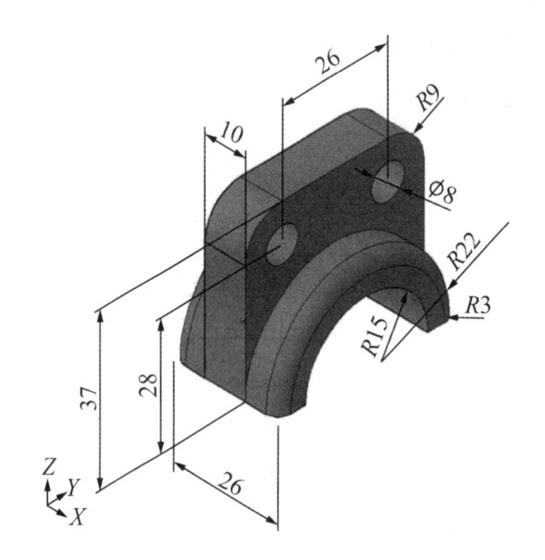

图 6-4-14 三维实体 1

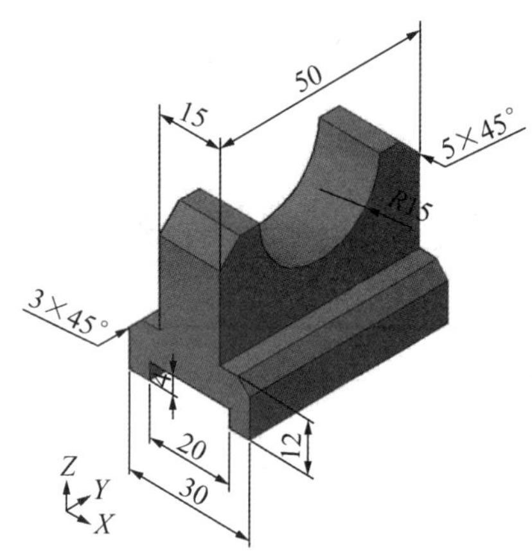

图 6-4-15 三维实体 2

项目七
图形打印

项目导航

设计和绘制好的图样，只有打印出来，才能方便设计并供技术工人阅读使用。AutoCAD 为我们提供了方便的图纸布局、页面设置与打印输出功能，用户可以对同一图形对象进行多种不同的布局，以方便不同阅读者的需要。

本项主要介绍 AutoCAD 打印的基础知识，打印设置，然后应用到偏心气缸装配图打印。

学习要点

1. 了解图形打印基础知识。
2. 掌握打印设置的方法。
3. 掌握偏心气缸装配图的打印方法。

任务一　打印基础知识

任务目标

1. 认识模型空间和图纸空间的特征及区别。
2. 了解图纸空间的不同布局，学会新布局的创建等操作。

学习活动

◇ 模型与图纸空间

AutoCAD提供了两种不同的空间：模型空间和图纸空间。通过本次学习，读者将了解两种不同空间的特征及区别。

一、 模型空间

模型空间是一个三维空间，它主要用于几何模型的构建，读者在前面所学的内容都是在模型空间中进行的。

模型空间的主要特征如下。

(1)在模型空间中，所绘制的二维图形和三维模型的比例是统一的。

(2)在模型空间中，每个视口都包含对象的一个视图，比如，设置不同的视口会得到主视图、俯视图、左视图、立体图等。

(3)用Vports命令创建视口和设置视口，还可以保存起来以备后用。

(4)视口是平铺的，它们不能重叠，总是彼此相邻。

(5)当前视口只有一个，十字光标只能出现在该视口中，只能编辑该视口。

(6)只能打印活动的视口。

(7)系统变量maxctvp决定了视口的范围是2～64。

二、 图纸空间

在AutoCAD中，图纸的空间是以布局的形式来表现的。一个图形文件中可包含多个布局，每个布局代表一张单独的打印输出图纸，主要用于创建最终的打印布局，而不用于绘图或设计工作。在绘图区域底部选择“布局”选项卡，就能查看相应的布局。

图纸空间的主要特征如下。

(1)只有激活了ms命令后，才可以编辑图形文件。

(2)视口的边界是实体，可以删除、移动、缩放和拉伸视口。

(3)视口的形状没有限制。

(4)视口不是平铺的，可以用各种方法将它们重叠、分离。

(5)每个视口都在自定的图层上，视口边界和当前层的颜色相同，但线型为实线。

(6)可以同时打印多个视口。

(7)十字光标可以不断延伸，处于任一视口中。

(8)可通过 mview 命令打开或关闭视口；通过 solview 命令创建视口或者用 vports 命令恢复在模型空间中保存的视口。

(9)系统变量 maxactvp 决定了活动状态下的视口数量最多是 64。

◇ 布局与视口

在图纸空间可以进行不同的布局及创建布局、视口操作、布局的管理等操作。

一、 创建布局

在建立新图形的时候，AutoCAD 会自动建立一个“模型”选项卡和两个“布局”选项卡。其中“模型”选项卡不能删除也不能重命名；而“布局”选项卡可以删除、重命名，且个数没有限制。

在 AutoCAD 的“插入→布局”子菜单下，有 3 种创建布局的方法：新建布局、来自样板的布局和创建布局向导。创建布局如图 7-1-1 所示。

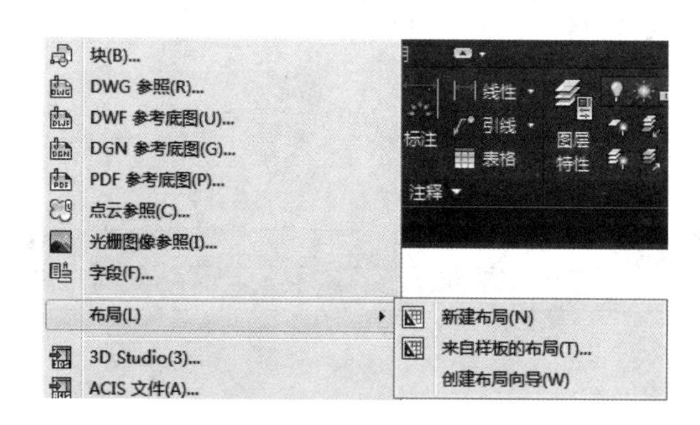

图 **7-1-1**　创建布局

1. *新建布局*

命令行：layout；

菜　单：插入→布局→新建布局；

图　标：模型 布局1 布局2 +。

也可以用鼠标在任一“布局”选项卡上单击右键，在弹出的快捷菜单中选择“新建布局”命令。这种方式创建的新布局无需输入布局的名称，系统自动按“布局 3”“布局 4”依次命名。如有需要，可通过“重命名”更改布局名字。

执行命令后，命令提示行提示如下。

显示布局选项 [复制(C)/删除(D)/新建(N)/样板(T)/重命名(R)/另存为(SA)/设置(S)/?] //输入 N

输入新布局名 <布局 3> //按 Enter 键

扫一扫：观看新建布局的学习视频。

2. 使用布局样板

可以利用系统提供的样板来创建布局，如图 7-1-2 所示。

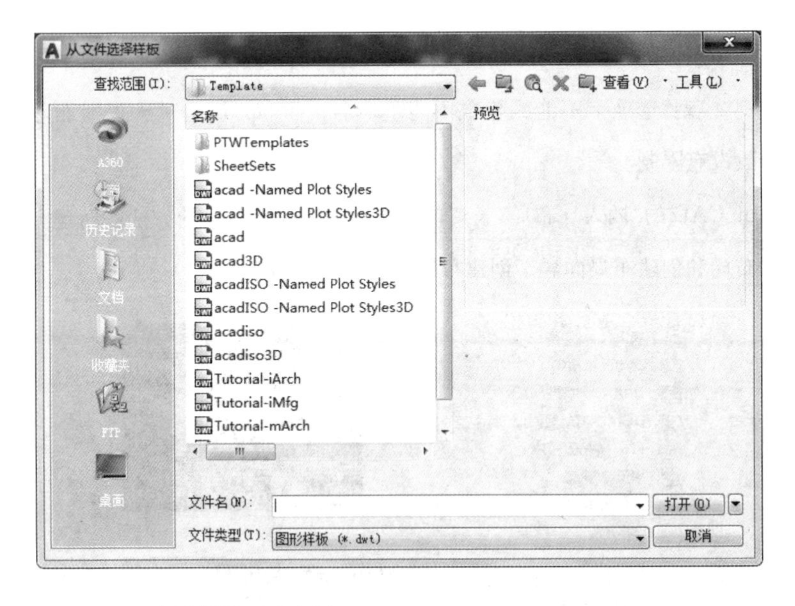

图 7-1-2 布局样板创建布局

3. 利用向导创建

AutoCAD 为用户提供了简单明了的布局创建方法，可以根据提示对新布局的名称、打印机、图纸尺寸、方向、标题栏、定义视口、拾取位置等进行设置，如图 7-1-3 所示。

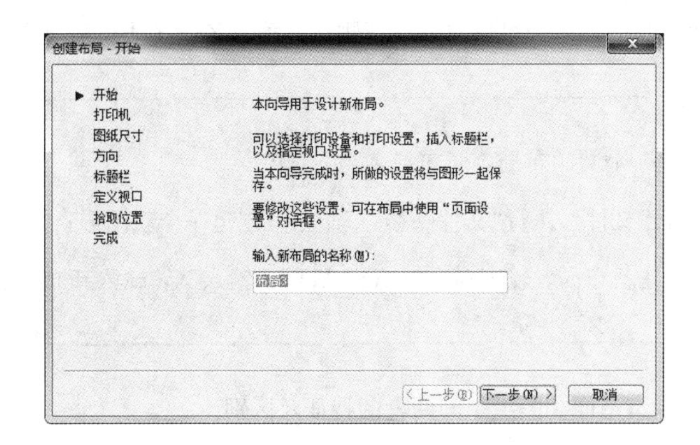

图 7-1-3　创建布局向导

二、 视口操作

用户创建的布局，默认情况下只有一个视口，通过“视口”工具条的相关命令可以创建多个视口、多边形视口和将对象转换为视口等。

(1)编辑图形对象。当需要在图纸空间中编辑模型空间中的对象时，利用 ms 命令激活视口(激活的视口将以粗边框显示)，进行编辑。取消编辑，用 ps 命令取消即可。

(2)删除视口。单击需要删除的视口边界，此时视口被选中(显示夹点)，然后选择“删除”命令即可。

(3)新建视口。选择“视图→视口→新建视口”命令(或单击“视口”工具条的按钮)，打开“视口”对话框，根据需要设置视口的数量和排列方式，在布局视口中指定对角点确定新建视口的大小即可。

(4)合并视口。选择“视图→视口→合并”命令(或单击“视口”工具条的按钮)，将两个相邻模型视口合并为一个较大的视口，这两个模型视口必须共享长度相同的公共边。生成的视口将继承主视口的视图。

(5)调整视口形状与大小。选中视口，利用夹点编辑视口的大小。

三、 布局的管理

在“布局”选项卡处单击右键，弹出快捷菜单。当用户新建一个布局，或者对布局的视口进行了调整后，同样可以对其进行删除、重命名、移动和复制等操作。

实践活动

活动：创建一个新的布局，新布局名为“打印”。

步骤 1：新建文件。执行“文件→新建”命令，创建一个新图形；

步骤 2：创建新布局。输入命令“LAYOUT”，输入 N，输入新布局名，打印。

专业对话

1. 谈一谈模型空间和图纸空间两者的特征及区别。
2. 谈一谈创建布局的三种方法及各自的优缺点。

拓展活动

创建一个新的布局，新布局名为“巩固练习”，设置打印机 Mirosoft XPS Document Writer，横向 A3 图纸。

任务二 打印偏心气缸装配图

任务目标

1. 掌握打印设置的基本步骤。
2. 了解从模型空间和图纸空间出图的两种出图方法。
3. 打印偏心气缸装配图。

学习活动

◇ 从模型空间出图

特点：只能以单一比例进行打印。

1. 命令的调用

命令行：PLOT；

菜　单：文件→打印；

图　标：“输出”面板 。

执行命令后打开“打印—模型”对话框，如图 7-2-1 所示。

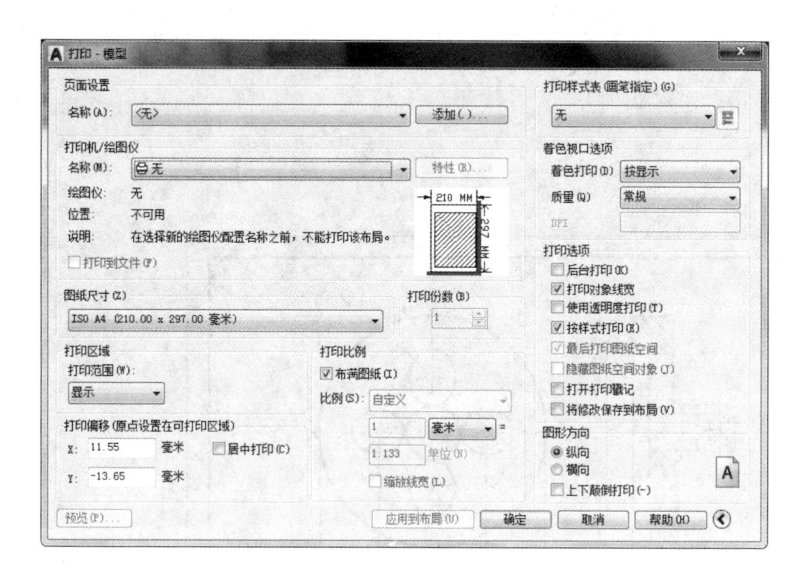

图 7-2-1　“打印-模型”对话框

2. 说明

下面对“打印—模型”对话框的主要功能进行说明。

(1)打印机/绘图仪。在“名称”下拉列表中选择相应的打印机，选中后，在“名称”下拉列表下方显示设备的名称、连接端口及其他注释信息。若想修改当前打印设置，可单击 特性(R)... 按钮。

(2)图纸尺寸。在下拉列表中选择图纸尺寸，该下拉列表中包含了已选打印设备可用的标准图纸尺寸。

(3)预览框。显示当前的打印设置，如图纸尺寸等。

(4)打印区域。该区域的“打印范围”下拉列表中包含了 4 个选项，我们利用图 7-2-2 所示的图形说明这些选项的区别。请读者注意图形在窗口中的位置。

①显示。“显示”选项打印整个图形窗口，打印预览结果如图 7-2-3 所示。

②图形界限。“图形界限”选项打印设定的图形界限(用 limits 命令设定的界限)，打印预览结果如图 7-2-4 所示。

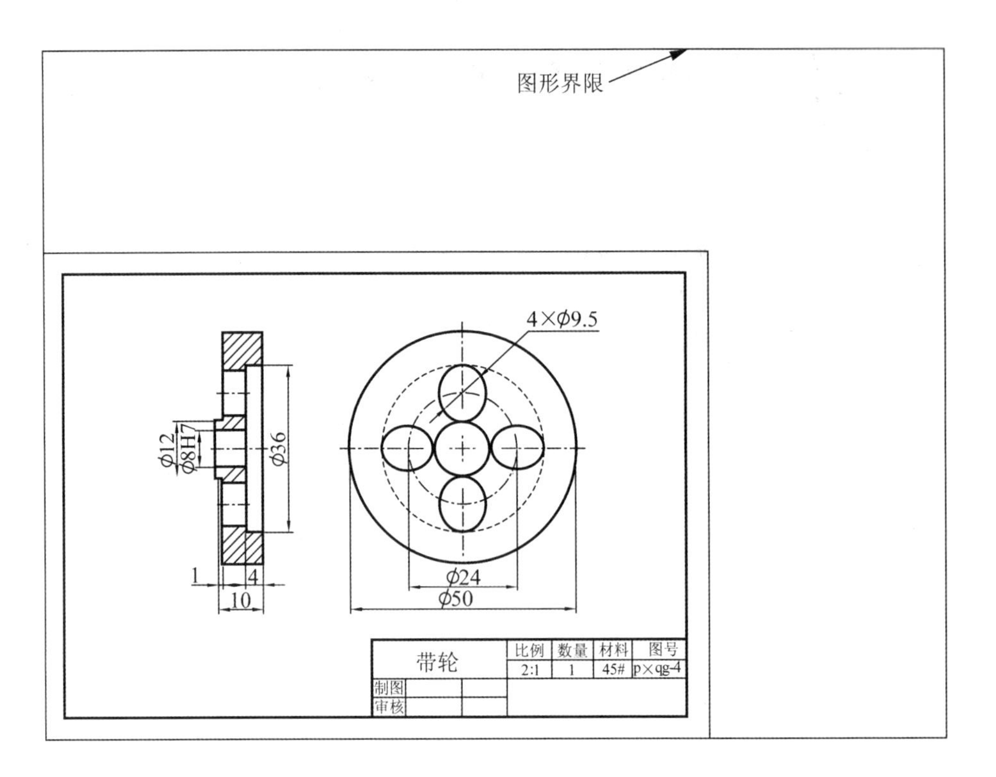

图 7-2-2 设置打印区域

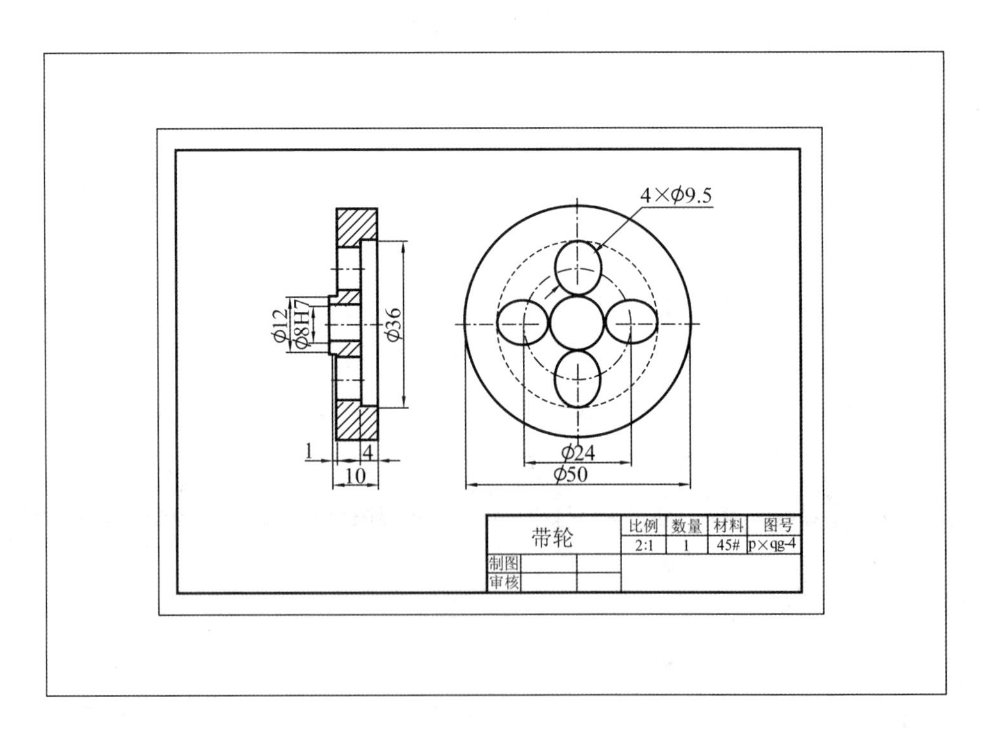

图 7-2-3 “显示”选项

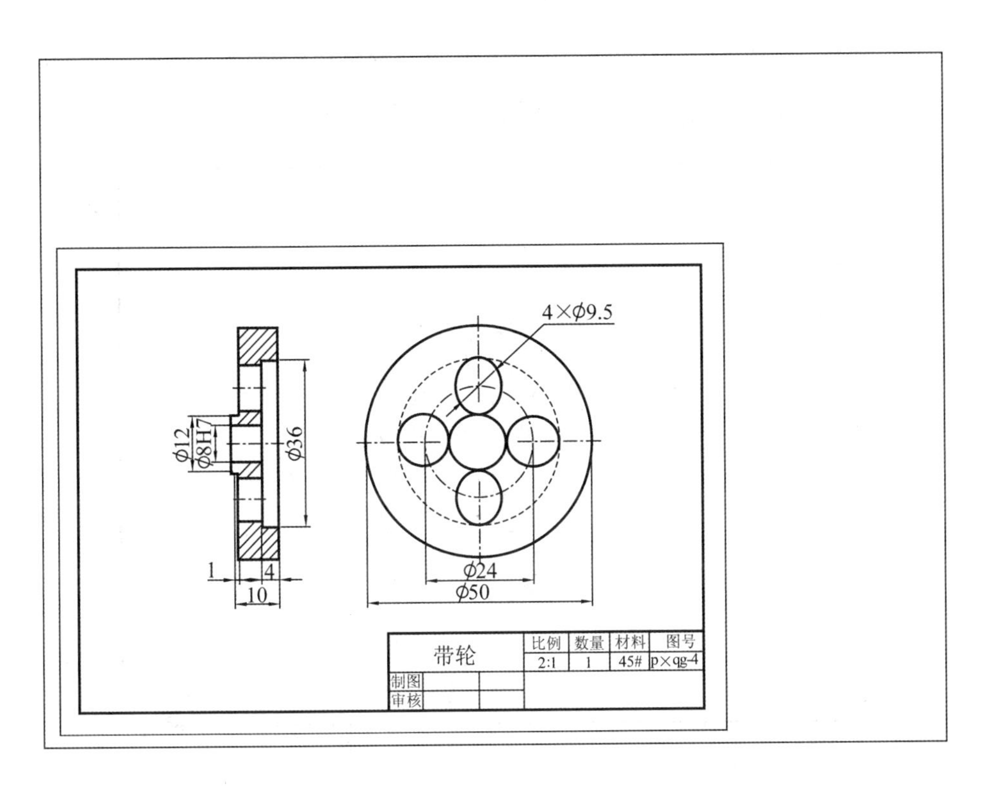

图 7-2-4 “图形界限”选项

③范围。“范围”选项打印文件中的所有图形对象，打印预览结果如图 7-2-5 所示。

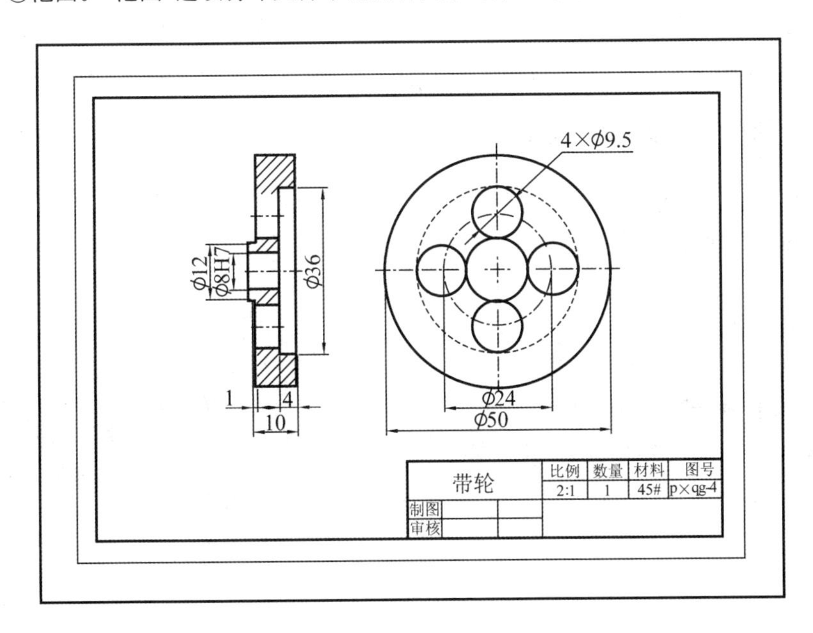

图 7-2-5 “范围”选项

④窗口。“窗口”选项打印自己设定的区域(需根据提示指定两个对角点)，同时显示按钮，单击此按钮可重新设定打印区域，如图 7-2-6 所示。

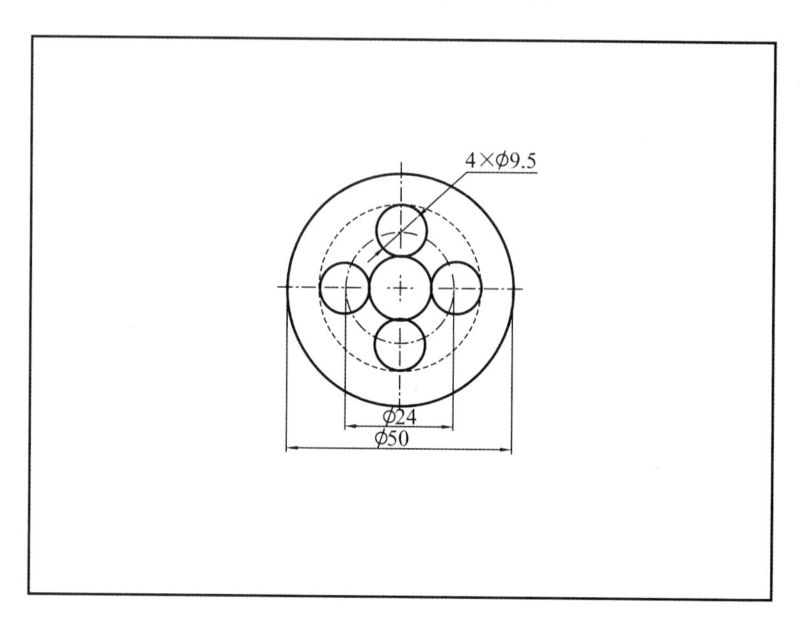

图 7-2-6 “窗口”选项

(5)打印偏移。图形在图纸上的打印位置由“打印偏移”确定，如图 7-2-7 所示。默认情况下，AutoCAD 从图纸左下角打印图形。左下角的坐标为(0，0)，即打印的原点在图纸的左下角。我们可以利用“打印偏移”对话框中的选项来重新设定打印原点。

X：指定打印原点在 *X* 方向的偏移量；*Y*：指定打印原点在 *Y* 方向的偏移量；居中打印：在图纸的正中间打印图形(*X*、*Y* 的偏移量由系统自动计算)。

(6)打印比例。设置图形的出图比例，如图 7-2-8 所示。

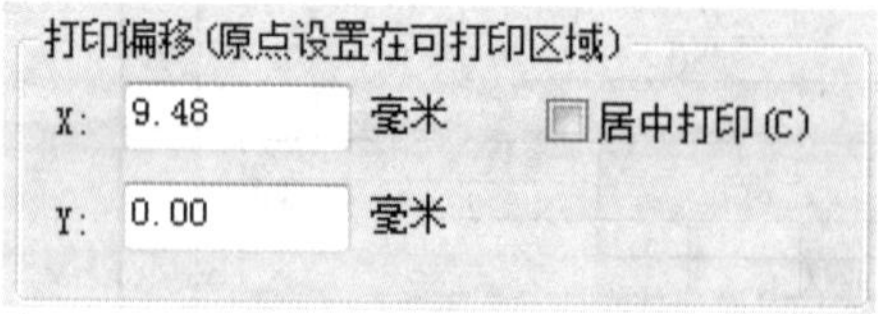

打印偏移(原点设置在可打印区域)
X: 9.48 毫米 居中打印(C)
Y: 0.00 毫米

图 7-2-7 “打印偏移”选项

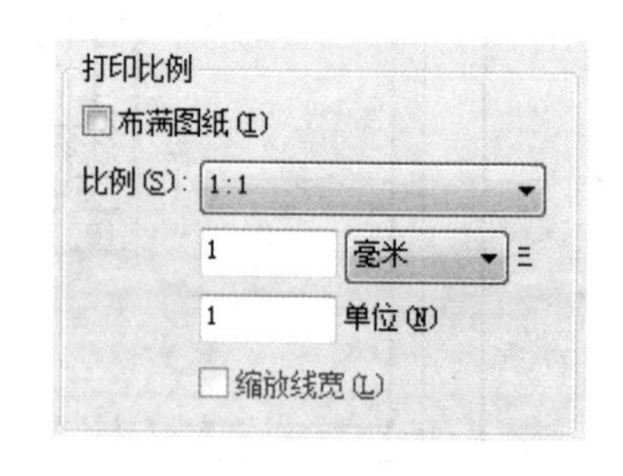

图 7-2-8 “打印比例”选项

布满图纸：按图纸空间自动缩放图形。

打印比例：在下拉列表中选择需要的打印比例，或选择“自定义”自定义打印比例，在下方的文本框中输入比例因子即可。

(7)打印选项。可以选择后台打印、打印对象线宽、使用透明度打印、按样式打印、打开打印戳记、将修改保存到布局等选项，如图 7-2-9 所示。

(8)图形方向。设置图形在图纸上的打印方向，如图 7-2-10 所示。图标 A 表示图纸的放置方向，字母 A 表示图形在图纸上的打印方向。

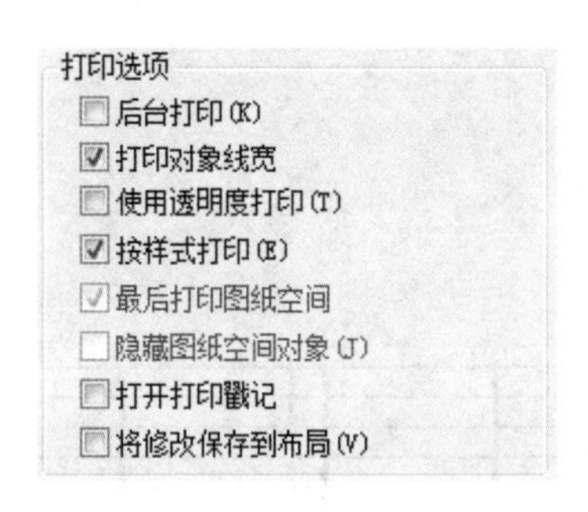

图 **7-2-9**　“打印”选项

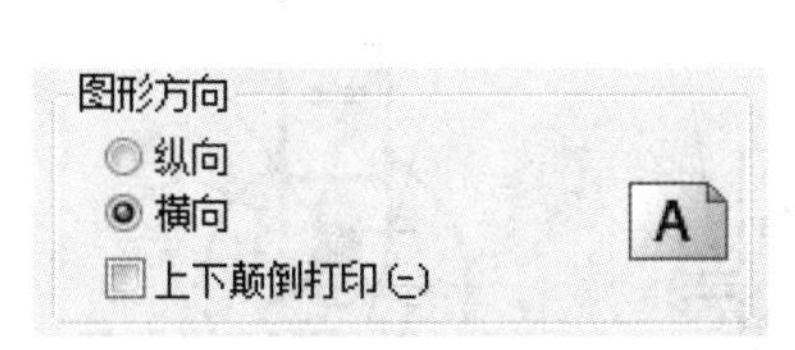

图 **7-2-10**　“图形方向”选项

上下颠倒打印：使图形颠倒打印，与纵向、横向结合使用。

3. 打印

打印参数设置完成后，就可以打印图纸了，但是，为了避免浪费图纸，在打印输出图纸之前，应养成打印预览的习惯，通过预览观察图形的打印效果，发现不合适的可重新调整。

(1)打印预览。单击“打印”对话框左下角的 预览(P)... 按钮，AutoCAD 显示实际的打印效果。查看完毕后，按 Esc 键或 Enter 键返回“打印”对话框。

(2)保存打印设置。预览结束后，在“打印”对话框中单击“确定”按钮，将出现保存打印设置对话框，可以将打印设置保存起来以备后用。

(3)打印。保存好后自动打印文件。

◇ 从图纸空间出图

特点：可以将不同绘图比例的图放在一起打印。

单击“布局”选项卡，切换到图纸空间，屏幕左下角的图标变为 。图纸空间可以认为是一张“虚拟的图纸”，在模型空间绘制好图形后，切换到图纸空间，把模型空间的图样按所需的比例布置在“虚拟图纸”上，最后从图纸空间以 1∶1 的出图比例将“图纸”打印出来。

实践活动

活动：打印图 7-2-11 所示偏心气缸装配图。

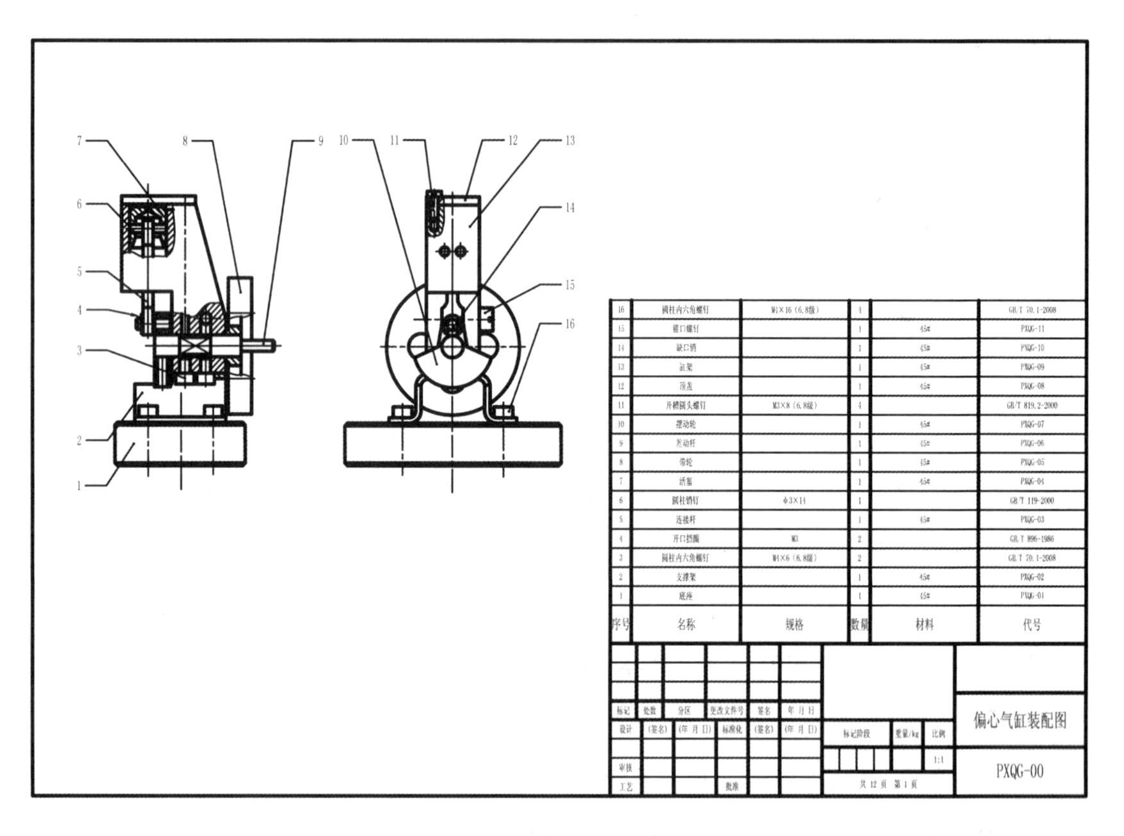

图 7-2-11　偏心气缸装配图

步骤 1：打开偏心气缸装配图。

步骤 2：打印一模型。单击文件，打印，出现“打印一模型”对话框。

步骤 3：选择打印机。打开“打印机/绘图仪”选项下拉菜单，选择 Mirosoft XPS Document Writer。

步骤 4：图纸尺寸。选择“A3 旋转”。

步骤 5：打印范围。选择“窗口”，框选图框为细实线。

步骤 6：打印偏移。选择“居中打印”。

步骤 7：打印比例。取消“不满图纸”，选择比例“1∶1”。

步骤 8：打印选项。默认勾选“打印对象线宽”“按样式打印”。

步骤 9：图形方向。选择“横向”。

步骤 10：预览，如图 7-2-12 所示。

步骤 11：确定。保存打印设置。

步骤 12：打印。保存好后自动打印。

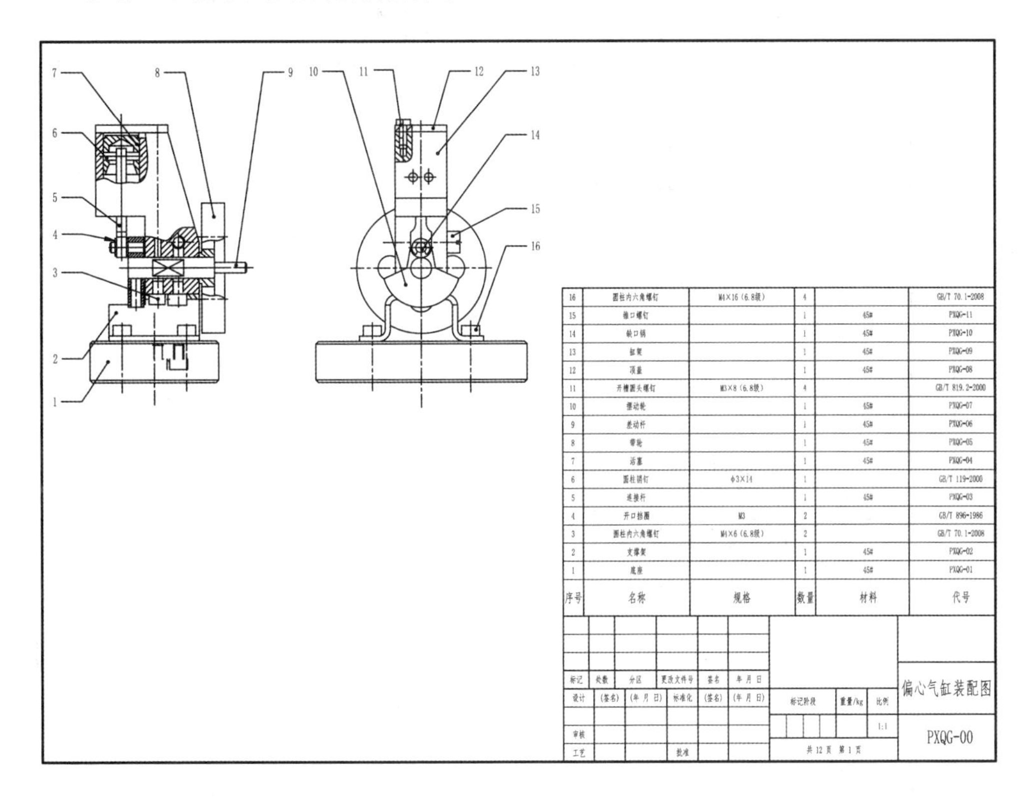

图 7-2-12　打印预览

扫一扫：观看打印偏心气缸装配图的学习视频。

专业对话

1. 谈一谈打印装配图时需要哪些打印设置。

2. 谈一谈为什么需要进行打印预览。

3. 谈一谈打印区域设置时打印范围 4 种选项的区别。

拓展活动

运用 AutoCAD 软件打印如图 7-2-13 和图 7-2-14 所示的二维图纸。

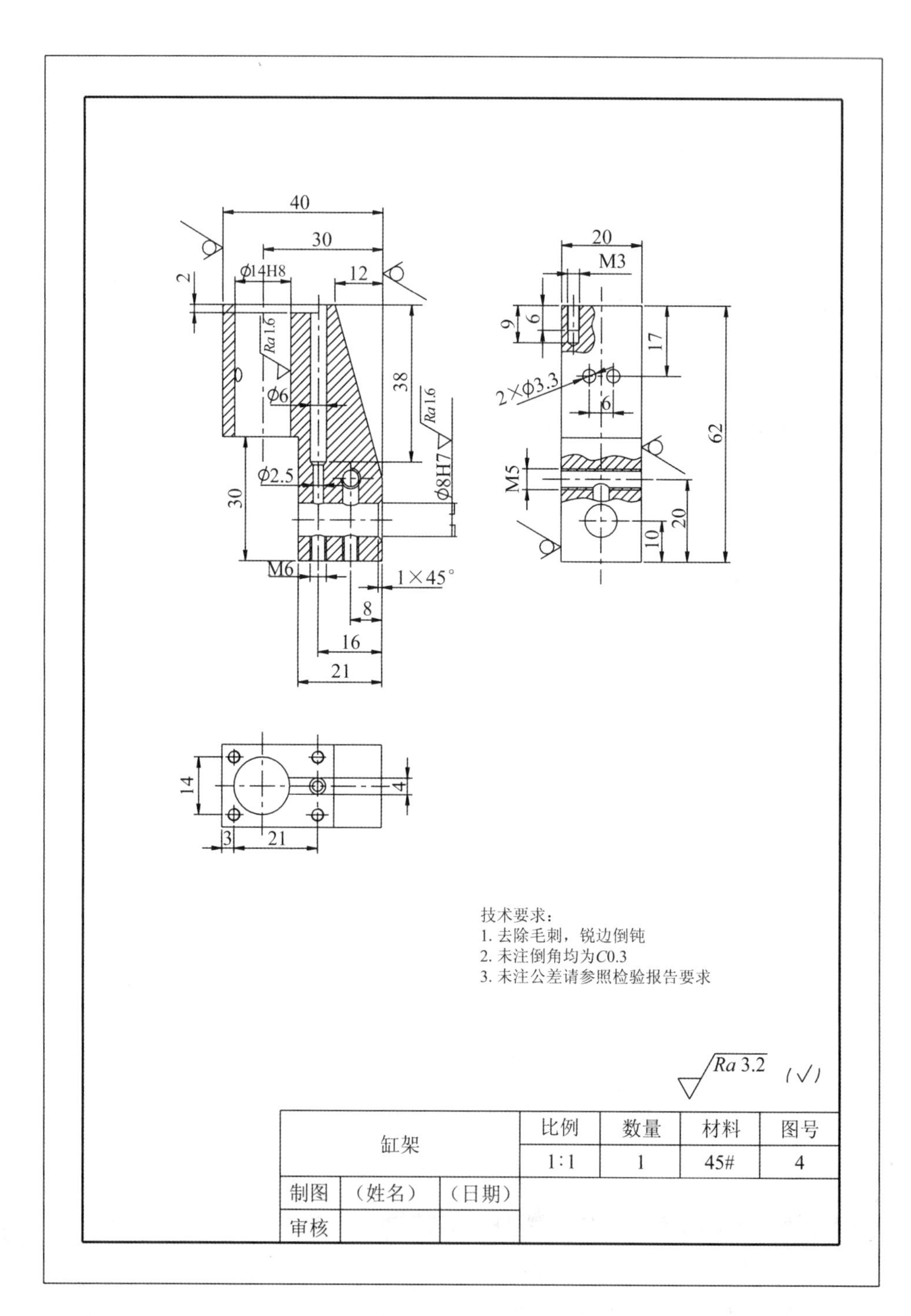
40
30
12
2
ϕ14H8
Ra 1.6
38
ϕ6
Ra 1.6
ϕ8H7
ϕ2.5
30
M6
1×45°
8
16
21
20
M3
9
6
17
2×ϕ3.3
6
62
M5
20
10
14
4
3
21
技术要求：
1. 去除毛刺，锐边倒钝
2. 未注倒角均为C0.3
3. 未注公差请参照检验报告要求
Ra 3.2
(√)
缸架
比例
数量
材料
图号
1:1
1
45#
4
制图
（姓名）
（日期）
审核

图 7-2-13 图样 1

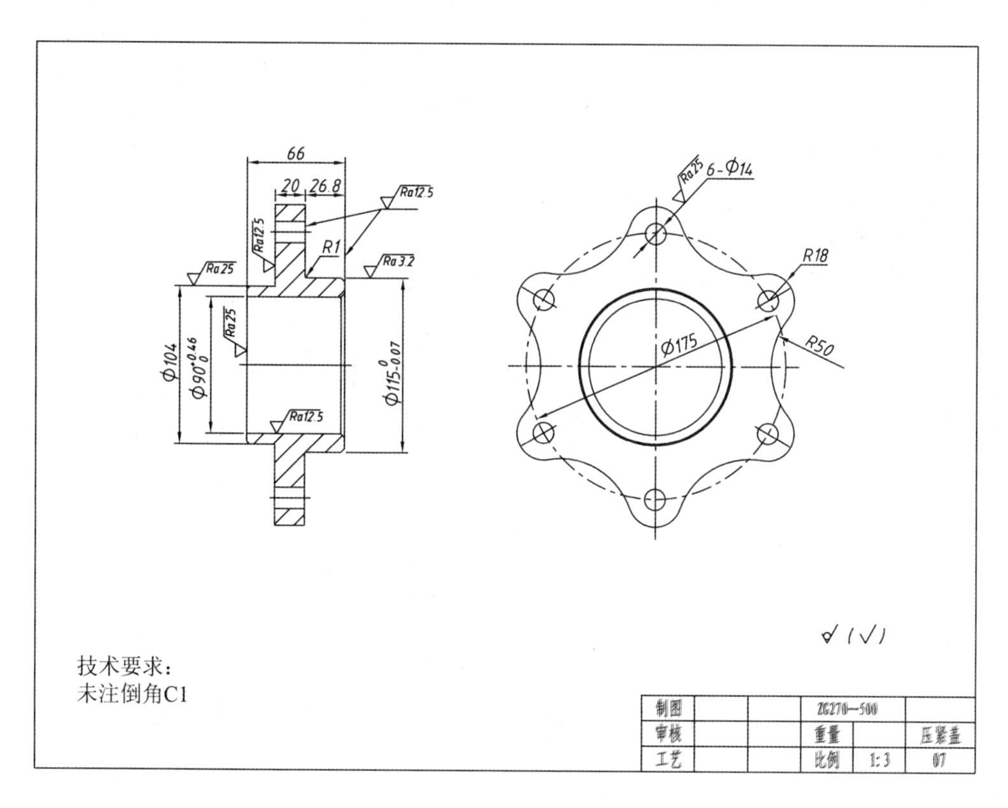
66
20
26
8
Ra12.5
R1
Ra3.2
Ra25
Ra12.5
Φ104
Φ90+0.46 0
Ra25
Ra12.5
Φ115 0 -0.07
Ra25
6-Φ14
R18
Φ175
R50
(√)
技术要求：
未注倒角C1
制图
审核
工艺
ZG270—500
重量
压紧盖
比例
1:3
07

图 **7-2-14**　图样 **2**

附 录

附录 1 偏心气缸

序号	名称	规格	数量	材料	代号
16	圆柱内六角螺钉	M4×16（6.8级）	4		GB/T 70.1-2008
15	锥口螺钉		1	45#	PXQG-11
14	缺口销		1	45#	PXQG-10
13	缸架		1	45#	PXQG-09
12	顶盖		1	45#	PXQG-08
11	开槽圆头螺钉	M3×8（6.8级）	4		GB/T 819.2-2000
10	摆动轮		1	45#	PXQG-07
9	差动杆		1	45#	PXQG-06
8	带轮		1	45#	PXQG-05
7	活塞		1	45#	PXQG-04
6	圆柱销钉	φ3×14	1		GB/T 119-2000
5	连接杆		1	45#	PXQG-03
4	开口挡圈	M3	2		GB/T 896-1986
3	圆柱内六角螺钉	M4×6（6.8级）	2		GB/T 70.1-2008
2	支撑架		1	45#	PXQG-02
1	底座		1	45#	PXQG-01

标记	处数	分区	更改文件号	签名	年 月 日				偏心气缸装配图
设计	（签名）	（年 月 日）	标准化	（签名）	（年 月 日）	标记阶段	重量/kg	比例	
								1:1	PXQG-00
审核									
工艺			批准			共 12 页 第 1 页			

(1)

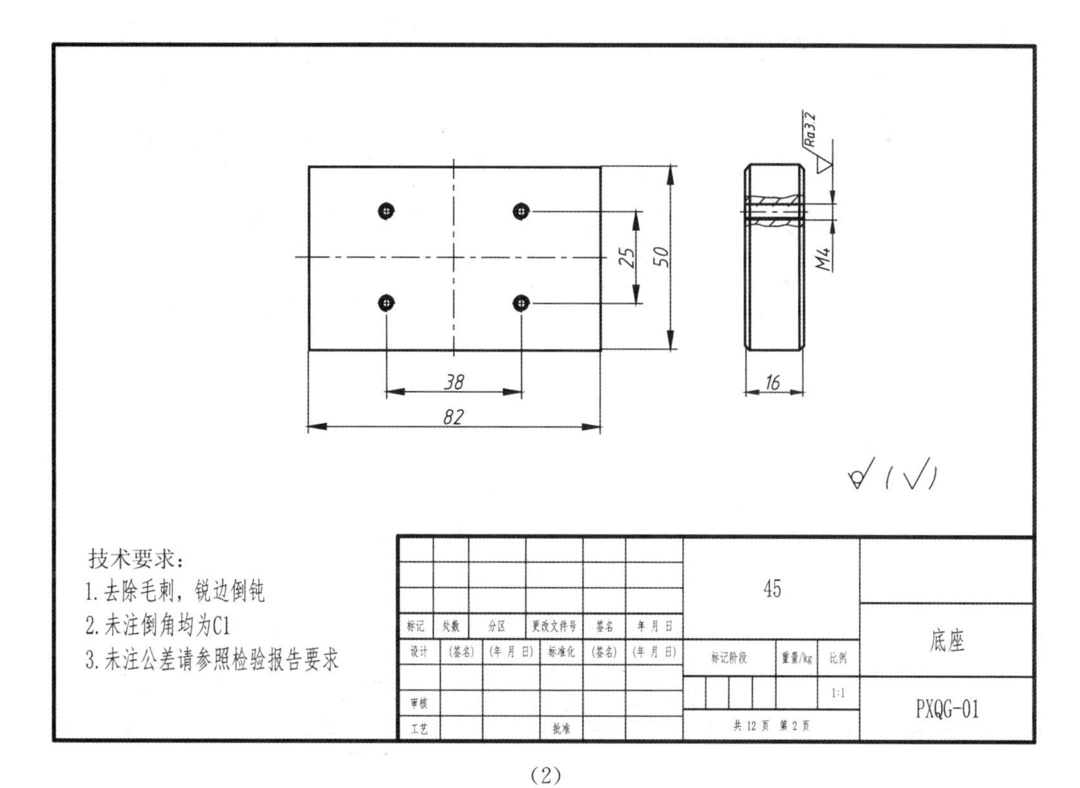
Ra3.2
25
50
M4
38
82
16
技术要求：
1.去除毛刺，锐边倒钝
2.未注倒角均为C1
3.未注公差请参照检验报告要求
标记 处数 分区 更改文件号 签名 年 月 日
设计 (签名) (年 月 日) 标准化 (签名) (年 月 日)
审核
工艺 批准
45
标记阶段 重量/kg 比例
1:1
共 12 页 第 2 页
底座
PXQG-01

(2)

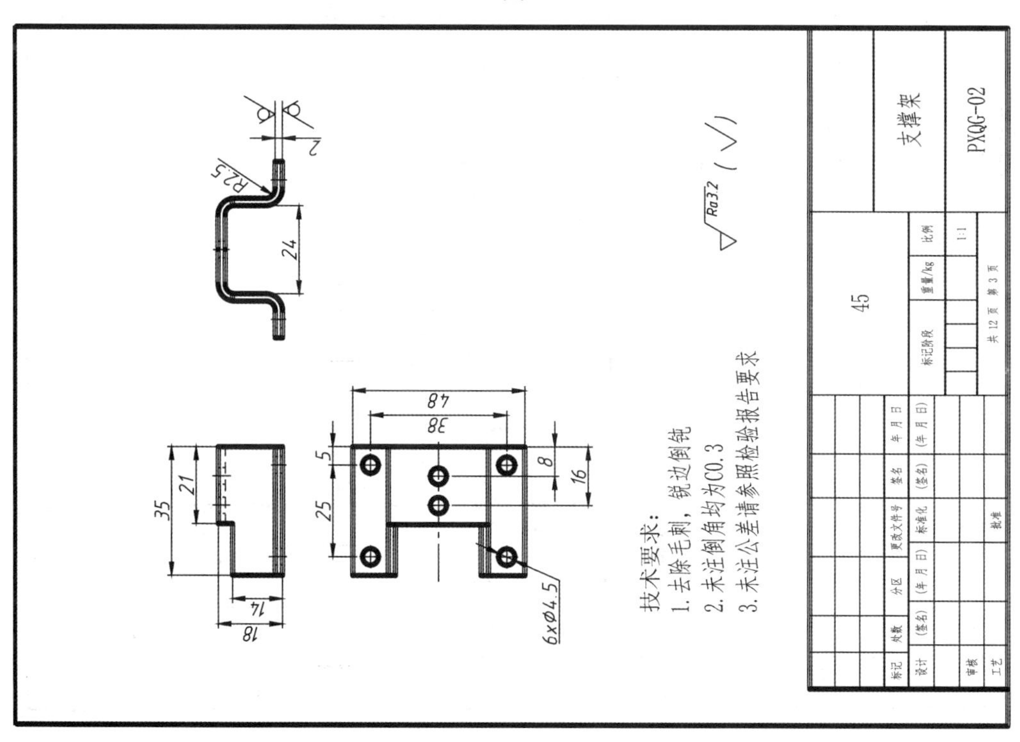
2
R2.5
24
Ra3.2
48
38
5
8
16
25
35
21
14
18
6×Ø4.5
技术要求：
1.去除毛刺，锐边倒钝
2.未注倒角均为C0.3
3.未注公差请参照检验报告要求
45
支撑架
PXQG-02
标记阶段 重量/kg 比例
1:1
共 12 页 第 3 页

(3)

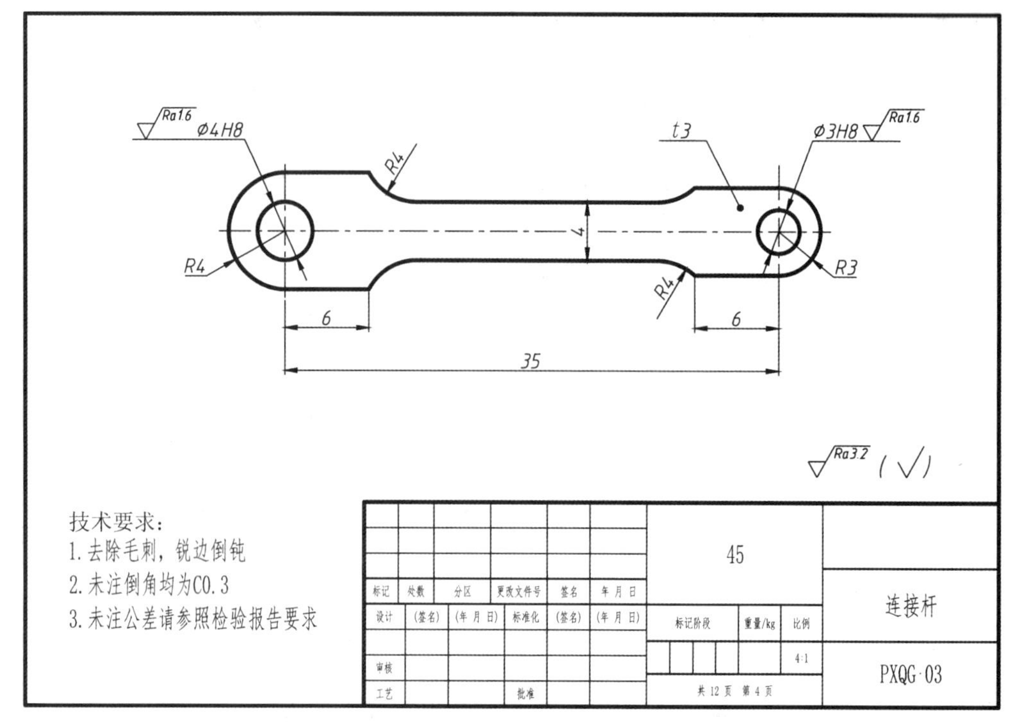
Ra1.6
Ø4H8
t3
Ø3H8
Ra1.6
R4
4
R4
R3
R4
6
6
35
Ra3.2 (√)
技术要求:
1.去除毛刺，锐边倒钝
2.未注倒角均为C0.3
3.未注公差请参照检验报告要求
45
连接杆
标记 处数 分区 更改文件号 签名 年 月 日
设计 (签名) (年 月 日) 标准化 (签名) (年 月 日)
标记阶段 重量/kg 比例
4:1
审核
工艺 批准
共 12 页 第 4 页
PXQG-03

(4)

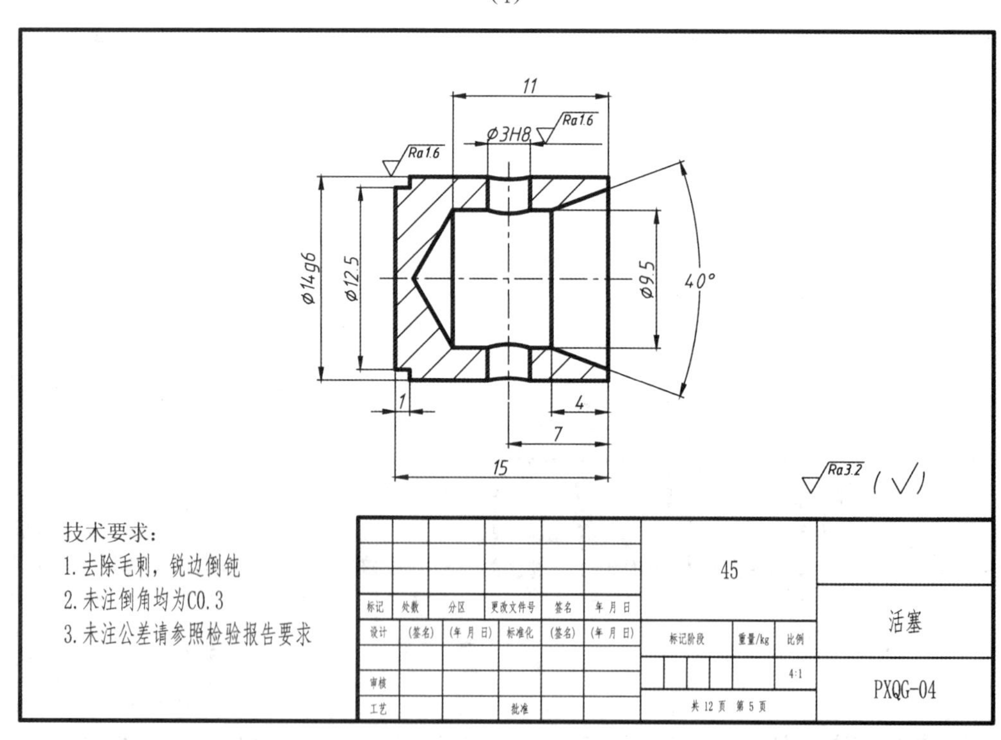
11
Ø3H8
Ra1.6
Ra1.6
Ø14g6
Ø12.5
Ø9.5
40°
1
4
7
15
Ra3.2 (√)
技术要求:
1.去除毛刺，锐边倒钝
2.未注倒角均为C0.3
3.未注公差请参照检验报告要求
45
活塞
标记 处数 分区 更改文件号 签名 年 月 日
设计 (签名) (年 月 日) 标准化 (签名) (年 月 日)
标记阶段 重量/kg 比例
4:1
审核
工艺 批准
共 12 页 第 5 页
PXQG-04

(5)

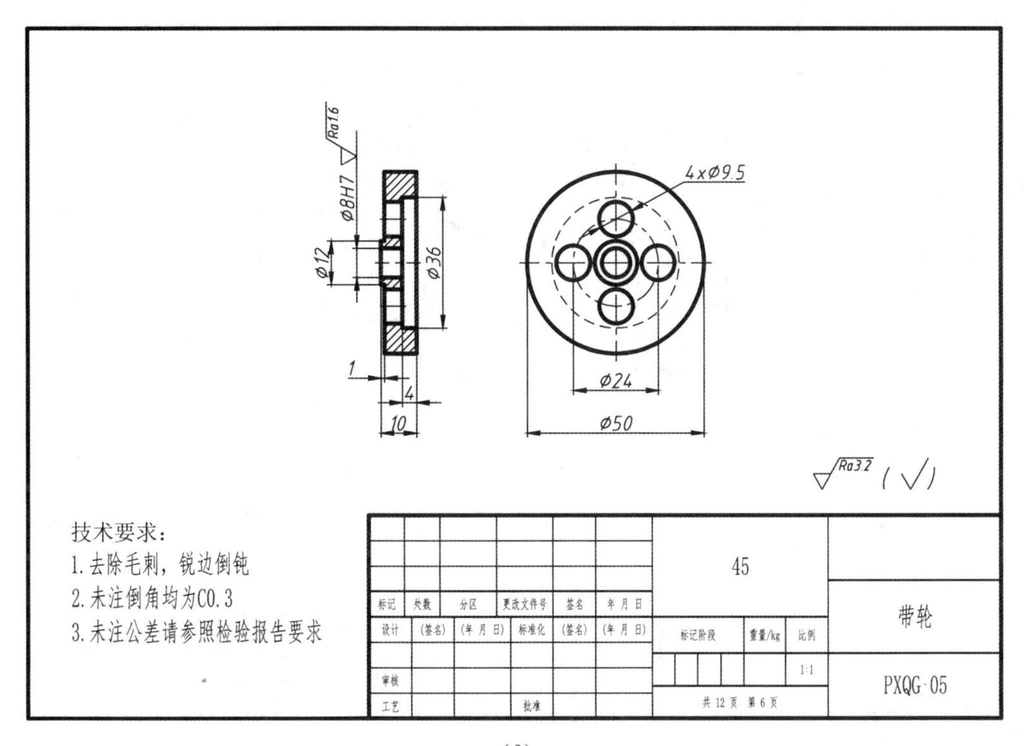
Ra1.6
Ø8H7
Ø12
Ø36
4xØ9.5
Ø24
Ø50
1
4
10
Ra3.2 (√)
技术要求：
1.去除毛刺，锐边倒钝
2.未注倒角均为C0.3
3.未注公差请参照检验报告要求
45
标记 处数 分区 更改文件号 签名 年 月 日
设计 (签名) (年 月 日) 标准化 (签名) (年 月 日)
标记阶段 重量/kg 比例
1:1
审核
工艺 批准
共 12 页 第 6 页
带轮
PXQG-05

（6）

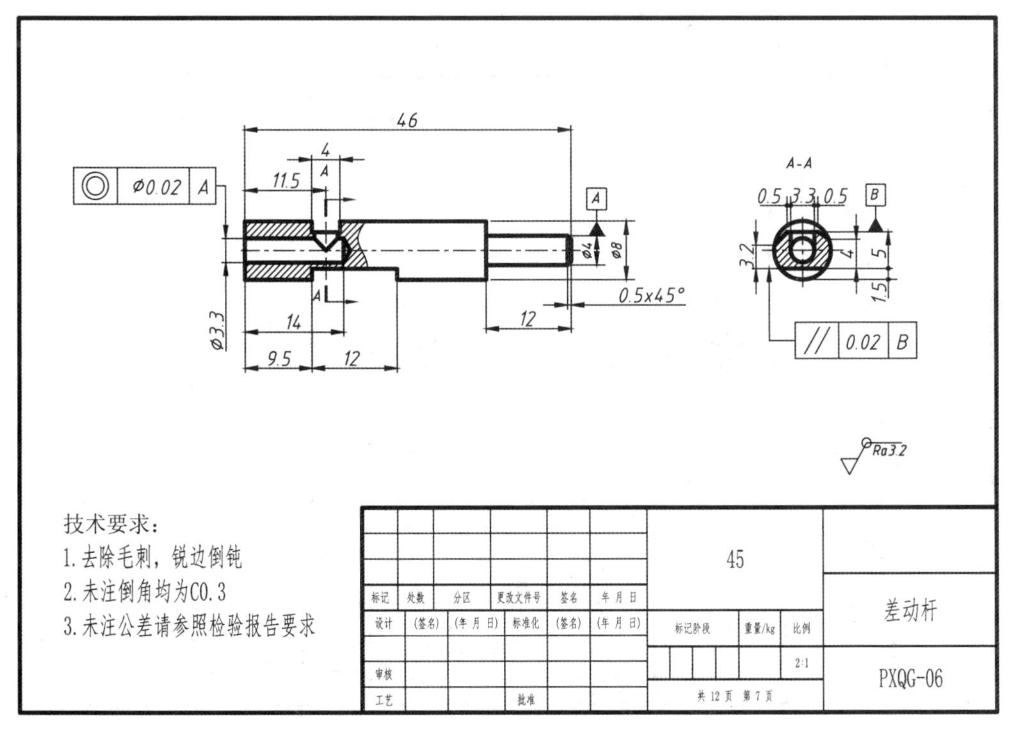
46
4
11.5
A
Ø0.02 A
A
Ø4
Ø8
0.5x45°
12
14
Ø3.3
9.5
12
A-A
0.5 3.3 0.5
B
3.2
4
5
1.5
// 0.02 B
Ra3.2
技术要求：
1.去除毛刺，锐边倒钝
2.未注倒角均为C0.3
3.未注公差请参照检验报告要求
45
标记 处数 分区 更改文件号 签名 年 月 日
设计 (签名) (年 月 日) 标准化 (签名) (年 月 日)
标记阶段 重量/kg 比例
2:1
审核
工艺 批准
共 12 页 第 7 页
差动杆
PXQG-06

（7）

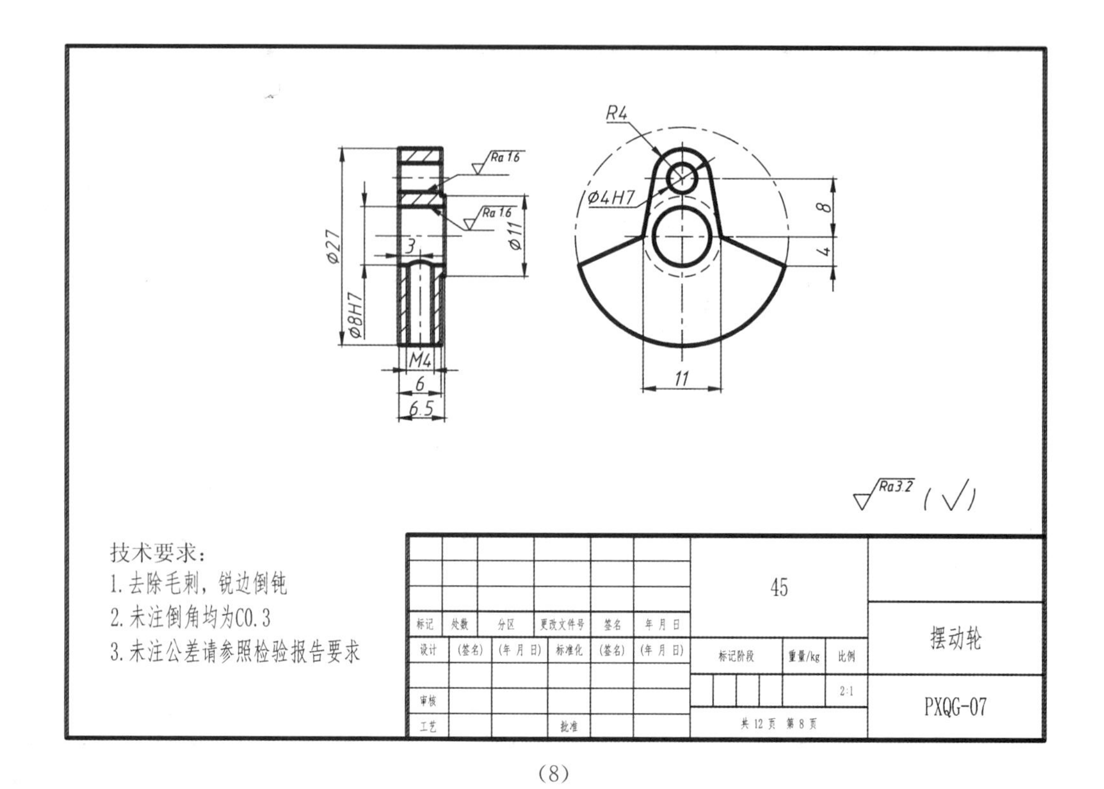

(8)

4×Ø3.3 Ra3.2

20

14

22

28

3

(√)

技术要求：

1. 去除毛刺，锐边倒钝

2. 未注倒角均为C0.3

3. 未注公差请参照检验报告要求

						45			
标记	处数	分区	更改文件号	签名	年 月 日				顶盖
设计	(签名)	(年 月 日)	标准化	(签名)	(年 月 日)	标记阶段	重量/kg	比例	
								4:1	
审核									PXQG-08
工艺			批准			共 12 页 第 9 页			

(9)

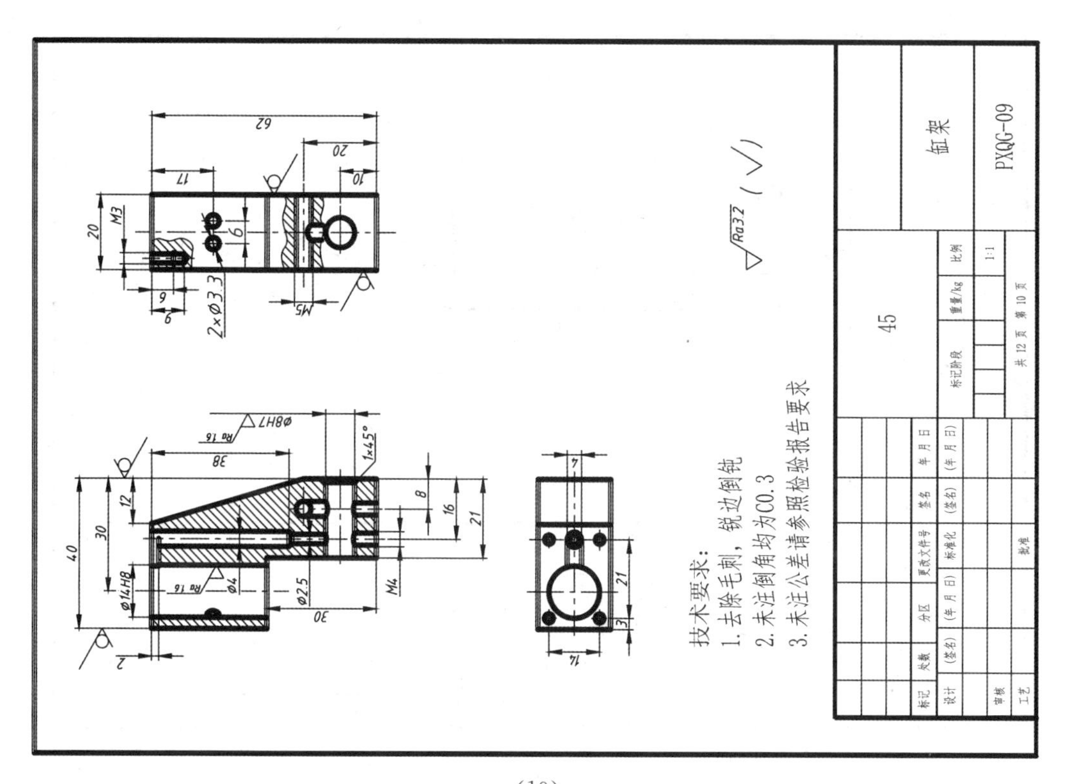
62
20
17
10
M3
20
6
9
6
2×Ø3.3
M5
Ra3.2 (√)
Ø8H7
Ra 1.6
38
1×45°
12
30
40
8
16
21
Ø14H8
Ra 1.6
Ø4
Ø2.5
M4
30
2
4
21
3
14
技术要求：
1. 去除毛刺，锐边倒钝
2. 未注倒角均为C0.3
3. 未注公差请参照检验报告要求
缸架
PXQG-09
45
标记阶段
重量/kg
比例
1:1
共 12 页 第 10 页
标记
处数
分区
更改文件号
签名
年 月 日
设计
(签名)
(年 月 日)
标准化
(签名)
(年 月 日)
审核
工艺
批准

（10）

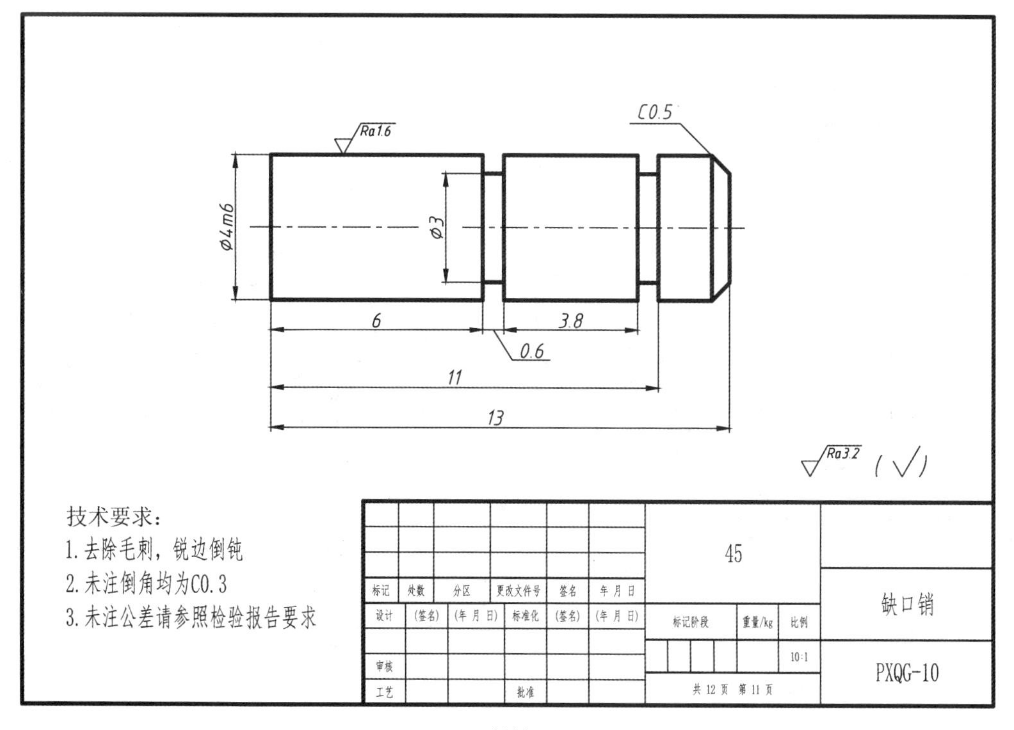
C0.5
Ra1.6
Ø4m6
Ø3
6
3.8
0.6
11
13
Ra3.2 (√)
技术要求：
1. 去除毛刺，锐边倒钝
2. 未注倒角均为C0.3
3. 未注公差请参照检验报告要求
45
缺口销
标记
处数
分区
更改文件号
签名
年 月 日
设计
(签名)
(年 月 日)
标准化
(签名)
(年 月 日)
标记阶段
重量/kg
比例
10:1
审核
工艺
批准
共 12 页 第 11 页
PXQG-10

（11）

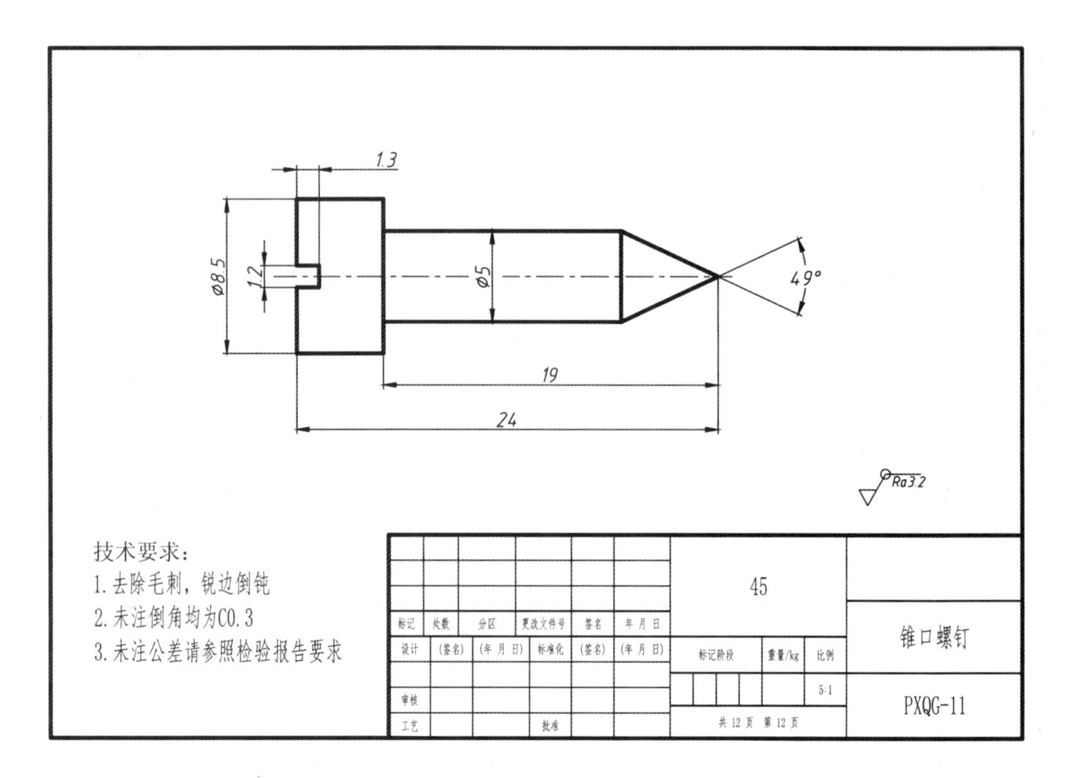
1.3
Ø8.5
1.2
Ø5
49°
19
24
Ra3.2
技术要求:
1.去除毛刺，锐边倒钝
2.未注倒角均为C0.3
3.未注公差请参照检验报告要求
45
锥口螺钉
PXQG-11
标记 处数 分区 更改文件号 签名 年 月 日
设计 (签名) (年 月 日) 标准化 (签名) (年 月 日)
标记阶段 重量/kg 比例
5:1
审核
工艺 批准
共 12 页 第 12 页

(12)

附录 2 习题精选

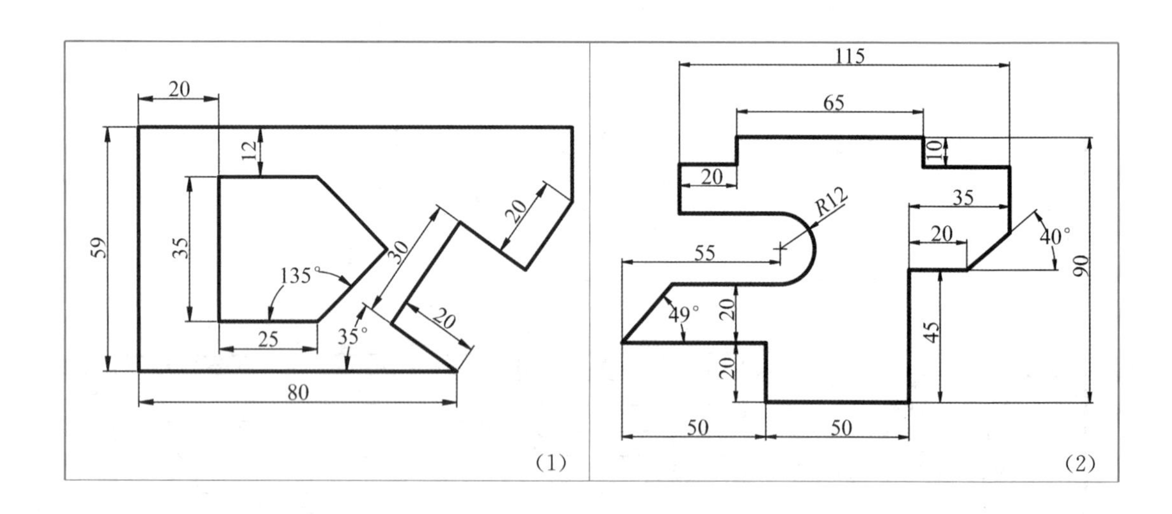
20
12
59
35
135°
25
35°
80
30
20
20
(1)
115
65
10
20
R12
35
40°
55
20
90
49°
20
45
20
50
50
(2)

续表

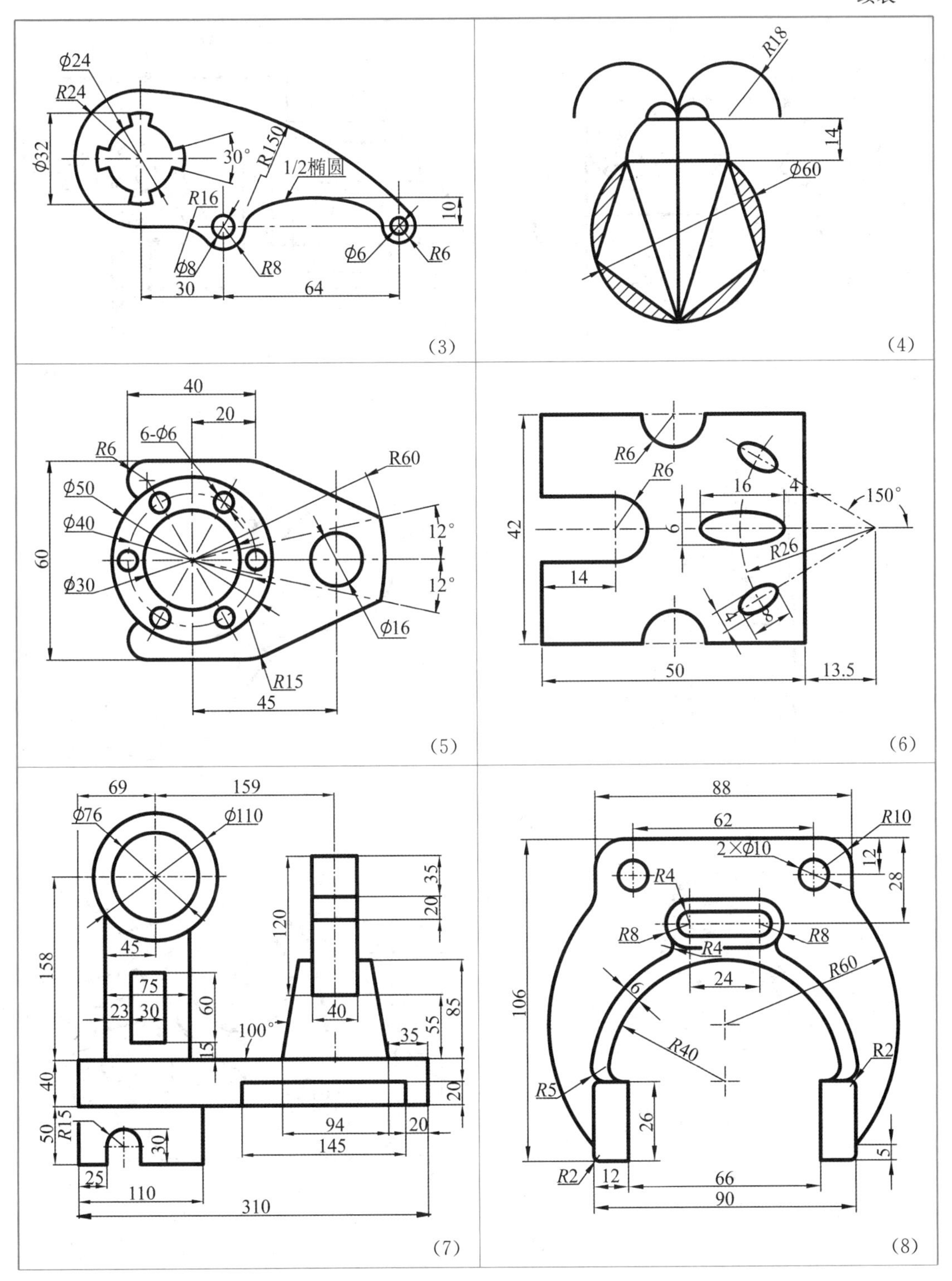

续表

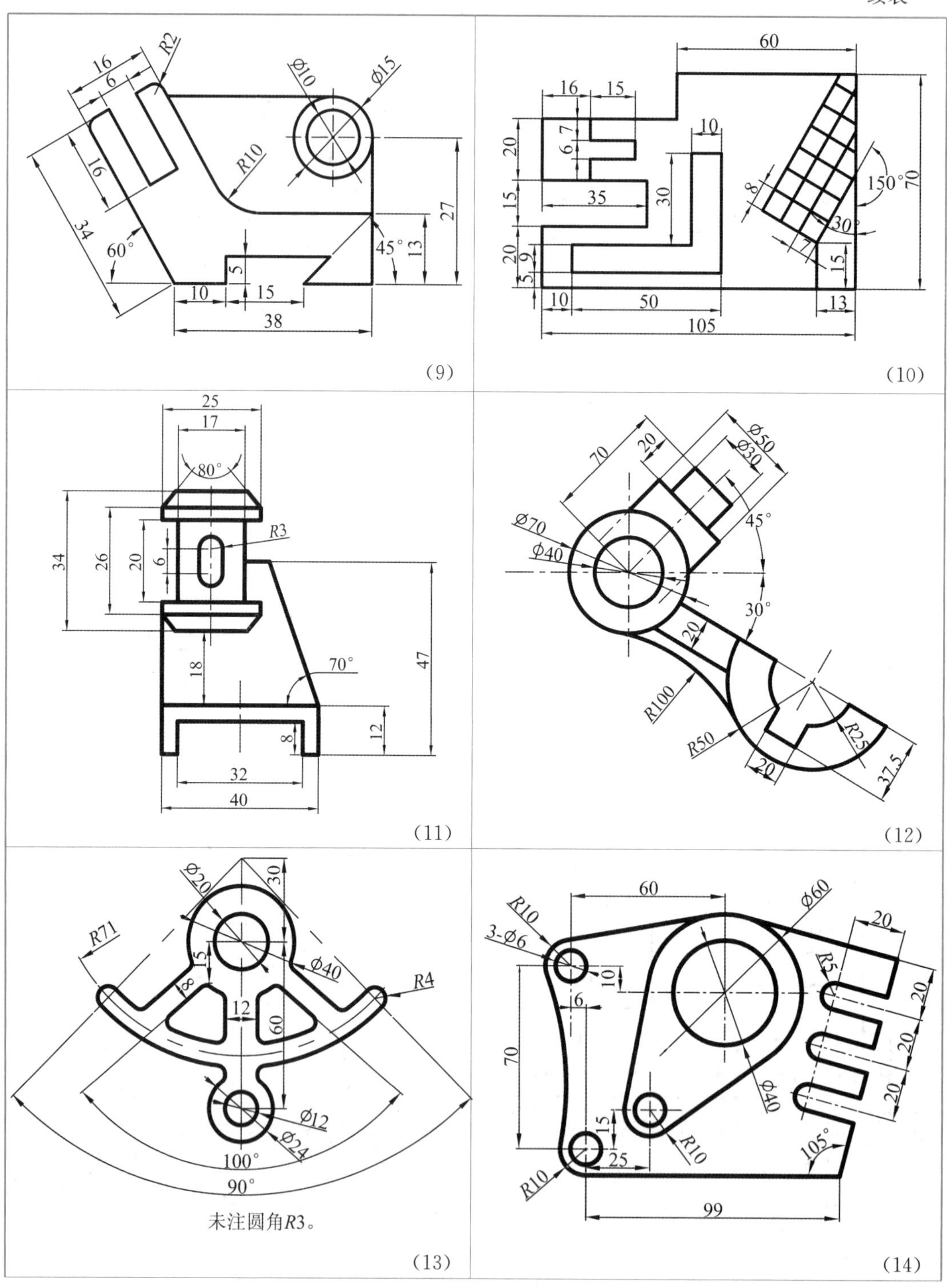
16
6
R2
Φ10
Φ15
R10
16
34
60°
27
13
45°
5
10
15
38
(9)
60
16
15
20
7
6
10
35
15
30
8
150°
70
30°
20
9
5
15
10
50
13
105
(10)
25
17
80°
R3
34
26
20
6
70°
47
18
12
8
32
40
(11)
Φ50
Φ30
70
20
Φ70
Φ40
45°
30°
20
R100
R50
R25
20
37.5
(12)
Φ20
30
R71
15
8
12
Φ40
R4
60
Φ12
Φ24
100°
90°
未注圆角R3。
(13)
60
Φ60
R10
3-Φ6
20
R5
10
6
70
20
20
20
Φ40
15
R10
25
105°
R10
99
(14)

续表

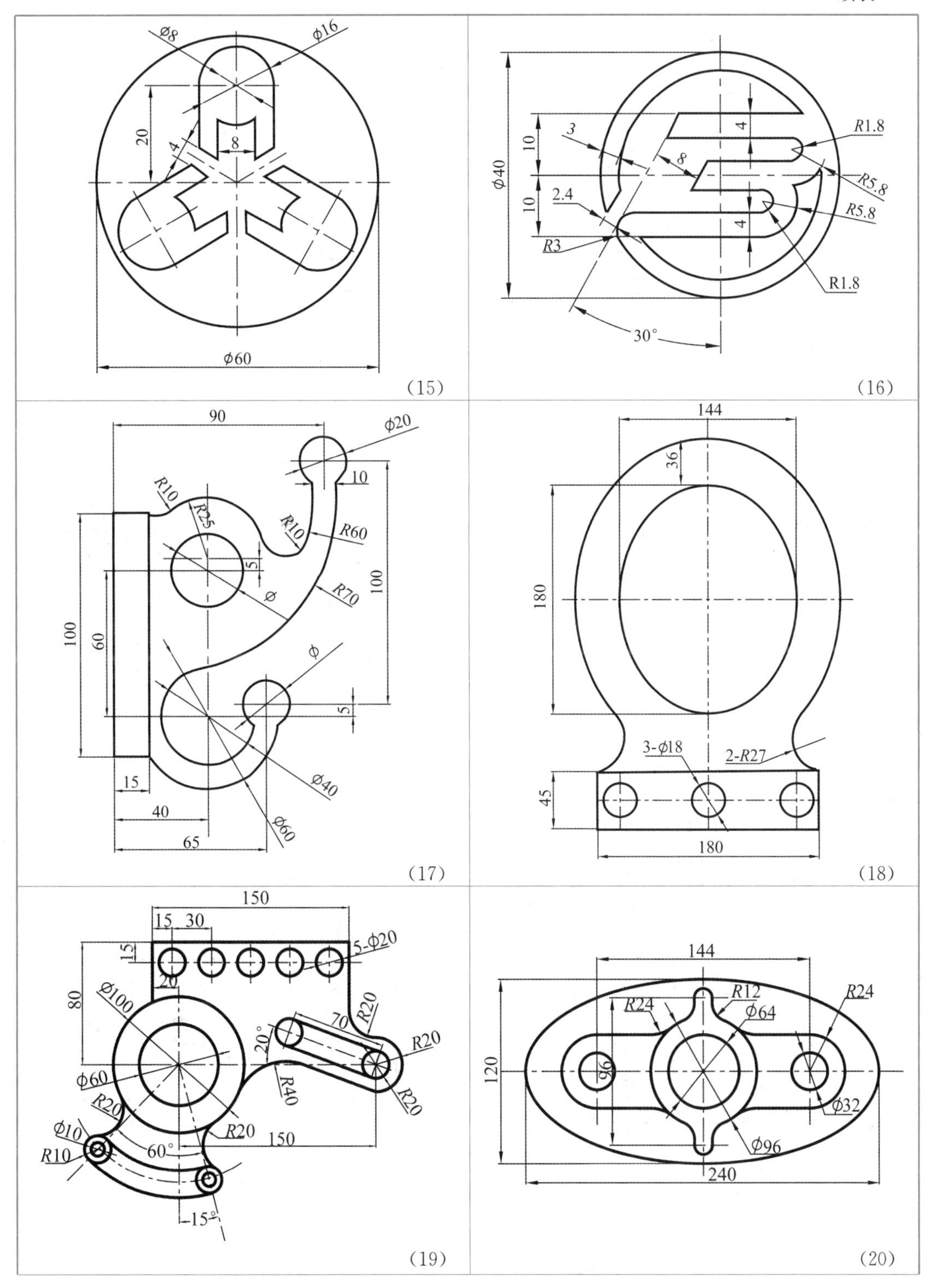

ϕ8
ϕ16
20
8
4
ϕ60
(15)
ϕ40
10
10
3
8
2.4
R3
4
4
R1.8
R5.8
R5.8
R1.8
30°
(16)
90
ϕ20
10
R10
R25
R10
R60
5
100
R70
100
60
5
15
40
65
ϕ40
ϕ60
(17)
144
36
180
3-ϕ18
2-R27
45
180
(18)
150
15 30
15
5-ϕ20
20
80
ϕ100
70
R20
20°
R20
ϕ60
R40
R20
R20
ϕ10
R20
150
R10
60°
15°
(19)
144
R24
R12
ϕ64
R24
120
96
ϕ32
ϕ96
240
(20)

续表

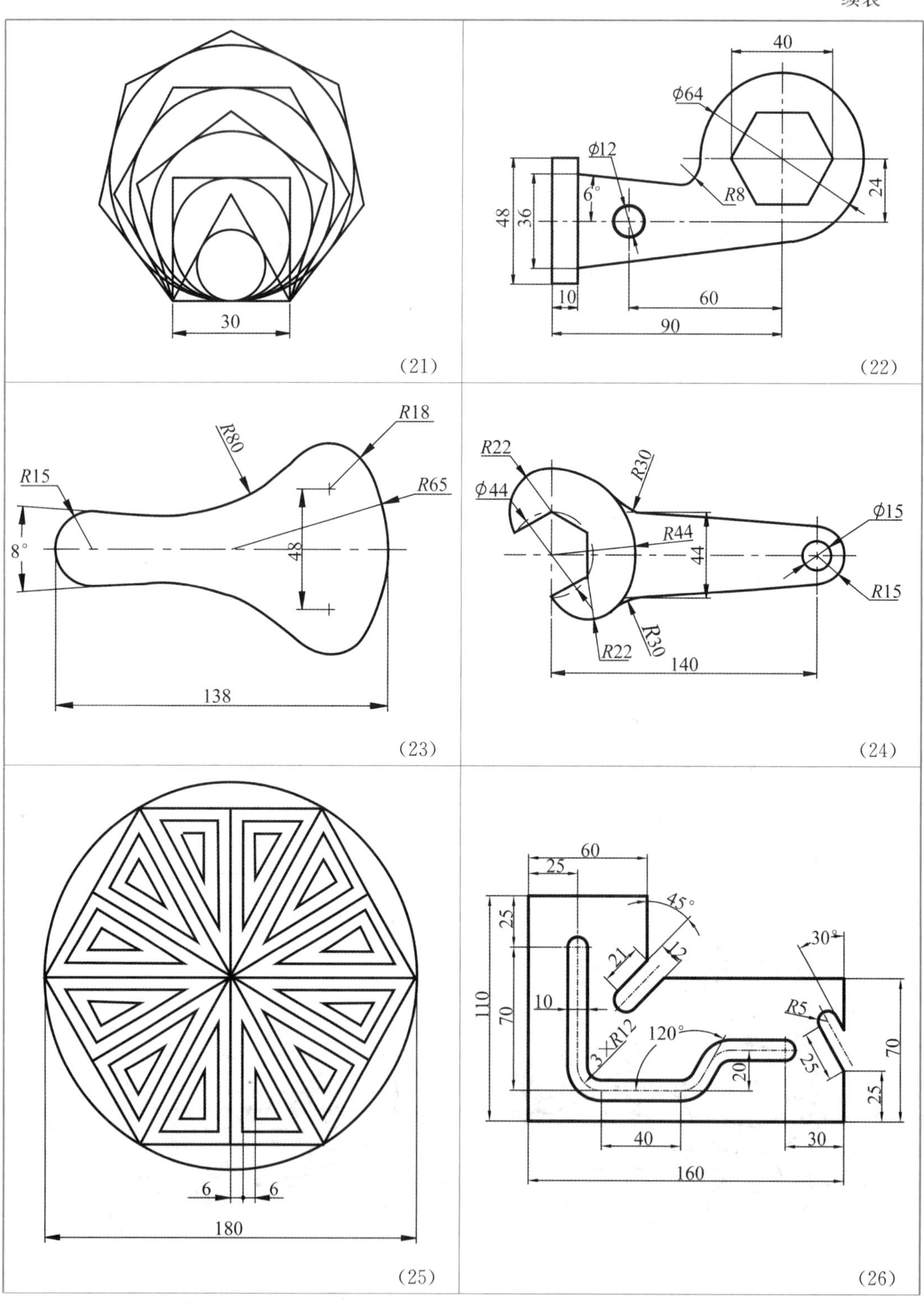
30
(21)
40
φ64
φ12
R8
6°
48
36
24
10
60
90
(22)
R18
R80
R15
R65
8°
48
138
(23)
R22
R30
φ44
φ15
R44
44
R15
R22
R30
140
(24)
6
6
180
(25)
60
25
45°
25
21
12
30°
110
70
10
R5
3×R12
120°
25
70
20
25
40
30
160
(26)

续表

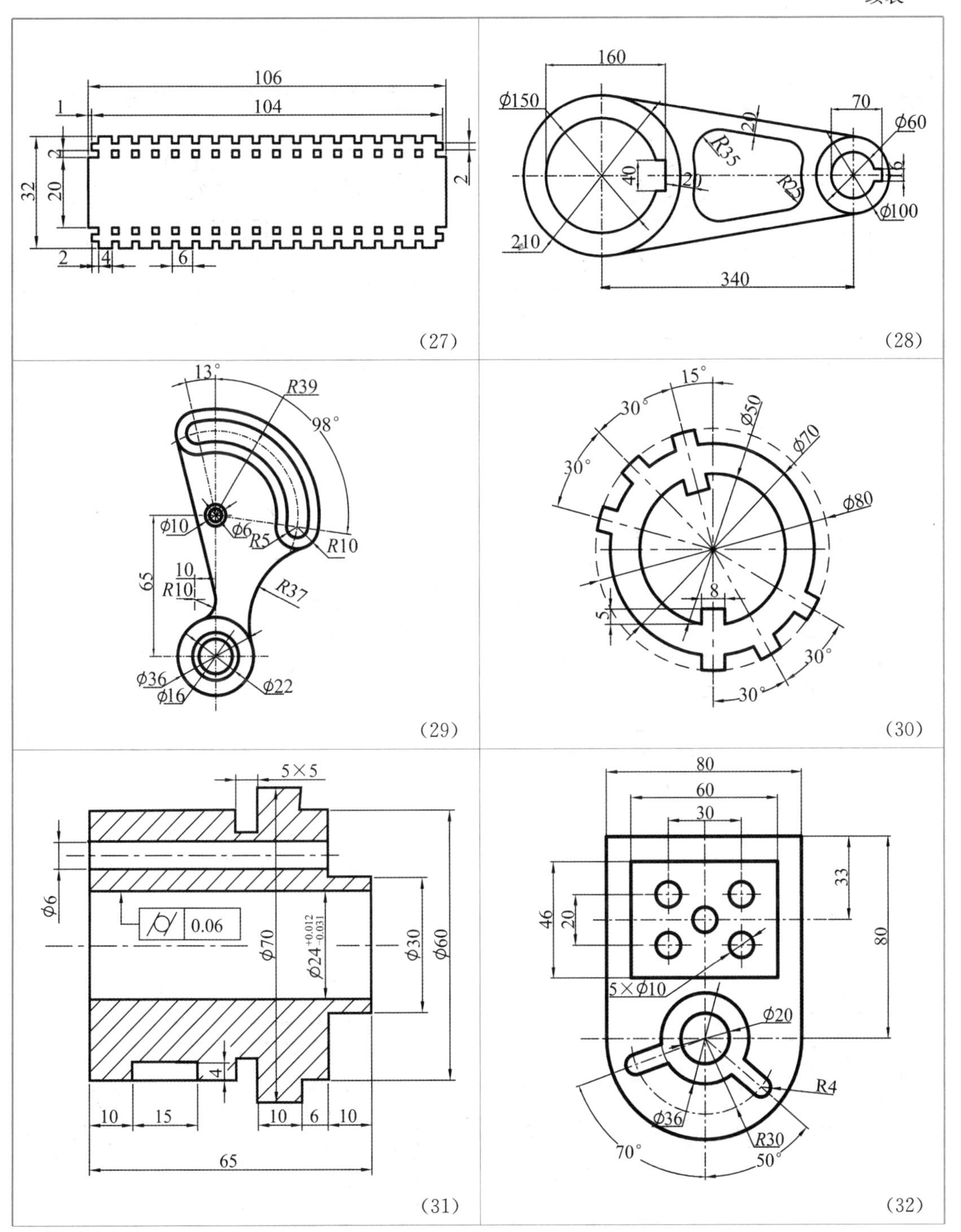
106
104
1
2
32
20
2
2
4
6
(27)
160
ϕ150
70
ϕ60
20
R35
40
20
R25
6
ϕ100
210
340
(28)
13°
R39
98°
ϕ10
ϕ6
R5
R10
65
10
R10
R37
ϕ36
ϕ16
ϕ22
(29)
15°
30°
ϕ50
ϕ70
30°
ϕ80
8
5
30°
30°
(30)
5×5
ϕ6
0.06
ϕ70
ϕ24 +0.012 −0.031
ϕ30
ϕ60
4
10
15
10
6
10
65
(31)
80
60
30
33
46
20
80
5×ϕ10
ϕ20
R4
ϕ36
R30
70°
50°
(32)

续表

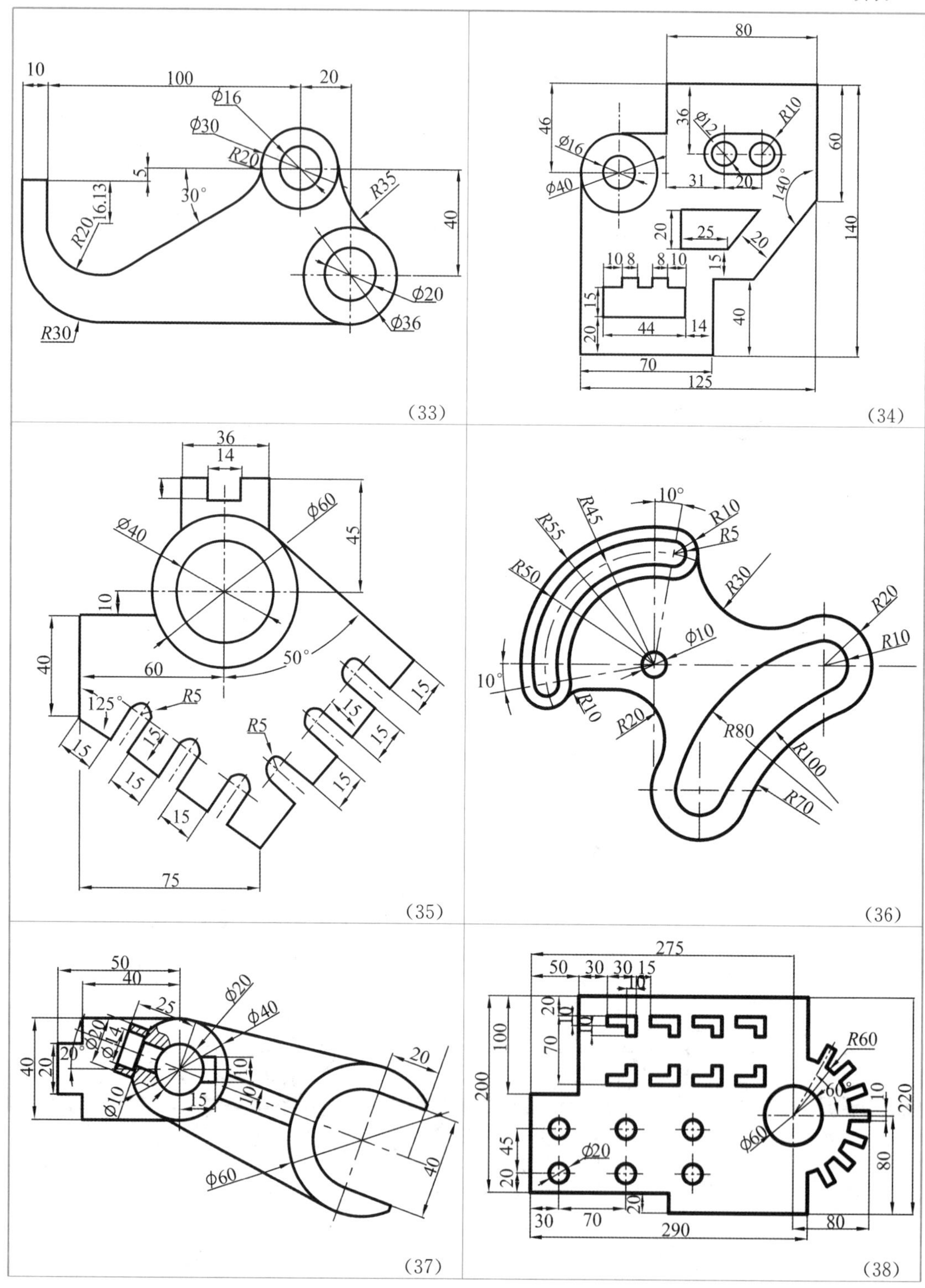
10
100
20
Ø16
Ø30
R20
5
30°
R35
16.13
R20
40
Ø20
R30
Ø36
(33)
80
46
36
Ø12
R10
Ø16
60
Ø40
31
20
140°
20
25
20
140
10 8
8 10
15
15
40
20
44
14
70
125
(34)
36
14
Ø60
Ø40
45
10
40
60
50°
125°
R5
R5
15
75
(35)
10°
R45
R10
R55
R5
R50
R30
Ø10
R20
10°
R10
R10
R20
R80
R100
R70
(36)
50
40
25
Ø20
Ø40
20°
Ø20
Ø14
40
20
10
Ø10
15
10
20
Ø60
40
(37)
275
50
30
30
15
10
20
10
10
100
70
200
R60
60°
10
220
45
Ø20
Ø60
80
20
20
30
70
290
80
(38)

续表

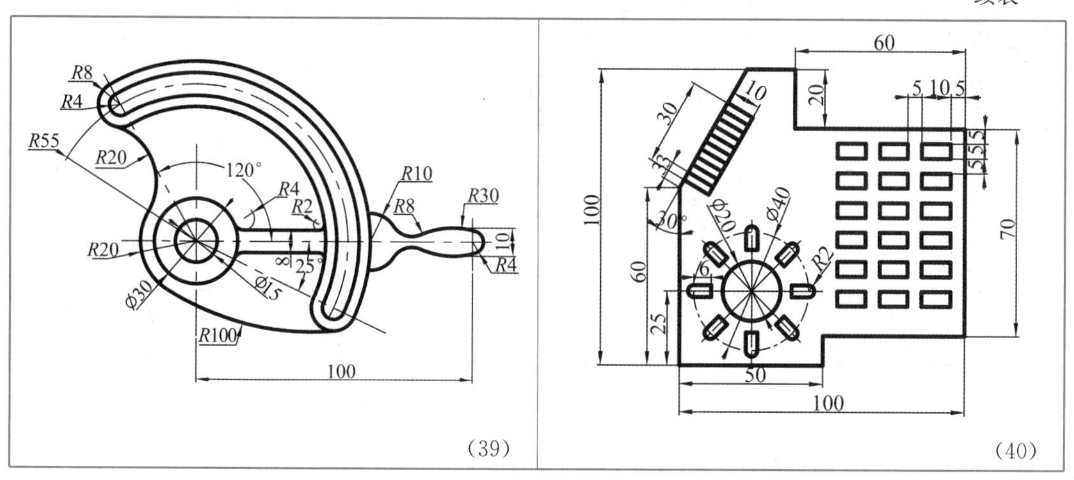

(39) (40)

附录3 制图员技能抽测模拟题

×市中等职业学校学生制图员技能检测样题一

注意事项：

1. 本场考试分机考与手工绘图两部分内容，满分 100 分。考试安排在机房进行，时间为 180 分钟。

2. 软件配置环境为中文 AutoCAD 2010，机考内容(初始设置、平面图形以及零件图)储存在一个文件中，以"考生抽签号"为文件名统一存放在指定文件夹中。

3. 手工绘图内容请用铅笔直尺作图。

机考内容：

一、初始绘图环境设置(5 分)

考核要求：

1. 设置 A3 图幅大小，绘制下图所示的边框及标题栏，在对应框内填写姓名和抽签号，字高为 7 mm。

2. 尺寸标注按图中格式。尺寸参数：字高为 3.5 mm，箭头长度为 3.5 mm，尺寸界线延伸长度为 2 mm，其余参数使用系统缺省配置。

3. 分层绘图。图层、颜色、线型要求如下。

用途	层名	颜色	线型	线宽
粗实线	0	绿	实线	0.5
细实线	1	红	实线	0.25
虚线	2	洋红	虚线	0.25
中心线	3	紫	点划线	0.25
尺寸标注	4	黄	实线	0.25
文字	5	蓝	实线	0.25

其余参数使用系统缺省配置。另外需要建立的图层，考生自行设置。

4. 将所有图形储存在一个文件中，均匀布置在边框线内。存盘前使图框充满屏幕，文件名采用考生抽签号。图形文件没有保存在指定磁盘位置不得分。

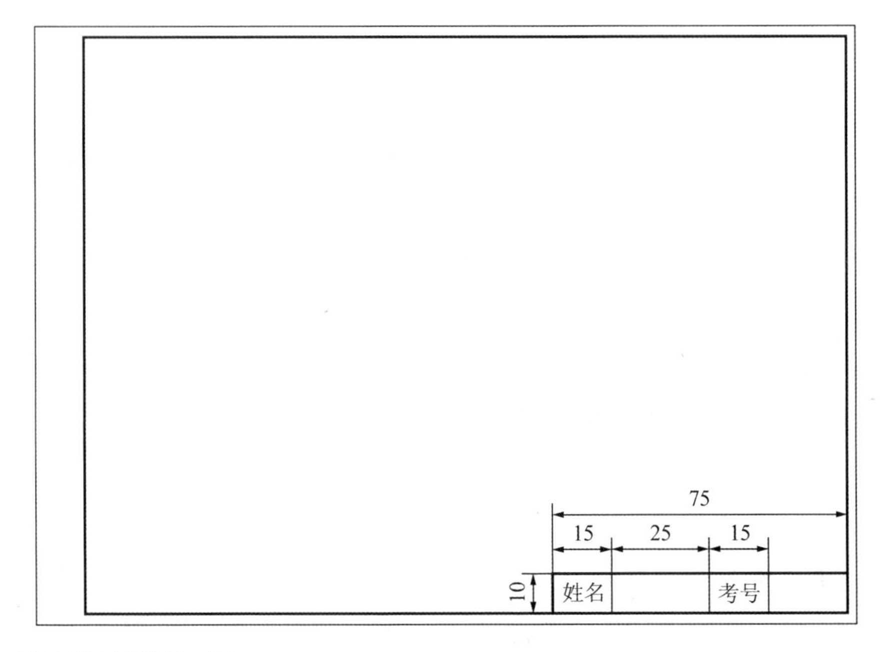

二、抄画平面图形(15 分)

考核要求：

1. 读懂平面图形各项内容，使用计算机绘图软件抄画平面图形。

2. 按照不同类型图线或其他要求设置和使用图层，分层绘图，能熟练使用计算机绘图软件的绘图及编辑功能，正确绘制平面图形。

3. 使用计算机绘图软件的工程标注功能，按照图中格式标注尺寸。

4. 将平面图形和初始设置以及零件图储存在一个文件中，均匀布置在边框线内。存盘前使图框充满屏幕，文件名采用考生抽签号。

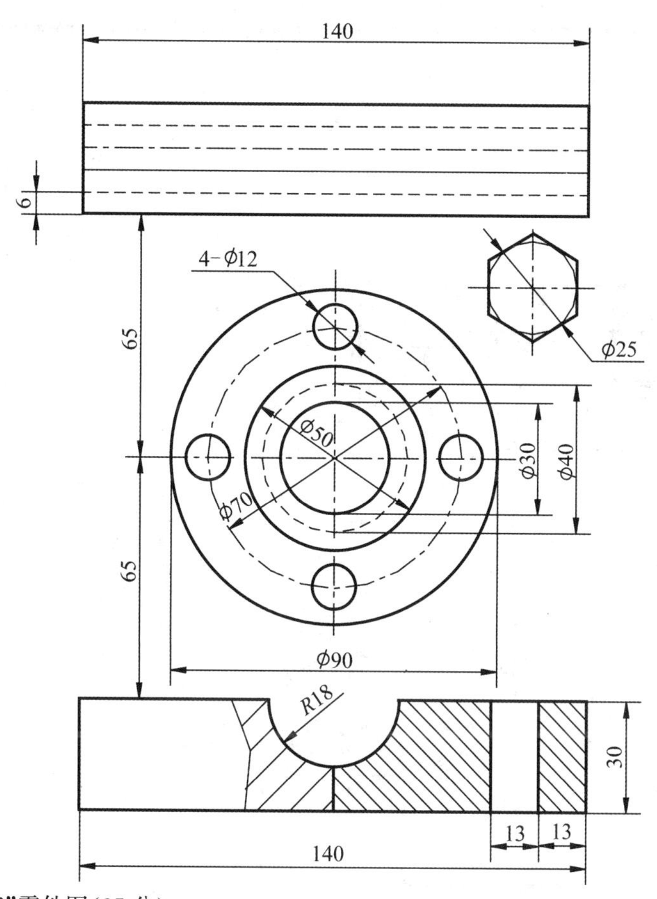

三、抄画“支座”零件图(35 分)

考核要求：

1. 按尺寸 1∶1 抄画零件图，各种线型粗度按默认值。

2. 抄注尺寸及技术要求(字体为 3.5 号字，箭头长度为 5 mm，粗糙度符号按默认值)。

3. 视图布局要恰当。

4. 将零件图、初始设置以及平面图形均存在一个文件中，均匀布置在边框线内。存盘前使图框充满屏幕，文件名采用考生抽签号。

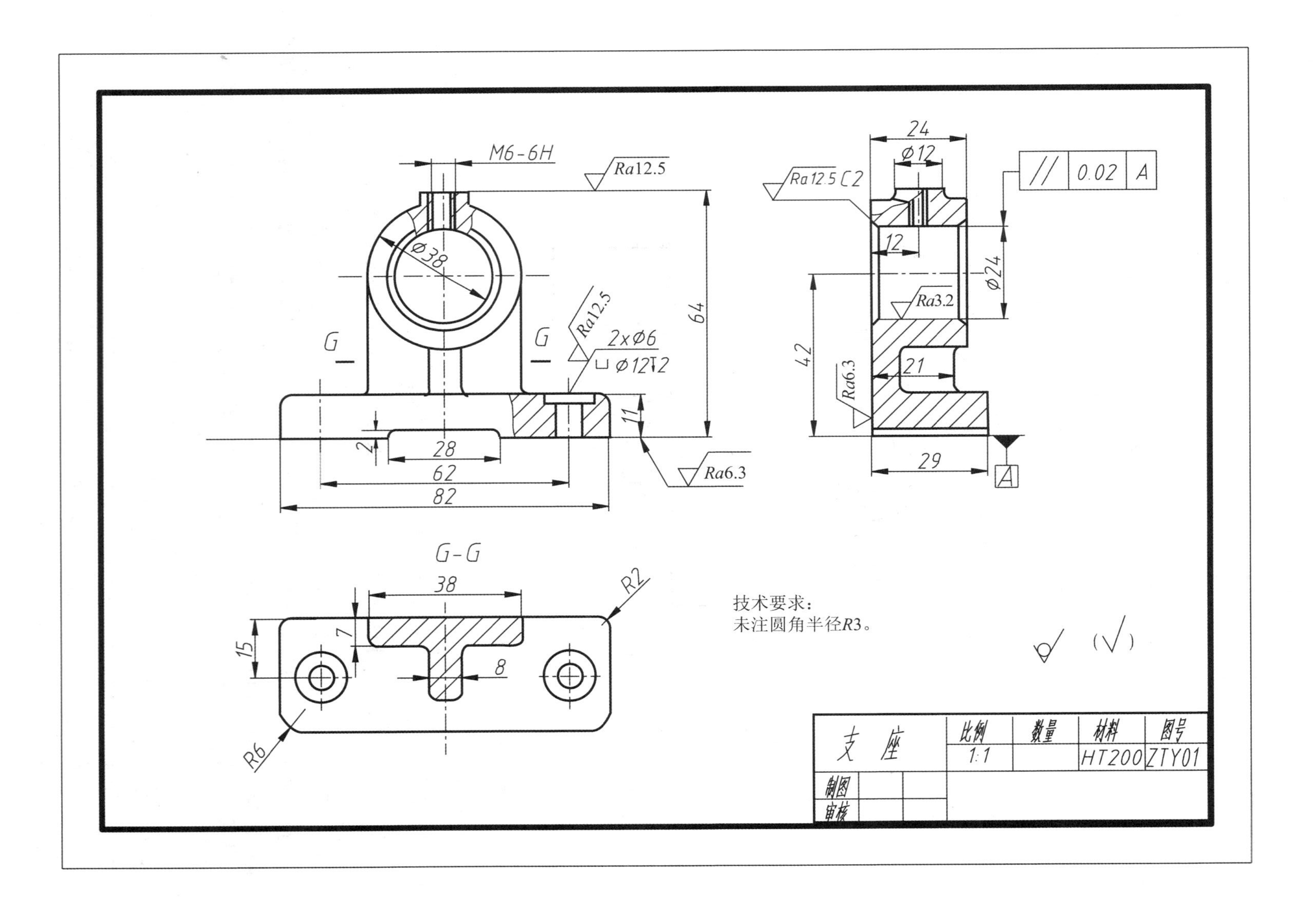
M6-6H
Ra12.5
Ø38
G
G
Ra12.5
2×Ø6
⊔ Ø12↧2
64
11
2
28
62
82
Ra6.3
24
Ø12
Ra12.5 C2
// 0.02 A
12
Ø24
Ra3.2
42
Ra6.3
21
29
A
G-G
38
R2
15
7
8
R6
技术要求：
未注圆角半径R3。
(√)
支座
比例
数量
材料
图号
1:1
HT200
ZTY01
制图
审核

手工绘图内容：

四、读“支座”零件图(图号 ZTY01)，完成下列内容(15 分)

1. 在图中指引标出三个方向的主要尺寸基准。

2. 图中螺孔 M6－6H，M 表示________，公称直径为________mm，6H 表示______________。

3. 支座底板上的 2×ϕ6 孔的定位尺寸为________和________。

4. 图中|//|0.02|A|标注，被测要素：________，基准要素：________，公差项目：________，公差值：________。

5. 图中的表面粗糙度共有________级，其中底板上的两柱形沉孔的粗糙度代号是________，含义是________。

五、已知主、左视图，补画俯视图(8 分)

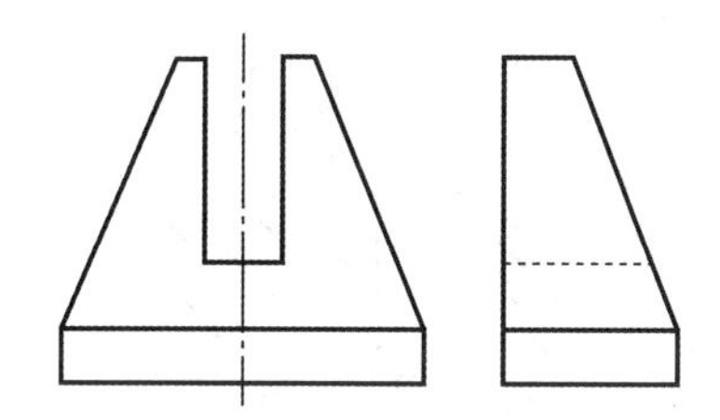

六、标注尺寸，数值从图中量取，取整数(9 分)

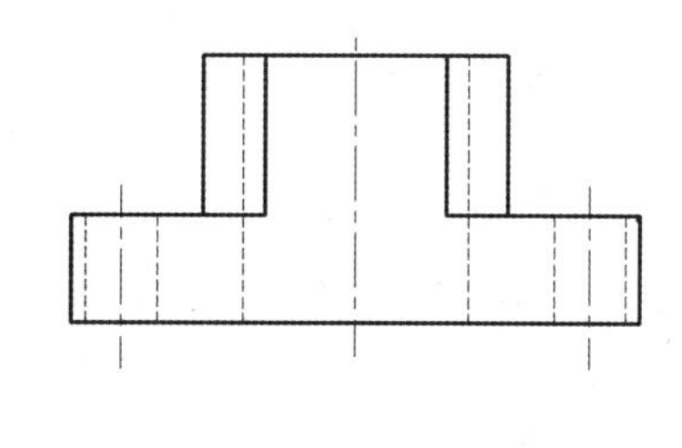
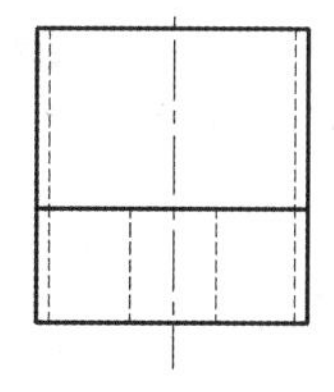

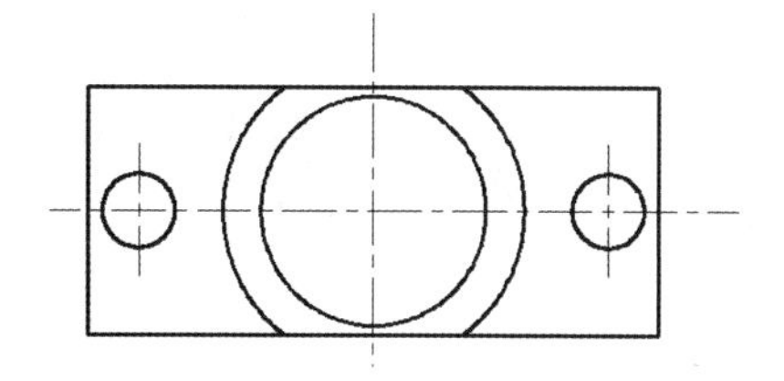

七、根据给定的三视图，绘制正等轴测图(尺寸从图中量取)(8分)

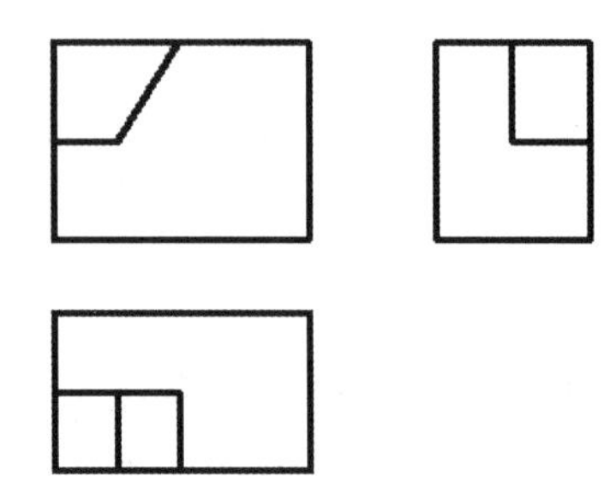

八、完成下图螺柱联接的装配图(5分)

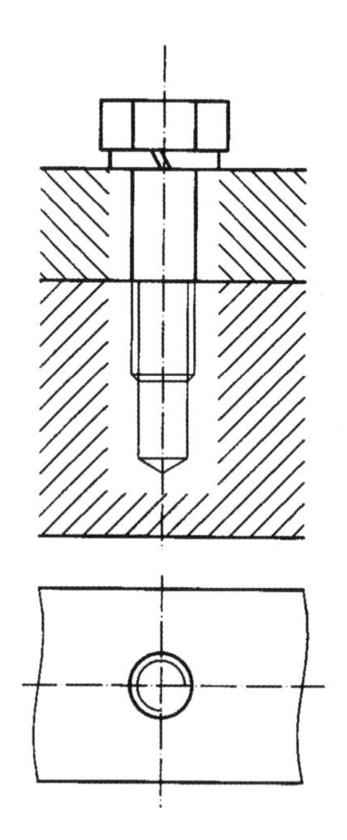

×市中等职业学校学生制图员技能检测样题一评分表

学校			班级			姓名	
学号			抽签号			总分	
题号	一	二	三	四	五	六	七	八
配分	5	15	35	15	8	9	8	5
得分								
评分人								

一、初始绘图环境设置

序号	考核内容	考核要点	配分	评分标准	扣分	得分
1	设置图纸幅面大小	设置绘图界限	0.5	没按规定设置绘图界限扣 0.5 分		
2	绘制边框和填写标题栏	(1)绘制边框线 (2)绘制标题栏 (3)填写标题栏	2	(1)边框线尺寸不符合要求扣 0.5 分 (2)标题栏尺寸不符合要求扣 0.5 分 (3)标题栏内汉字大小不对扣 0.5 分 (4)标题栏内汉字内容不对扣 0.5 分		
3	图层、线型和颜色的设定	(1)按要求设立图层 (2)设定图层上的线型 (3)设定图层上的颜色	1	(1)图层的数量和层名不符合要求扣 0.5 分 (2)线型、颜色不符合要求扣 0.5 分		
4	标注参数的设定	(1)按要求设置字体样式 (2)按要求设置尺寸标注的样式	1	(1)字体样式不符合要求扣 0.5 分 (2)尺寸标注的样式不符合要求扣 0.5 分		
5	保存文件	按要求保存文件	0.5	文件名错误扣 0.5 分。图形文件没有保存在指定磁盘位置不得分		
合计			5			

二、抄画平面图形

序号	考核内容	考核要点	配分	评分标准	扣分	得分
1	图形	使用绘图软件的绘制和编辑功能，使图形形状和线型符合题目要求	10	图线错一处扣 1 分，扣完为止		
2	图层	按不同线型使用相应图层绘制	1	全部内容在一个图层上不得分，错一图层扣 0.5 分，扣完为止		
3	尺寸	使用绘图软件的标注功能标注尺寸	3	尺寸标注错一个或少一个扣 0.5 分，扣完为止		
4	尺寸数字	尺寸数字大小按要求设定	1	尺寸数字大小不按要求设定不得分		
合计			15			

三、抄画“支座”零件图

序号	考核内容	考核要点	配分	评分标准	扣分	得分
1	抄画视图	各视图之间的投影规律；各种图线的设置	18	主视图 7 分、左视图 6 分、俯视图 5 分。剖面线填充不正确扣 2 分，剖视图标注不正确各扣 1 分，其他错误酌情扣分		
2	标注尺寸	设置尺寸标注菜单，抄注各尺寸	8	正确抄注尺寸得 8 分，错注或漏注一个扣 0.5 分，扣完为止		
3	标注技术要求	设置技术要求标注菜单，抄注表面粗糙度	4	视图中标注正确得 4 分。每错一处，扣 0.5 分，扣完为止		
4	标题栏	按规定要求画标题栏，填写各项内容	3	标题栏尺寸不按要求扣 3 分，每漏填一项扣 0.5 分，扣完为止		
5	视图布置	视图的位置要布局恰当	2	视图位置不恰当、布局不合理酌情扣分		
合计			35			

四、读“支座”零件图（图号 ZTY01），完成下列内容

序号	考核内容	参考答案	配分	评分标准	扣分	得分
1	标注尺寸基准	长度方向尺寸基准：零件左右对称平面 宽度方向尺寸基准：零件的后面 高度方向尺寸基准：零件的底面	3	每个基准标注错误扣 1 分。标注尺寸基准时，必须指明所选基准的位置和写明是哪个方向的尺寸基准，否则不得分		
2	解释定形尺寸	普通螺纹；6；中径和顶径公差带代号	3	每空 1 分		
3	确定定位尺寸	62；15	2	每空 1 分		
4	识读形位公差	ϕ24 孔的轴线；零件底面；平行度；0.02 mm	4	每空 1 分		

续表

序号	考核内容	参考答案	配分	评分标准	扣分	得分
5	识读表面粗糙度	4；$\sqrt{Ra\ 12.5}$；表示用去除材料方法获得的表面，Ra 上限值为12.5 μm 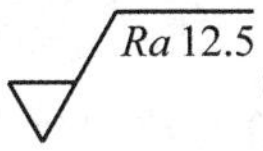	3	每空1分		
合计			15			

五、已知主、左视图，补画俯视图

序号	考核内容	参考答案	配分	评分标准	扣分	得分
1	补画俯视图	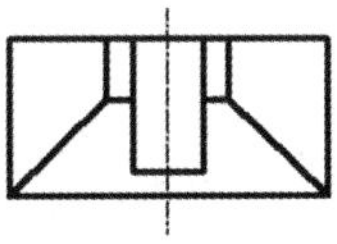	7	按三等关系画全俯视图。多线、少线、错线每处均扣1分，扣完为止		
2	图面质量		1	按国标规定线型画图，图面不整洁或线条不按要求绘制不得分		
合计			8			

六、标注尺寸，数值从图中量取，取整数

序号	考核内容	参考答案	配分	评分标准	扣分	得分
1	标注尺寸	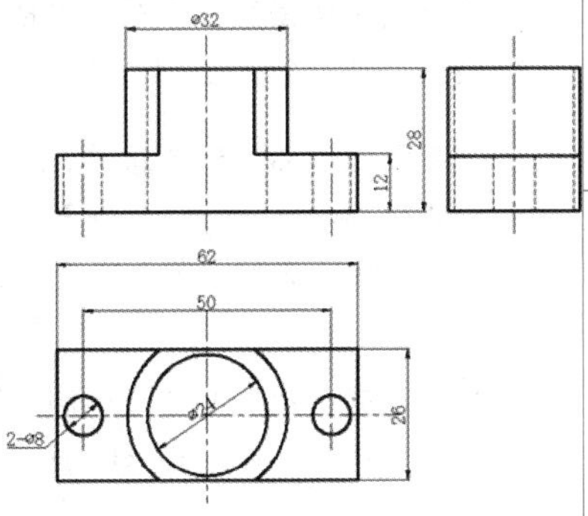	8	标错或漏注（多注）一个尺寸，扣1分，扣完为止		
2	图面质量		1	按国标规定线型画图，图面不整洁或线条不按要求绘制不得分		
合计			9			

七、根据给定的三视图，绘制正等轴测图（尺寸从图中量取）

序号	考核内容	考核要点	配分	评分标准	扣分	得分
1	画轴测轴	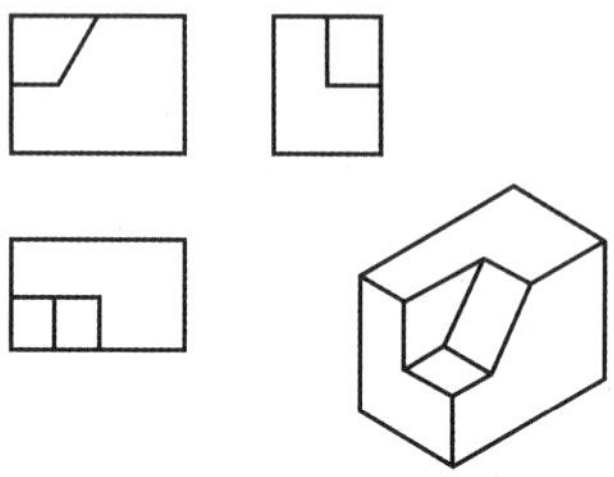	1	轴测轴的轴间角错，不得分		
2	绘制正等轴测图		6	量取尺寸，按简化系数画出轴测图；尺寸没按简化系数画的扣 1 分；立体画错，不得分		
3	图面质量		1	按国标规定线形画图，图面不整洁扣 0.5 分，线条不均匀扣 0.5 分		
合计			8			

八、完成下图螺柱联接的装配图

序号	考核内容	参考答案	配分	评分标准	扣分	得分
1	绘制螺纹紧固件	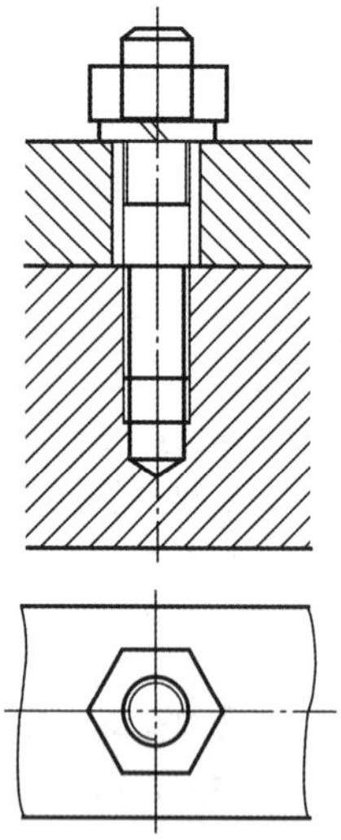	1	螺纹紧固件画法符合国家标准要求，螺柱 0.5 分，螺母和垫圈 0.5 分		
2	螺柱连接画法		1	各螺纹紧固件与工件的相对位置准确，错一处扣 0.5 分，错两处及两处以上扣 1 分		
3	视图投影关系		1	正确绘制视图之间投影关系，出现一处投影错误扣 0.5 分，出现两处及两处以上错误扣 1 分		
4	剖面线画法		1	剖视图中剖面线绘制准确，一处错画或漏画扣 0.5 分，两处及两处以上错画或漏画扣 1 分		
5	图面质量		1	按国标规定线形画图，图面不整洁扣 0.5 分，线条不均匀扣 0.5 分		
合计			5			

附录 4 AutoCAD 常用快捷命令

一、 绘图命令

快捷键	命令	含义
A	ARC	圆弧
B	BLOCK	块定义
C	CIRCLE	圆
DIV	DIVIDL	等分
DO	DONUT	圆环
DT	TEXT	单行文本
EL	ELLIPSE	椭圆
H	HATCH	填充
I	INSERT	插入块
L	LINE	直线
ML	MLINE	多线
PL	PLINE	多段线
PO	POINT	点
POL	POLYGON	正多边形
REC	RECTANGLE	矩形
SPL	SPLINE	样条曲线
T	MTEXT	多行文本
W	WBLOCK	定义外部块

二、 修改命令

快捷键	命令	含义
AR	ARRAY	阵列
BR	BREAK	打断
CHA	CHAMFER	倒角圆

续表

快捷键	命令	含义
CO	COPY	复制
E	ERASE	删除
ED	DDEDIT	修改文本
EX	EXTEND	延伸
F	FILLET	倒圆角
LEN	LENGTHEN	直线拉长
M	MOVE	移动
MI	MIRROR	镜像
O	OFFSET	偏移
PE	PEDIT	编辑多段线
RO	ROTATE	旋转
S	STRETCH	拉伸
SC	SCALE	比例缩放
TR	TRIM	修剪
U	UNDO	取消修改
X	EXPLODE	分解

三、 对象特性

快捷键	命令	含义
ATE	ATTEDIT	编辑属性
ATT	ATTDEF	属性定义
LA	LAYER	图层操作
LT	LINETYPE	线型
LTS	LTSCALE	线型比例
LW	LWEIGHT	线宽
MA	MATCHPROP	格式刷
OP	OPTIONS	选项设置
OS	OSNAP	对象捕捉设置
PRE	PREVIEW	打印预览

续表

快捷键	命令	含义
PRINT	PLOT	打印
RE	REGEN	重生成
ST	STYLE	文字样式
TO	TOOLBAR	工具栏
UN	UNITS	图形单位

四、 尺寸标注

快捷键	命令	含义
D	DIMSTYLE	标注样式
DAL	DIMALIGNED	对齐标注
DAN	DIMANGULAR	角度标注
DDI	DIMDIAMETER	直径标注
DED	DIMEDIT	编辑标注
DLI	DIMLINEAR	线性标注
DOR	DIMORDINATE	点标注
DOV	DIMOVERRIDE	替换标注
DRA	DIMRADIUS	半径标注
LE	QLEADER	快速引线标注
TOL	TOLERANCE	形位公差标注

五、 Ctrl 快捷键

快捷键	命令	含义
Ctrl+1	PROPERTIES	修改特性
Ctrl+2	ADCENTER	设计中心
Ctrl+B	SNAP	栅格捕捉
Ctrl+C	COPYCLIP	复制
Ctrl+F	OSNAP	对象捕捉
Ctrl+G	GRID	栅格

续表

快捷键	命令	含义
Ctrl+L	ORTHO	正交
Ctrl+N	NEW	新建文件
Ctrl+O	OPEN	打开文件
Ctrl+P	PLOT	打印文件
Ctrl+S	SAVE	保存文件
Ctrl+U		极轴
Ctrl+V	PASTECLIP	粘贴
Ctrl+W		对象追踪
Ctrl+X	CUTCLIP	剪切
Ctrl+Z	UNDO	放弃

主要参考文献

[1]方意琦．AutoCAD2008 机械制图(中文版)[M]．北京：科学出版社，2009.

[2]郭朝勇．AutoCAD2004 应用基础(中文版)[M]．北京：电子工业出版社，2006.

[3][德]约瑟夫·迪林格，等．机械制造工程基础[M]．杨祖群，译．长沙：湖南科学技术出版社，2010.

[4]王幼龙．机械制图[M]．北京：高等教育出版社，2005.